高职高专"十三五"建筑及工程管理类专业系列规划教材

建筑施工组织与管理（第2版）

主　编　杨建华　李　莉
副主编　王　洁

U0282160

西安交通大学出版社
XI'AN JIAOTONG UNIVERSITY PRESS

内 容 提 要

　　本书系统地介绍了建筑施工组织与管理的基本知识、基本理论和基本施工管理方法，共分为8章，其主要内容包括：建筑施工组织概论、施工准备工作、流水施工基本原理及其应用、工程网络计划技术及其应用、单位工程施工组织设计、建筑工程项目管理、计算机技术在施工组织与管理中的应用、单位工程施工组织设计示例。

　　本书可作为高职院校建筑工程技术、工程造价等专业的教学用书，也可作为土建类岗位培训教材或供土建工程技术人员学习参考使用。

第2版前言

本书结合高职高专教育的特点,根据目前高职高专院校建筑工程技术相关专业教学的基本要求,并结合编者20余年的教学经验和工程实践经验编写而成。

针对本学科实践性和综合性较强的特点,同时结合高职高专是培养应用型、技能型人才这一要求,本书在进行再版编写时力求做到在保证第一版系统性和完整性的前提下,突出了教材的实践性和综合性,吸取了当前建筑企业改革中应用的施工现场组织和管理方法,并认真贯彻我国现行规范及文件的相关精神,从而增强了教材内容的适应性、应用性及时代性。全书力求优化教材结构,加强对理论知识的实际应用,通过实例来培养学生综合应用本学科知识内容的能力。每章除了附有例题、复习思考题、练习题外,还在重点章节编入了应用性较强且较完整的工程实例。

本书由陕西能源职业技术学院杨建华担任第一主编、西安铁路职业技术学院李莉担任第二主编、由陕西能源职业技术学院王洁担任副主编。具体编写分工如下:杨建华参与绪论、第1章、第3章、第4章、第5章的编写,四川水利职业技术学院赵鑫参与第2章、第5章的编写,王洁参与第1章、第2章、第6章的编写,陕西能源职业技术学院张京参与第3章、第4章的编写,李莉参与第7章、第8章的编写。全书最后由王洁负责统稿,杨建华负责总审。

本书再版过程中,参考并应用了国内外学者的有关教材和论著以及研究成果,在此谨向他们表示衷心的感谢。

本书初稿完成后,西安科技大学建工学院谷栓成和任建喜教授、西安工业大学建工学院何辉教授都分别详细审阅了原稿并提出了大量宝贵意见,在此一并表示衷心的感谢。

由于编者水平有限,难免有错误和不妥之处,恳请广大读者批评指正。

编者
2015年8月

目录

绪　论

1. 建筑施工组织的概念及任务

建筑施工组织是研究建筑施工全过程,为达到最优效果,寻求最合理的统筹安排与系统管理的客观规律的一门学科。具体地说,建筑施工组织必须遵循建筑施工的客观规律,采用的现代科学技术和方法,对建筑施工过程及有关的工作进行统筹规划、合理组织与协调控制,以实现建筑工程施工最优化的目标。

建筑施工在基本建设中具有重要的作用和地位。任何一个基本建筑项目都要通过规划、设计与施工三个阶段来完成。施工阶段是基本建筑中历时最长,耗用劳力、物力和财力最多的一个阶段。该阶段根据计划文件和设计图纸的规定及要求,直接组织工程建造,从而使设计的蓝图变成客观的现实。因此,组织好建筑工程施工是完成基本建设任务的重要环节。

本课程的主要任务包括:①全面阐述党和国家制定的基本建设方针政策及各项具体的技术经济政策;②以工程项目为对象,论述建筑施工组织的一般原理及施工组织设计的内容、方法和编制程序;③介绍国内外建筑施工组织的先进理论、管理技术和方法;④研究和探索施工过程的系统管理和协调技术。

2. 建筑施工组织的形成与发展

人们在进行工程施工建造房屋时,总要先做什么,后做什么,人力怎么安排,物资怎么运输,现场怎么布置,安全怎么保证,需要多少材料,花费多少费用等。把这些想法加以归纳整理,用文字图表表示出来就是施工组织设计。施工组织设计的思想自古就有。

据《春秋》记载,我国秦代建造万里长城,对城墙的长、宽、高及土石方总量,需要的人工、材料,以及各地区分担的任务,派出人工及其口粮、往返道路里程,都计算得很详细,分配得很明确。工程质量的验收标准,也规定得很严格、很具体:填入城墙之土,必须进行筛选、晾晒或火烤,使土中的草籽不会发芽;夯实好的城墙,规定在一定距离之外,用箭射进行试验,箭头不能入墙,才算合格,否则就要推倒重修。因此,从秦始皇时代到现在,经过了 2000 多年,长城仍然耸立在大地上,真可谓是名副其实的"千年大计"。另一个例证就是我国北宋真宗年间(公元998—1017 年),皇城失火烧了皇宫,大臣丁谓领导修复工程时,采用了"一举三得"的组织施工方案。该方案是先把宫前大街开挖成沟,取沟中之土烧砖、筑墙,免去了从远处取土、运转之劳;然后把汴河之水引入大沟,使大船可以进出,装运需要的各种物资;最后皇宫修复工程竣工之后,再把碎砖、残瓦、建筑垃圾回填沟河,修复大街,免掉了建筑垃圾的运输和处理。这些例证充分地说明了我国古代施工组织设计思想的先进性。

据文献记载,我国古代在国家机构中就设有管理建筑的工官制度。据《周官》与《左传》记载周王和诸侯均设有掌管营造工作的司空。之后各个朝代均在中央政权机构内设将作监、少府或工部，管理皇家宫室、坛庙、陵墓、城堡以及水利等工程的设计、施工，成为不可缺少的政务部门之一。朝廷委任的工官主持建筑工程的设计、建材征调、采购和制造外，同时还管理工料估算及组织施工。由于历代营建都城与宫室都需要短时间内完成大量工程，因而采用大规模组织施工，除常设的专职匠工外，往往征集和雇佣各地的匠师、民夫和军工等，人数自数万人至二三十万人，有的甚至多达二百万人之众。我国建筑历史文献之一的《营造之法》，就是北宋崇宁二年（公元1103年），由北宋政府刊印的管理宫室坛庙、陵墓、官署、府邸等建筑的设计、施工的官方文件。在全书34卷中，用13卷的篇幅叙述功限和料例，反映了当时建筑生产管理的严密性。功限部分根据当时熟练工匠的经验，编定了计算功劳的定额，首先，按四季日时的长短分为中工（春、秋）、长工（夏）、和短工（冬）。工值以中工为标准，长、短工各增减10％，而面对军工、雇工又有不同的定额。其次，对每一工种都按照不同的等级和质量要求，规定了工值的计算方法。料例部分对于各种材料的小号都有详尽而具体的定额，既便于生产，也便于检查。清朝又总结了历代的经验，结合当时的现状，制定和颁布了《工部工程做法则例》，进一步统一了官史建筑的构件模数和用料标准，对估算工料和验收都有一套具体的制度。这表明我国在建筑施工管理制度方面有着悠久的历史。

国外也有类似的例证。例如，15世纪世界最大的穹顶之一，意大利佛罗伦萨大教堂穹顶的建筑；16世纪罗马圣彼得大教堂前，高23米重327吨的方尖碑的竖立；17—18世纪集中表现法国建筑艺术和施工技术成就的凡尔赛宫的修筑。这些建筑不仅在施工技术上，而且在施工组织上都创造了大规模协作和按设计施工的工程管理典范。

3.建筑施工组织学科的形成与发展

建筑施工组织学科的形成与发展与现代大型工程项目的施工实践和科学技术的新发展有密切的联系。1928年苏联在建造第聂伯水电站时，施工人员编制了第一个较为完整的施工组织设计，保证了水电站的施工质量。随后，苏联组建了专门的研究机构，进行理论研究，并相继编制了各种有关的资料和手册。20世纪50年代随着计算机的发展和使用，1956年至1957年美国杜邦化学公司研究创立了关键线路法（CPM）。1958年美国又在北极星导弹工程计划中提出了计划评审法（PERT）。与此同时，在建筑工程施工计划安排中，又发展了搭接网络法和图例评审法等。这些方法统称为网络计划技术，我国华罗庚教授把他们归为"统筹法"。这些方法的应用，改变了以往编制计划缺乏严格科学方法的现状，得到了世界各国的普遍重视和广泛应用。随着建筑施工组织技术的发展，建筑施工组织逐渐形成一门系统的学科。

我国社会主义制度的优越性，为科学规划及合理地组织与管理建筑施工创造了无比优越的条件。为了保证工程项目施工质量，我国政府十分重视建筑工程预算和施工组织设计的编制工作，明确规定所有建设项目都要单独编制施工组织设计和工程预算，并要求建筑施工人员采用先进的建筑施工组织理论、技术和方法，以提高施工组织和管理水平。早在1952年我国在东北地区的工程项目中就推行了施工组织设计。50年代后期在学校有关专业开设了建筑施工组织课程。60年代初出版了《建筑施工组织与计划》等著作，作为教学用书。同时，统筹方法广泛应用于工业、农业、国防及科学研究等的计划和管理中，收到了很好的效果。党的十一届三中全会以后，我国成立了全国性的统筹法研究会、建筑施工管理学会、建筑施工课程研讨会等学术组织，编辑了建筑施工、建筑企业管理等学术刊物。近年来，中央和地方政府有关部门组织力量重新修订了施工验收规范、概预算定额和施工定额等文件，编辑出版了施工手册、施工组织设计实例和大量的学术论文、论著。我国还编制了用于工程概预算、施工进度计划，以及建设项目的资源、财务管理等一系列计算机软件，有力地促进了建筑施工组织的理论研究和应用推广。我国在组织施工方面积累了丰富的经验，同时吸收借鉴了国外的先进计划技术，推动着该学科日益发展和完善。

建筑施工组织在我国的发展与我国的建筑工业的辉煌成就是分不开的。建筑工业发展的需要促进了施工组织学科的发展，而施工组织学科的理论与实践水平的提高，又进一步更好地为建筑工业的发展而服务。截至 2013 年末，我国建筑企业共有 79528 家，建筑业从业人数4499.31 万人。随着我国建筑工业的发展，建筑施工组织也有了很大的发展。工程技术人员还要不断总结新的建设经验，发展和完善施工组织管理的理论、技术和方法，研制适用的系统软件，使建筑工程的施工组织设计水平进一步提高，更好地为社会主义现代化服务。

4. 建筑施工组织课程的学习方法

建筑施工组织是一门实践性、政策性都较强的综合性学科。任何一项工程的施工，都必须从工程特点和施工条件出发，规划符合客观实际的组织施工方案，并在实际中进行检验、丰富和完善。所以建筑工程的实践经验是该门学科的基础。因此，学习建筑施工组织与管理这门课程，就要坚持理论联系实际的学习方法。除了加深对基本理论、基本知识的理解和掌握外，必须重视实践应用，完成一定数量的习题和施工组织设计实训。另外通过现场调查和实习，结合实际工程和具体的施工条件，灵活运用所学知识，解决施工问题，对学习本门课程尤为重要。

组织工程项目的施工，必须遵守党和政府制定的基本建设的各项方针政策，遵循建筑施工组织的基本原则。因此，作为一名合格的建筑施工技术人员，必须重视学习有关基本建设的方针政策，加强政策观念，提高政策水平。

建筑施工组织是一门软学科，从知识构成来说，又是一门多学科交叉的边缘科学。与它相关的学科有房屋建筑学、工程结构、工程力学、施工技术、建筑材料、建筑机械、建筑工程经济等，还要运用计算机科学、系统工程理论、现代管理科学以及应用数学等知识。因此，学习本课程必须有较宽的知识面，锻炼综合运用各种专业知识、全面思考、统筹规划的决策能力，提高灵活机动处理各种随机事件的能力。

在本课程教学中，通过施工现场教学增加学生的感性认识，开拓学生思路，使学生树立经济效益观念，学习运用科学管理的方法，顺利完成施工任务。任何书本知识总是前人经验的系统化和理论化，科学技术是不断发展的，只有那些善于开拓进取，不断追求，富于创造精神的人，才会达到更高的境界。

第1章 建筑施工组织概论

内容摘要

本章主要介绍了基本建设、建设项目的概念及其构成,基本建设程序,建筑产品和建筑施工的特点,施工组织设计概述,以及建筑施工中需要的基础资料。通过学习,学生可以了解基本建设项目的组成、建设产品和建筑施工的各自特点,掌握我国现行的基本建设程序和施工组织设计的分类,能够根据施工组织设计的基本原则编制施工组织设计。通过本章学习还要求学生了解建筑安装工程中常用的技术标准、技术规范与规程。

1.1 基本建设概述

1.1.1 基本建设的概念与分类

1. 基本建设的概念及意义

基本建设是形成固定资产的生产活动,是固定资产的建设及与之相关的工作。在基本建设中,建筑安装工程是一个重要的组成部分,此外,还包括工程的勘察设计、土地的征购、生产设备及器具的购置、新产品及新工艺的试制、生产职工的培训,以及生产设备的负荷联动试车等。因此,基本建设是以建筑业为主体,横跨国民经济的很多行业,由国民经济的许多部门共同完成的一种综合性建设活动。

基本建设在国民经济中具有十分重要的作用,它是发展社会生产力,推动国民经济的现代化,满足人民日益增长的物质和文化生活需要,以及增强国防实力的重要手段。同时,通过基本建设还可调整社会的产业结构,合理的配置社会生产力,从而保证国民经济有计划按比例地健康发展。

2. 基本建设的分类

(1)基本建设按其用途,可分为生产性基本建设和非生产性基本建设两大类。生产性基本建设是指直接或间接用于物质生产的建设项目,如工业建设、运输邮电建设、农林水利建设、商业及物资供应建设等。非生产性基本建设是指用于人民物质和文化生活项目的建设,如住宅建设、文教卫生建设、公用事业建设,以及行政机关建设等。

（2）基本建设按其性质可分为新建项目、改建项目、扩建项目、迁建项目和恢复项目等五类。新建项目是从无到有,平地起家的建设项目;扩建和改建项目是在原有企事业、行政单位基础上,扩大产品的生产能力或增加新的产品生产能力,以及对原有设备和工程进行全面技术改造的项目;迁建项目是原有企事业单位由于种种原因,经有关部门批准搬迁到另地建设的项目;恢复项目是指对由于自然、战争或其他人为灾害而遭到毁坏的固定资产进行重建的项目。

（3）基本建设工程按其规模或投资额大小可划分为大型、中型和小型工程三类。生产单一产品的工业企业按其设计生产能力划分;生产多种产品的工业企业按主要产品的设计生产能力划分;产品种类繁多或不能按生产能力划分者则按总投资额划分;对国民经济有特殊意义的某些工程,虽然其生产能力或投资额不够大、中型标准,也可按大、中型项目管理。

▶ 1.1.2 基本建设项目的构成

我国的基本建设工程是按照行政组织系统实行统一管理,它的基本管理单位称为基本建设项目（简称建设项目）。建设项目是按照一个总体进行设计施工,建成后具有设计所规定的生产能力或效益,在经济上实行统一核算的工程实体。负责一个建设项目并在行政上具有独立组织形式的企事业单位叫做建设单位。

建设项目可由若干个单项工程组成。所谓单项工程是指具有独立设计文件,竣工后可独立发挥生产能力或效益的工程。例如工业建设项目中的各独立生产车间,民用建设项目中的一个办公楼、一栋宿舍楼等都属于单项工程。

一个单项工程可包含若干个单位工程。所谓单位工程是指建成后不能独立发挥生产能力或效益,而又具有独立施工条件的工程。例如一个工业生产车间常包含以下单位工程:一般土建工程,给排水工程,采暖通风工程,机械及电气设备安装工程,工业管道工程等。

一个单位工程又可划分为若干个分部、分项工程。例如一般土建工程根据不同的结构部位及结构特征,可分为土方工程、地基及基础工程、砖石工程、混凝土及钢筋混凝土工程、装饰工程等若干分部工程。以砖石分部工程为例,根据其构件的特征,又可划分为砖基础、砖墙、砖柱等若干分项工程。某些分项工程有时还含有一定的可变因素,例如砖墙根据墙厚及砂浆标号等不同,又可再细分为若干分项工程。分项工程是构成一个建筑物的最小元素。

▶ 1.1.3 基本建设程序

基本建设工作涉及面广,协作配合环节多,完成一项建设工程需由许多部门和单位共同进行。基本建设必须依照我国有关工程建设的法律、法规,有计划、有步骤地进行,才能达到预期的效果。基本建设程序是指建设项目全过程中各项工作必须遵守的先后顺序,是法定程序。

基本建设程序主要包括四个阶段、八个环节。

1. 四个阶段

（1）项目决策阶段。这个阶段主要是根据国民经济的规划目标,确定基本建设项目内容、规划和建设地点,编制可行性研究报告及设计任务书。该阶段要作大量的调查、研究、分析和论证工作。

（2）建设准备阶段。这个阶段主要是根据批准的可行性研究报告,成立项目法人,进行项目的勘察和设计,编制设计概算,作好建设准备,安排建设计划及投资计划,落实年度建设计划,进行工程发包,做好设备订货等工作。

(3)工程实施阶段。这个阶段主要是根据设计图纸进行建筑安装工程施工和做好生产或使用的准备工作。

(4)竣工验收阶段。这个阶段主要是指单项工程或整个建设项目完工后,进行竣工验收工作,移交固定资产,交付建设单位使用。

2. 八个环节

(1)可行性研究。项目建议书经批准后,进行可行性研究工作的目的是对项目在技术上、经济上和工程上是否可行进行全面的科学分析论证工作,以减少项目决策的盲目性,防止失误。可行性研究应作多方案比较,推荐出最佳方案,作为编制设计任务书的依据。当前的可行性研究常委托咨询或设计单位进行。在可行性研究的基础上编制可行性研究报告,送交有关部门审批。

(2)编制设计任务书。设计任务书是根据已批准的可行性研究报告、由项目主管部门组织计划、建设和设计等单位共同编制的。它是可行性研究所提方案的任务化,是编制项目设计文件的基本依据。

(3)现场勘查,编制设计文件。建设项目的设计任务书及选址报告批准后,设计单位即可按照任务书的要求进行现场工程地质勘查,提交勘查报告,再编制设计文件。我国的建设项目一般多采用两阶段设计,即初步设计(包括编制设计概算)和施工图设计(包括编制施工图预算)两个阶段。对于技术上复杂而又缺乏设计经验的项目可采用三阶段设计,即初步设计、技术设计(包括编制修正概算)及施工图设计三个阶段。

(4)列入年度基本建设计划。建设项目的初步设计及总概算经批准后,即可列入年度基本建设计划。批准的年度基本建设计划是进行基本建设拨款或贷款的依据。

(5)建设准备。当建设项目的设计任务书批准后,项目法人应积极做好工程建设的各项准备工作。建设准备包括:组建筹建机构,征地拆迁,委托设计,安排基本建设计划,申报贷款及申请物资,组织大型专用设备及特殊材料的预订货,落实水、电及交通运输等外部建设条件。

(6)建筑安装施工。建设项目列入年度建设计划以后,建设单位即可通过招标方式选定建设监理单位和施工单位并与之签订承包合同(或协议)。施工单位需进行开工前的施工准备,其中包括编制全场性的施工组织总设计,建立生产基地与生活基地,以及完成建设场地的准备等。

建设项目作好施工准备,具备开工条件以后,由建设单位向有关部门提出开工报告,有关部门对工程建设资金来源、施工出图情况及准备工作进行审查,符合要求后批准开工。施工过程中,应加强全面质量管理,加强对施工过程的全面控制,保证工期和质量,降低工程成本。

在施工中,建设单位应做好各方面的协调工作,做到计划、设计和施工三者相互衔接,落实好工程内容、资金、物资供应、施工力量,以保证建设计划的全面完成。

(7)生产准备。为了保证项目建成后能及时投产,建设单位在建设阶段应积极做好生产准备工作,如组建生产经营管理机构,制定各项管理制度,培训生产人员,组织生产职工参加设备的安装和调试,制定生产操作规程,开展与生产有关的试验研究,积累生产技术资料等。

(8)竣工验收交付使用。建设项目按照设计文件规定的内容建成,建设单位即可根据国家有关规定,进行竣工验收,办理移交固定资产手续。竣工验收是全面考核建设成果、检验设计和工程质量的重要步骤,是投资成果转入生产或使用的标志。

1.2　建筑产品和建筑施工的特点

▷ 1.2.1　建筑产品的特点

1.固定性

一般建筑产品均由基础和主体两部分组成。基础承受其全部荷载,并传给地基,同时将主体固定在地面上。任何建筑产品都是在选定的地点上使用,因此它在空间上是固定的。

2.多样性

建筑产品不仅要满足复杂的使用功能的要求,其所具有的艺术价值还要体现出地方的或民族的风格、物质文明和精神文明的程度等。同时,建筑产品还受到地点的自然条件诸因素的影响,而使其在规模、建筑形式、构造和装饰等方面具有差异。

3.体积庞大性

无论是复杂还是简单的建筑产品,均是为构成人们生活和生产的活动空间或满足某种使用功能而建造的。建造一个建筑产品需要大量的建筑材料、制品、构件和配件。因此,一般的建筑产品要占用大片的土地和高耸的空间。建筑产品与其他工业产品相比较,体积格外庞大。

▷ 1.2.2　建筑施工的特点

1.流动性

任何建筑都在某个特定的地点建造,即建筑产品所在地点的固定性决定了产品生产的流动性。在建筑产品的生产中,工人及其使用的机具、材料等不仅要随着建筑产品建造地点的不同而流动,而且还要在建筑产品的不同部位流动生产。项目的施工准备阶段,要编制周密的施工组织设计,使流动生产的工人及其使用的机具和材料相互协调配合,保证生产连续均衡地进行。

2.个别性

各种建筑物都有其特定的使用功能,采用不同的建筑结构形式,使用各种不同的材料,采用不同的建造方法,加上建设地区不同的特点等因素,使建筑物的重复性生产很少。

3.复杂性

建筑施工复杂性的具体体现在:首先,施工队伍内部是多工种的综合作业;其次,建筑施工不仅需要组织现场施工,还要组织材料、构配件、机械设备供应;第三,建筑施工需要市政设施和公用事业等有关部门的协调配合;第四,建筑施工的过程中还有很多变化因素,如自然条件(地形、地质、水文、气候等)、技术条件(建筑结构类型、施工技术水平、机械设备条件等)和社会条件(物资供应、运输、环境等),由于建筑施工大量的是露天生产,上述因素的影响有时更加突出。

4."三大一长"

建筑施工还具有"三大一长"的特性,具体体现在:首先,建筑物是特大型产品,给建筑施工创造了可在同一时间内,在不同空间中组织不同的生产;其次,建筑施工的劳动力和生产资料的耗用量大;第三,建筑施工资金占用量大;此外,建筑物施工周期较长。

1.3 施工组织设计概述

施工组织设计是指导建筑施工的重要技术文件,也是对施工活动实施科学管理的有力手段。由于建筑产品的多样性,每项工程都必须单独编制施工组织设计。

1.3.1 施工组织设计的含义

施工组织设计是在施工前编制的,是用来指导拟建工程施工准备工作和组织施工的全面性的技术经济文件。

施工组织设计在建设项目中起着重要的作用。具体表现在:①施工组织设计是施工准备工作的一项重要内容,是整个施工准备工作的核心;②通过编制施工组织设计,充分考虑施工中可能遇到的困难和问题,找到事先解决的办法,提高了施工的预见性,减少了盲目性,为实现建设目标提供了技术保证;③施工组织设计是指导现场施工活动的指导性文件,施工场地所作的规划与布置,为现场的文明施工创造了条件。

1.3.2 施工组织设计的分类

施工组织设计按设计阶段、中标前后、编制对象范围不同,可有以下分类:

1. 按设计阶段的不同分类

施工组织设计的编制一般是与主要设计阶段相对应的。

(1)施工组织设计按两个阶段进行。

在绝大多数情况下,建筑工程按照扩大初步设计、施工图设计两个阶段来进行设计,因此施工组织设计可分为施工组织总设计和单位工程施工组织设计两种。

(2)施工组织设计按三个阶段进行。

当建筑工程按初步设计、技术设计、施工图设计三个阶段设计时,施工组织设计的三个相应的阶段分别为施工组织设计大纲(施工条件设计)、施工组织总设计和单位工程施工组织设计三种。

2. 按中标前后的不同分类

施工组织设计按中标前后的不同分为中标前施工组织设计(标前设计)和中标后施工组织设计(标后设计)两种。

标前施工组织设计是指在投标之前编制的施工项目管理规划,可作为编制投标书和进行签约谈判的依据。标后施工组织设计是在中标、签订合同以后编制的,可作为具体指导施工全过程的技术经济文件。两种施工组织设计的不同点如表 1-1 所述。

表 1-1 标前施工组织设计和标后施工组织设计的区别

种类	服务范围	编制时间	编制者	主要特性	追求主要目标
标前施工组织设计	投标与签约	投标书编制前	经营管理层	规划性	中标和经济效益
标后施工组织设计	施工准备到验收	签约后开工前	项目管理层	作业性	施工效率和效益

3. 按编制对象范围的不同分类

施工组织设计按编制对象范围的不同可分为施工组织总设计、单位工程施工组织设计、分部(分项)施工组织设计三种。这三种施工组织设计的不同点如表1-2所述。

表1-2 施工组织总设计、单位工程施工组织设计、分部(分项)施工组织设计的区别

种类	编制对象	编制时间	编制单位、人员	编制的作用
施工组织总设计	建设项目	初步设计、扩大初步设计后	总承包商的总工程师	用于指导整个建设项目施工,属全局性、规划性的控制型技术经济文件
单位工程施工组织设计	单位工程	施工图设计完成并会审后	直接组织施工的项目经理部技术负责人	用于指导单位工程施工,较具体化、详细化,属实施指导型技术经济文件
分部(分项)工程施工组织设计	分部(分项)工程	单位工程施工组织设计后	单位工程的技术人员或分包方的技术人员	用于专业工程具体的作业设计,是单位工程施工组织设计更具体化、详细化的内容,属实施指导与操作型的技术经济文件

▶ 1.3.3 施工组织设计的内容

(1)工程概括:应着重说明工程的规模、造价、工程的特点、建设期限,以及外部施工条件等。

(2)施工准备工作:应列出准备工作一览表,各项准备工作的负责单位、配合单位以及负责人,完成的日期及保证措施。

(3)部署主要施工对象的施工方案:包括建设项目的分期建设规划,各期的建设内容,施工任务的组织分工,主要施工对象的施工方案和施工设备,全场性的技术组织措施(如全工地的土方调配、地基的处理、大宗材料的运输、施工机械化及装配化水平等),以及大型暂设工程的安排等。

(4)施工总进度计划:包括整个建设项目的竣工开工日期,总的施工程序安排,分期建设进度,土建工程与专业工程的穿插配合,主要建筑物及构筑物的施工期限等。

(5)全场性施工总平面图:应说明场内外主要交通运输道路、供水供电管网和大型临时设施的布置,施工现场的用地划分等。

(6)主要原材料、半成品、预制构件和施工机具的需求量计划。

▶ 1.3.4 编制施工组织设计的原则

根据我国建筑业长期以来积累的经验,编制施工组织设计以及在组织施工的过程中,一般应遵循以下基本原则:

(1)认真贯彻国家对工程建设的各项方针和政策,严格执行基本建设程序。

(2)坚持合理的施工程序和施工顺序。

(3)尽量采用国内外先进的施工技术,进行科学的组织和管理。

(4)编制有针对性的施工组织设计采用流水施工、网络计划技术组织施工。

(5)尽量减少临时设施,科学合理布置施工平面图。

(6)充分利用现有机械设备,提高机械化程度。

(7)科学地安排冬、雨季施工项目,提高施工的连续性和均衡性。

上述原则既是建筑产品生产的客观需要,又是加快施工进度,缩短工期,保证工程质量,降低工程成本,提高建筑施工企业和工程项目建设单位的经济效益的需要,所以必须在组织施工过程中认真地贯彻执行。

1.4 建筑施工中的基础资料

如果想要有效地组织建筑施工,必须具有可靠的基础资料。基础资料主要包括:自然条件资料,社会条件资料,定额资料,技术标准、规范及规程资料等。为了取得这些资料,首先可向勘查和设计等单位收集,其次还可向当地的有关部门收集。如现有的资料尚不能满足施工的需要,则可通过实地调查或勘察加以补充。基础资料的来源主要有:建设项目的设计任务书,厂址选择报告,工程地质与水文地质勘察报告,地形测量资料以及工程概预算资料等。此外,还可从当地气象、水文和地震台(站)等部门收集有关自然条件方面的资料,从当地建设主管部门收集有关技术经济方面的资料。对取得的资料应进行研究分析,有疑虑的地方应反复核实以保证资料的可靠性。

▶ 1.4.1 自然条件资料

自然条件资料一般包括:

(1)建设区域地形图。图中应标明建设对象的位置,邻近地区的工矿企业、居民住宅区、铁路、公路、车站、码头及变电所等地物,以及地形等高线和水准控制点等。

(2)建设场地地形图。图中应标明建设场地内的一切地上附着物、河湖边界线、地形等高线和坐标方格网等。

以上两图主要用于确定建设工地的用地范围、建筑工地的施工总平面布置以及土方的平衡调配等。

(3)工程地质资料。工程地质资料包括建设地点的钻孔布置图、钻孔柱状图、工程地质剖面图、土的物理力学性质等。有古墓的地区还应有地下墓坑的钻探资料。以上这些资料是组织地下和基础工程施工所不可缺少的。

(4)水文地质资料。地表水文资料应包括河流湖泊的水位、流量(湖泊的贮水量)、流速、水温、冰冻、航运和水质分析资料等。地下水文资料应包括地下水位的高程和变化范围、地下水的流向和流速、对建筑物的冲刷情况以及水质分析资料等。水文地质资料是设计建筑工地的给水及排水系统、选择地下工程的施工方法,以及确定防洪措施和航运利用的依据。

(5)气象资料。气象资料包括大气降水资料,气温资料,风向、风速和风的频率资料,以及雨季起止日期和冬期施工起止日期。根据气象资料可以合理安排冬雨季施工项目,拟定冬雨季施工措施,防暑降温措施,以及防火和环境保护措施等。

▶ 1.4.2 社会条件资料

社会条件资料一般应包括:

(1)地方建材工业资料。地方建材工业资料包括当地的采料场、建筑材料厂、预制构(配)

件厂的分布情况,产品的名称、规格、供应能力和价格等情况。

(2)地方资源资料。地方资源资料包括建筑工程大量使用的块石、卵石、河砂、石灰石、保温材料和黏土等的蕴藏量及开采条件,施工中利用的可能性等。

(3)地方工业废料的利用资料。工业废料包括火电厂的粉煤灰、冶金厂的矿渣、木材厂的刨花及锯木、造纸厂的纸浆等,这些废料均可在建筑工程中加以利用。

(4)交通运输资料。交通运输资料包括建设地区的铁路、公路、码头、车站、机场以及转运仓库等的分布情况,交通道路的通过能力和运输能力等。

(5)水电供应资料。水电供应资料包括当地的发电厂及变电站的位置,供电能力及接线地点,还有当地现有给水和排水系统的管径、标高和水压,给水和排水的能力以及利用的可能性等。

(6)劳动力及生活设施资料。劳动力及生活设施资料包括当地可供招募的劳动力的数量及素质,劳动力的价格,当地可供施工队伍使用的生活设施及文化福利设施,这些设施的所在地点、数量及设备条件等。

充分利用当地社会的技术经济条件,可以做到就地取材,减少运输成本,降低大型暂设工厂费用,并在一定程度上可加速工程的建设。

▶ 1.4.3 定额资料

定额就是在一定范围内统一制定,共同遵守的一种标准。建筑施工中常用的定额有以下几种:

1.施工定额

施工定额是建筑安装工程中的生产定额,它是指建筑企业制订生产作业计划、编制施工组织设计、向工人班组签发施工任务单及限额领料卡以及工料分析的依据。施工定额同其他定额一样,在我国是由国家统一制定的。我国最早在1985年当时的城乡建设环境保护部就制定了《建筑安装工程统一劳动定额》,各省、自治区、直辖市的建设主管部门在此定额基础上又分别制定了本地区使用的施工定额。施工定额一般由劳动(人工)定额、材料消耗定额和机械台班(使用)定额三种定额所组成。

(1)劳动定额。它是最基本的生产定额,反映当前建筑安装工人劳动生产率的平均先进水平。劳动定额有时间定额与产量定额两种表现形式。

①时间定额是指某一工种某一等级的工人,完成质量合格的单位产品所消耗的工作时间。时间定额常以"工日"作为计量单位。一个工人工作一天(8小时)称为一个"工日"。

②产量定额是指某一工种某一等级的工人,在一个工日内完成的合格产品的数量。

显然,时间定额与产量定额成倒数关系,即

$$时间定额 = \frac{1}{产量定额}$$

劳动定额是按照不同的劳动对象分别制定的,每项定额都由工作内容、定额编号、项目名称、计量单位及人工消耗量等构成。用分子及分母分别表示时间定额及产量定额,称为复式定额表。

时间定额与产量定额各有优点,时间定额便于综合,可以累加,用于计算劳动量(以工日表示)较为方便;产量定额具有形象化的特点,容易为工人理解和接受,便于向工人班组分配任务。

（2）材料消耗定额。它是指在节约与合理使用材料的条件下,生产质量合格的单位产品所必须消耗的某种规格的材料数量。为了便于使用,材料消耗定额常与劳动定额列于同一定额表中。

（3）机械台班定额。它是机械化施工的生产定额,反映某种机械在单位时间内应达到的生产效率。按其表现形式的不同,机械台班定额也可分为时间定额以及产量定额,但一般多用产量定额表示。

2. 预算定额

预算定额是在施工定额的基础上制定的,它是施工定额的综合与扩大。预算定额是以建筑物或构筑物的各分部(分项)工程为对象编制的,反映完整单位工程量所需的人工(工日)数、各种材料的消耗量与机械台班的消耗量,以及相应的地区价格。它主要用于计算工程造价、分析施工中所需要的各种资源需要量。

由于我国幅员辽阔,地区差别大,因此目前我国主要执行地区性的预算定额。

3. 概算定额与概算指标

概算定额是在预算定额的基础上制定的,它是预算定额的综合与扩大,常以扩大的结构构件或部位为对象来编制,反映完成单位工程量所需的人工数、材料和机械台班的消耗量,以及相应的地区价格。

概算指标是比概算定额更为综合的一种指标,常以整个建筑物或构筑物为对象来编制,反映完成建筑物每 100 m² 面积(或每 100 m³ 体积)所消耗的各种工料,以及相应的地区价格。概算定额与概算指标主要用于估算工程造价和各种资源的需求量。

4. 工期定额

工期定额是确定建筑安装工程施工工期的标准。它是建筑企业编制施工组织设计,安排生产计划,签订工程合同以及考核全优工程的依据。

工期定额中规定有各类工程的施工工期数。所谓施工工期数是指从正式开工起,至完成承包工程的全部内容(包括土建、水、电及安装项目),并达到国家验收标准为止的全部有效施工天数。其计算式为:有效施工天数＝日历天数－法定假日－星期休息日－风雨雪停工日。

2000 年建设部制定了《全国统一建筑安装工程工期定额》。由于我国地区间气候差别悬殊,故工期定额中将全国分为Ⅰ、Ⅱ、Ⅲ类地区,对各地区分别规定了不同的工期标准。

▷ **1.4.4　技术标准、规范及规程**

技术标准是从事生产、建设以及商品流通工作的一种共同技术依据。凡正式生产的工业品、工程建设,以及环境保护和安全要求等,都必须制定相应的标准并贯彻执行。因此,标准是对产品或技术所作的统一规定。它以科学试验及实践经验为基础,经有关方面协调提出,经公证机关批准,以特定形式发布执行。

我国工程建设中的标准体系,按照其等级、作用和性质的不同,技术标准可以分为以下几种类型:

（1）按等级分为:国家标准,行业标准,地方标准,企业标准。

（2）按性质分为:强制性标准,推荐性标准。

（3）按作用分为:基础标准(如计量单位标准、名词术语符号标准、可靠度统一标准、荷载规范等),材料标准(如钢筋、水泥及其他建筑材料标准等),设计标准(如钢结构、砌体结构设计规范等),施工标准(如各类工程的施工及验收规范),检验评定标准(如混凝土、预制构件、建筑安装工程的质量检验评定标准)。

这些标准与规范相互配合,从不同角度起着控制工程建设的安全、质量、可靠性和经济性的作用,形成一个相对严密的标准、规范体系。

技术规程是规范的具体化,它是根据规范的要求,对建筑安装工程的施工过程、操作方法、设备及工具的施工,以及安全技术要求等所作出的具体技术规定。在工程建设中一般常见的技术规程有三种:①施工操作规程;②设备维护与检修规程;③安全、防火技术规程。技术规程种类繁多,一般由行业或地区根据其自身特点来制定。

思考与练习

1. 什么是新建、扩建、改建、迁建和恢复项目? 他们之间有哪些差别?

2. 什么是基本建设程序? 为什么强调要按照基本建设程序进行建设?

3. 基本建设程序的主要内容是什么?

4. 施工组织设计的种类及其主要内容是什么?

5. 编制施工组织设计应遵循的基本原则是什么?

6. 建筑施工中需要哪些基础资料? 各类资料的来源及用途是什么?

7. 什么是定额? 建筑施工中使用的定额有哪几种? 各种定额的用途是什么?

第 2 章　施工准备工作

 内容摘要

　　本章重点介绍施工准备工作的内容和要求。通过本章内容的学习,学生需要掌握施工准备工作的相关基本知识,熟悉技术资料准备及原始资料的调查分析,了解施工现场准备、施工队伍及物资准备、季节施工准备等工作。

2.1　施工准备工作概述

▷ 2.1.1　施工准备工作的意义

　　施工准备工作是指从组织、技术、经济、劳动力、物资等各方面为了保证工程项目施工能够顺利进行,事先应做好的各项工作。施工准备工作是为拟建工程的施工创造必要的技术、物资条件,统筹安排施工力量和部署施工现场,确保工程施工顺利进行。它是建设程序中的重要环节,不仅存在于开工之前,而且贯穿在整个施工过程之中。建筑施工是一项十分复杂的生产劳动,它不但需要耗用大量人力物力,还要处理各种复杂的技术问题,也需要协调各种协作配合关系。实践证明,凡是重视施工准备工作,开工前和施工中都认真细致地为施工生产创造一切必要的条件的工程,其施工任务就能顺利地完成;反之,忽视施工准备工作,仓促上马,虽然有着加快工程进度的良好愿望,但往往造成事与愿违的客观结果。不做好施工准备工作,在工程中将导致缺材料、少构件、施工机械不能配套、工种劳动力不协调,使施工过程做做停停,延误工期,有的甚至被迫停工,从而影响工程质量,发生质量安全事故,造成巨大损失。而全面细致地做好施工准备工作,则对于调动各方面的积极因素,合理组织人力、物力,加快施工进度,提高工程质量,节约建设资金,提高经济效益,都会起着重要的作用。

▷ 2.1.2　施工准备工作的内容与分类

1. 施工准备工作的内容

　　施工单位的准备工作,可分为两个阶段。第一个阶段是全局性的准备,做好整个施工现场施工规划准备工作,包括编制施工组织总设计;第二阶段是局部性的准备,做好单位工程或一些大的复杂的分部(分项)工程开工前的准备工作,包括编制施工组织设计和施工方案,这是贯穿于整个施工过程中的准备工作。施工准备工作包括以下内容:

(1)熟悉和会审施工图纸,主要是为编制施工组织设计提供各项依据。熟悉图纸,要求参加建筑施工的技术和经营管理人员充分了解和掌握设计意图、结构与构造的特点及技术要求,能按照设计图纸的要求,做到心中有数,从而生产出符合设计要求的建筑产品。熟悉和审查施工图纸通常按照图纸自审、会审和现场签证三个阶段进行。

(2)调查研究搜集必要资料,主要是对工程条件、工程环境特点和施工条件等施工技术与组织的基础资料进行调查,以此作为施工准备工作的依据。原始资料以及给排水、供电等资料的调查工作应有计划、有目的地进行,且事先要拟定明确、详细的调查提纲。调查的范围、内容、要求等,应根据拟建工程的规模、性质、复杂程度、工期及对当地熟悉了解程度而定。原始资料调查内容一般包括建设场址的勘察和技术经济资料的调查。

(3)施工现场的准备,主要是为了给拟建工程的施工创造有利的施工条件,是保证工程按计划开工和顺利进行的重要环节。其工作按施工组织设计的要求划分为拆除障碍物、"三通一平"、测量放线和搭设临时设施等。

(4)物资及劳动力的准备,是指在施工中对必需的劳动力和物质资源的准备。它是一项较为复杂而又细致的工作,其主要内容包括:主要材料的准备,地方材料的准备,模板、脚手架的准备,施工机械、机具的准备,研究施工项目组织管理模式,线建项目部;规划施工力量的集结与任务安排,建立健全质量管理体系和各项管理制度;完善技术检测措施;落实分包单位,审查分包单位资质,签订分包合同。

(5)季节性施工准备,由于建筑工程施工的时间长,且绝大部分工作是露天作业,所以施工过程中受季节性影响,特别是冬、雨季的影响较大。为保证按期保质完成施工任务,必须做好冬、雨季施工准备工作,其主要包括拟定和落实冬、雨季施工措施等。

2.施工准备工作的分类

(1)按施工准备工作的范围及规模不同,施工准备工作可分为施工总准备、单项(单位)工程施工条件准备、分部(分项)工程作业条件准备。

①施工总准备也称全场性施工准备,是以整个建设项目为对象而统一进行的各项施工准备,其目的和内容都是为全场性施工服务的。它不仅要为全场性的施工活动创造有利条件,而且要兼顾单位工程施工条件的准备。

②单项(单位)工程施工条件准备,是以一个建筑物或构筑物为对象而进行的施工准备,其目的和内容都是为该单项(单位)工程服务的。它既要为单项(单位)工程作好开工前的一切准备,又要为其分部(分项)工程施工作业作准备。

③分部(分项)工程作业条件准备,是以一个分部(分项)工程或冬、雨季施工工程为对象而进行的作业条件准备。

(2)按施工阶段不同,施工准备分为开工前的施工准备和开工后施工前准备。

①开工前的施工准备,是在拟建工程正式开工之前所进行的一切施工准备工作,其目的是为工程正式开工创造必要的施工条件。

②开工后施工前准备也称为各施工阶段前的施工准备,是在拟建工程开工之后,每个施工阶段正式开始之前所进行的施工准备,其目的是为每个施工阶段创造必要的施工条件。因此,

必须做好每个施工阶段施工前的相应施工准备工作。

▶ 2.1.3　施工准备工作的任务和范围

施工准备是为了保证能正常开工和连续、均衡施工场进行的一系列准备工作,是对拟建工程目标、资源供应和施工方案的选择及其空间布置和时间排列等诸方面进行的决策。

1.施工准备工作的任务

施工准备工作的任务就是,按施工准备的要求分阶段地、有计划地全面完成施工准备的各项任务,保证拟建工程能够连续、均衡地有节奏、安全地顺利进行,从而保证工程质量和工期的条件下能够做到降低工程成本和提高劳动生产效率。

(1)取得工程施工的法律依据,包括城市规划、环卫、交通、电力、消防、市政、公用事业等部门批准的法律依据。

(2)通过调查研究,分析掌握工程特点、要求和关键环节。

(3)调查分析施工地区的自然条件、技术经济条件和社会生活条件。

(4)从计划、技术、物资、劳动力、设备、组织、场地等方面为施工创造必备的条件,以保证工程顺利开工和连续进行。

(5)预测可能发生的变化,提出应变措施,作好应变准备。

2.施工准备工作的范围

施工准备工作的范围包括两个方面:一是阶段性的施工准备,是指开工前的各项准备工作,带有全局性。没有这个阶段工程既不能顺利开工,更不能连续施工。二是作业条件的施工准备,它是指开工之后,为某一施工阶段、某分部分项工程或某个施工环节来作的准备,具有局限性,也是经常性的。一般说,冬季与雨季施工准备工作都属于这个施工准备。

▶ 2.1.4　施工准备工作的要求

为了做好施工准备工作,应注意以下几个问题:

(1)编制详细的施工准备工作计划一览表,提出具体项目、内容、要求、负责单位、完工日期等。

(2)建立严格的施工准备工作责任制与检查制度。各级技术负责人应承担起各施工准备工作的责任,负责审查施工准备工作计划和施工组织设计,督促各项准备工作的实施,建立施工准备工作检查制度,开展经常性的检查,并将其贯穿在施工全过程当中,发现问题定期研究,及时总结经验教训。

(3)施工准备工作应取得建设单位、设计单位及各有关协作单位的大力支持,相互配合、互通情况,为施工准备工作创造有利的条件。

(4)施工准备必须贯穿在整个施工过程中,并应作好以下四个结合:①设计与施工相结合;②室内准备与室外准备相结合;③土建工程与专业工程相结合;④前期准备与后期准备相结合。

2.2　调 查 研 究

调查研究、收集有关施工资料,是施工准备工作的重要内容之一。同时获得各种相关资料,可以为解决各项施工组织问题提供正确的依据。尤其是当施工单位进入一个新的城市或地区,原始资料的调查显得更加重要,它关系到施工单位全局的部署与安排。

2.2.1 原始资料的调查

原始资料的调查研究主要是对工程条件、工程环境特点和施工条件等施工技术与组织的基础资料进行调查,以此作为项目准备工作的依据。原始资料的调查主要包括以下几方面:

(1)施工现场的调查。施工现场调查的内容包括工程的建设规划图、建设地区区域地形图、场地地形图、控制桩与水准点的位置及现场地形、地貌特征等资料。这些资料一般可作为设计施工平面图的依据。

(2)工程地质、水文的调查。工程地质、水文调查的内容包括工程钻孔布置图、地质剖面图、地基各项物理力学指标实验报告、地质稳定性资料、暗河及地下水水位变化、流向、流速及流量和水质等资料。这些资料一般可作选择基础施工方法的依据。

(3)气象资料的调查。气象资料调查的内容包括全年、各月平均气温,最高与最低气温,5℃及0℃以下气温的天数和时间;雨季起始时间;月平均降水量及雷暴时间;主导风向及频率,全年大风的天数及时间等资料。这些资料一般可作为冬、雨期季节施工的依据。

(4)周围环境及障碍物的调查。周围环境及障碍物调查的内容包括施工区域现有建筑物、构筑物、沟渠、水井、古墓、文物、树木、电力架空线路、人防工程、地下管线、枯井等资料。这些资料可作为施工现场平面布置的依据。

2.2.2 水源、电源等资料的调查

(1)收集当地给排水资料。其调查内容包括施工现场用水与当地现有水源连接的可能性、供水能力、接管距离、地点、水压、水质及水费等资料。若当地现有水源不能满足施工用水要求,则要调查附近可供施工生产、生活、消防用水的地面或地下水源的水质、水量、取水方式、距离等条件。还要调查利用当地排水的可能性、排水距离、去向等资料。这些资料可作为选用施工给排水方式的依据。

(2)收集供电资料。其调查内容包括可供施工使用的电源位置、引入工地的路径和条件,可以满足的容量、电压及电源等资料或建设单位、施工单位自有的发变电设备、供电能力。这些资料可作为选择施工用电方式的依据。

(3)收集供热、供气资料。其调查内容包括冬季施工时附近蒸汽的供应量、接管条件和价格,建设单位自有的供热能力以及当地或建设单位可以提供的煤气、压缩空气、氧气的能力与输送至工地的距离等资料。这些资料是确定施工供热、供气的依据。

2.2.3 建筑材料及周转材料的调查

收集"三材"(即钢材、木材、水泥)、地方材料及装饰材料等资料,一般情况下应摸清"三材"市场行情,了解地方材料如砖、砂、灰、石等材料的供应能力、质量、价格、运费情况,当地构件制作、木材加工、金属结构、钢木门窗、商品混凝土、建筑机械供应与维修、运输等情况,脚手架、定型模板和大型工具租赁等能提供服务的项目、能力、价格等条件。还应收集装饰材料、特殊灯具、防水、防腐材料等市场情况。这些资料用做确定材料的供应计划、加工方式、储存和堆放场地及建造临时设施的依据。

▶ 2.2.4　劳动力市场的调查

建设地区的社会劳动力和生活条件调查主要是了解当地提供的劳动力人数、技术水平、来源和生活安排,可提供作为施工用的现有房屋情况,当地主副食产品供应、日用品供应、文化教育、消防治安、医疗单位的基本情况以及能为施工提供的支援能力。这些资料是拟定劳动力安排计划、建立职工生活基地、确定临时设施的依据。

▶ 2.2.5　交通运输条件的调查

建筑施工中的主要交通运输方式一般有铁路、公路、水路、航空等,交通资料可向当地铁路、交通运输和民航等管理局的业务部门进行调查。收集交通运输资料是调查主要材料及构件运输通道的情况,包括道路、街巷、途经的桥涵宽度、高度,允许载重量和转弯半径限制等资料。有超长、超高、超宽或超重的大型构件、大型起重机械和生产工艺设备需整体运输时还要调查沿途架空电线、天桥宽度,并与有关部门商议避免大件运输对正常交通产生干扰的路线、时间及解决措施。这些资料主要可作为组织施工运输业务、选择运输方式、提供经济分析比较的依据。

2.3　技术经济资料准备

技术经济资料准备就是通常所说的内业技术工作,它是现场准备工作的基础和核心工作,其内容一般包括:熟悉与会审施工图纸,签订分包合同,编制施工组织计划,编制施工图预算和施工预算。

▶ 2.3.1　熟悉与会审施工图纸

在熟悉施工图纸的基础上,由建设、施工、设计、监理等单位共同对施工图纸组织会审。一般先由设计人员对设计施工图纸的设计意图、工艺技术要求和有关问题作设计说明,对可能出现的错误或不明确的地方作出必要的修改或补充说明。

1. 熟悉施工图纸的重点

在熟悉图纸过程中,对发现的问题应作出标记,作好记录,以便在图纸会审时提出。

(1)地下室部分。核对建筑、结构、设备施工图中关于基础留口,留洞的位置和标高,地下室排水的去向,人防出口的做法及防水体系的包围等。

(2)主体部分。各层所用砂浆、混凝土的强度等级,墙、柱与轴线的关系,梁、柱(包括圈梁、构造柱)的配筋及节点做法,悬挑结构的锚固要求,楼梯间构造,设备图和建筑图上洞口尺寸及位置关系。

(3)装修部分。结构施工应为装修施工提供的预埋件或预留洞,内外墙和地面的材料做法,屋面防水节点等。

2. 图纸会审的主要内容

图纸会审一般先由设计人员对设计施工图纸的技术要求和有关问题先作介绍和交底,对于各方提出的问题,经充分协商将意见形成图纸会审纪要,由建设单位正式行文,参加会议各单位加盖公章,作为与设计图纸同时使用的技术文件。

图纸会审主要内容包括以下几个方面：

(1)建筑的设计是否符合国家的有关技术规范。

(2)设计说明是否完整、齐全、清楚；图纸的尺寸、坐标、轴线、标高、各种管线和道路交叉连接点是否正确；一套图纸的前后备图及建筑与结构施工图是否一致，是否矛盾；地下与地上的设计是否矛盾。

(3)技术装备条件能否满足工程设计的有关技术要求；采用新结构、新工艺、新技术或工程的工艺设计是否符合使用的功能要求，对土建、设备安装、管道、动力、电器的安装，在要求采取特殊技术措施时，施工单位技术上有无困难；能否确保施工质量和施工安全。

(4)所选用的各种材料、配件、构件(包括特殊的、新型的构件)，在组织采购供应时，其品种、规格、性能、质量、数量等方面能否满足设计规定的要求。

(5)图中不明确或有疑问处，请设计人员解释清楚。

(6)有关的其他问题，对其提出合理化建议。

▷ 2.3.2 签订分包合同

技术经济资料准备需要签订的合同包括建设单位(甲方)与施工单位(乙方)应签订的工程承包合同，与分包单位(机械施工工程、设备安装工程、装饰工程等)应签订的总分包合同，物资供应合同，构件半成品加工订货合同。

▷ 2.3.3 编制施工组织计划

施工组织设计是施工准备工作的主要技术经济文件，是指导施工的主要依据，是根据拟建工程的工程规模、结构特点和建设单位要求，编制的指导该工程施工全过程的综合性文件。它结合所收集的原始资料、施工图纸和施工预算等相关信息，综合建设单位、监理单位、设计单位的具体要求进行编制，以保证工程施工好、快、省并且安全、顺利地完成。

▷ 2.3.4 编制施工图预算和施工预算

施工图预算是施工单位依据施工图纸所确定的工程量、施工组织设计拟定的施工方案、建筑工程预算定额和相关费用定额等编制的建筑安装工程造价和各种资源需要量的经济文件。施工预算是施工单位根据施工图纸、施工组织设计和施工方案、施工定额等文件进行编制的企业内部经济文件。施工组织设计一旦被批准，即可着手编制单位工程施工图预算和施工预算，以确定人工、材料和机械费用的支出，并确定人工数量、材料消耗数量及机械台班使用量等。

2.4 施工现场准备

施工现场的准备工作主要是为了给拟建工程的施工创造有利的施工条件，是保证工程按计划开工和顺利进行的重要环节。一项工程开工之前，除了做好各项技术经济的准备工作外，还必须做好现场的各项施工准备工作，其工作按施工组织设计的要求划分为拆除障碍物、"三通一平"、测量放线和搭设临时设施等。

▷ 2.4.1 　拆除障碍物

施工现场内的一切地上、地下障碍物,都应在开工前拆除。这项工作一般由建设单位来完成,但也有委托施工单位来完成的。

对于房屋的拆除,一般只要把水源、电源切断后即可进行拆除。若房屋较大、较坚固,需要采用爆破的方法时,必须经有关部门批准,由专业的爆破作业人员来承担。架空电线(电力、通信)、地下电缆(电力、通信)的拆除,以及燃气、热力、供水、排污等管线的拆除,要与相关部门联系并办理有关手续后方可进行。施工现场内若有树木,需报林业部门批准后方可砍伐。

▷ 2.4.2 　做好“三通一平”

在工程用地的施工现场,应接通施工用水、用电、道路、通信及燃气,做好施工现场排水及排污畅通和平整场地的工作,但是其中最基本的还是通水、通电、通路和场地平整工作,这些工作简称为“三通一平”。

(1)通水,专指给水,包括生产、生活和消防用水。在拟建工程开工之前,必须接通给水管线,尽可能与永久性的给水结合起来,并且尽量缩短管线的长度,以降低工程的成本。

(2)通电,包括施工生产用电和生活用电。在拟建工程开工之前,必须按照安全和节能的原则,接通电力和电信设施。电源首先应考虑从建设单位给定的电源上获得,如其供电能力不能满足施工用电需要,则应考虑在现场建立自备发电系统,确保施工现场动力设备和通信设备的正常运行。

(3)通路,是指施工现场内临时道路与场外道路连接,满足车辆出入的条件。在拟建工程开工之前,必须按照施工总平面图的要求,修好施工现场的永久性道路(包括场区铁路、场区公路)以及必要的临时性的道路,以便确保施工现场运输和消防用车等的行驶畅通。

(4)场地平整,是指在建筑场地内,进行厚度在 300 mm 以内的挖、填土方及找平工作。根据建筑施工总平面图规定的标高,通过测量,计算出填挖土方工程量,设计土方调配方案,组织人力或机械进行平整工作。

“三通一平”工作一般都是由建设单位完成的,也可以委托施工单位来完成,这项工作不仅仅要求在开工前完成,而且要保障在整个施工过程中都要达到要求。

▷ 2.4.3 　测量放线

为了使建筑物或构筑物的平面位置和高程符合设计要求,施工前应按总平面图设置永久的经纬坐标桩及水平坐标桩,建立工程测量控制网,以便建筑物在施工前的定位放线。建筑物定位、放线,一般通过设计定位图中平面控制轴线来确定建筑物四周的轮廓位置。测设结果经自检合格后,提交有关技术部门和甲方验线,以保证定位的准确性。沿红线建的建筑物放线后还要由城市规划部门验线,以防止建筑物压红线或超红线。

在测量放线前,应校验和校正各种测量仪器,校核接桩线与水准点,制定切实可行的测量方案,包括平面控制、高程控制、沉降观测和竣工测量等工作。

▷ 2.4.4 　搭设临时设施

施工企业的临时设施是指企业为保证施工和管理的进行而建造的生产、生活所用的临时设施,包括各种仓库、搅拌站、预制厂、现场临时作业棚、机具棚、材料库、办公室、休息室、厕所、蓄水池等设施;临时道路、围墙;临时给排水、供电、供热等设施;临时简易周转房,以及现场临时搭建的职工宿舍、食堂、浴室、医务室、托儿所等临时性福利设施。

所有生产和生活临时设施,必须合理选址、正确用材,确保满足使用功能和符合安全、卫生、环保、消防要求;并尽量利用施工现场或附近原有设施和在建工程本身供施工使用的部分用房,尽可能减少临时设施的数量,以便节约用地、节省投资。现场所需的临时设施,应报请规划、市政、消防、交通、环保等有关部门审查批准。

2.5　施工队伍及物资准备

▶ 2.5.1　施工队伍的准备

一项工程完成的好坏,很大程度上取决于承担这一工程的施工人员的素质。现场施工人员包括施工的组织指挥者和具体操作者两大部分。这些人员的组合,将直接关系到工程质量、施工进度及工程成本。因此,施工现场人员的准备是开工前施工准备的一项重要内容。

　　1.项目组织机构组建

施工项目管理机构的建立应遵循以下原则:①根据工程规模、结构特点和复杂程度,确定施工组织的领导机构名额和人选;②坚持合理分工与密切协作相结合的原则;③把有经验、有创新精神、工作效率高的人员选入领导机构;④认真执行因事设职,因职选人的原则。对于一般单位工程可设项目经理一名,施工人员(即工长)一名,技术员、材料员、预算员各一名;对于大中型施工项目,则需配备完整的领导班子,包括各类管理人员。

　　2.建立施工队伍,组织劳动力进场

施工队伍的建立要考虑专业、工种的配合,技工、普工的比例要满足合理的劳动组织,符合流水施工组织方式的要求;要坚持合理、精干的原则,建立相应的专业或混合工作队组,按照开工日期和劳动力需要量计划,组织劳动力进场。

　　3.做好技术、安全交底和岗前培训

施工前,应将设计图纸内容、施工组织设计、施工技术、安全操作规程和施工验收规范等要求向施工队组和工人讲解交代,以保证工程严格地按照设计图纸、施工组织设计等要求进行施工。同时,企业要对施工队伍进行安全、防火和文明等方面的岗前教育和培训,并安排好职工的生活。

　　4.建立各项管理制度

为了保证各项施工活动的顺利进行,必须建立、健全工地的管理制度。如工程质量检查与验收制度,工程技术档案管理制度,建筑材料(构件、配件、制品)的检查验收制度,材料出入库制度,技术责任制、职工考勤、考核制度,安全操作制度等。

▶ 2.5.2　施工物资的准备

施工物资准备是指施工中必需的劳动手段和劳动对象等的准备。它是一项较为复杂而又细致的工作,一般考虑以下几个方面的内容。

1. 建筑材料的准备

建筑材料的准备主要是根据施工预算、施工进度计划、材料储备定额和消耗定额来确定材料的名称、规格、使用时间等，汇总后编制出材料需要量计划，并依据工程进度，分别落实货源厂家进行合同评审与订货，安排运输储备，以满足开工之后的施工生产需要。建筑材料的准备包括"三材"、地方材料、装饰材料的准备。材料的储备应根据施工现场分期分批使用材料的特点，按照以下原则进行材料储备。

（1）应按工程进度分期分批进行。现场储备的材料多了会造成积压，增加材料保管的负担，同时也多占用了流动资金；储备少了又会影响正常生产，所以材料的储备应合理、适量。

（2）做好现场保管工作，以保证材料的原有数量和原有的使用价值。

（3）现场材料的堆放应合理。现场储备的材料应严格按照平面布置图的位置堆放，以减少二次搬运，且应堆放整齐，标明标牌，以免混淆。此外，还应做好防水、防潮、易碎材料的保护工作。

（4）应做好技术试验和检验工作，对于无出厂合格证明和没有按规定测试的原材料一律不得使用。不合格的建筑材料和构件，一律不准使用，特别对于没有使用过的材料或进口原材料、某些再生材料更要严格把关。

2. 预制构件和混凝土的准备

工程项目施工需要大量的预制构件、门窗、金属构件、水泥制品以及卫生洁具等，对这些构件、配件必须优先提出定制加工单。对于采用商品混凝土现浇的工程，则先要到生产单位签订供货合同，注明品种、规格、数量、需要时间及送货地点等。

3. 施工机械的准备

施工选定的各种土方机械、混凝土、砂浆搅拌设备、垂直及水平运输机械、吊装机械、动力机具、钢筋加工设备、木工机械、焊接设备、打夯机、抽水设备等应根据施工方案和施工进度，确定数量和进场时间。并且需租赁机械时，应提前签约。

4. 周转材料的准备

周转材料是指施工中大量周转使用的模板和脚手架等支撑材料。模板和脚手架在施工现场使用量大，堆放占地大。模板及其配件规格多、数量大，对堆放场地要求比较高，一定要分规格、型号整齐堆放，以利于使用与维修。大钢模一般要求立放，并防止倾倒，在现场也应规划出必要的存放场地。钢管脚手架、桥式脚手架、吊栏脚手架等都应按指定的平面位置堆放整齐，扣件等零件还应防雨，以防锈蚀。

2.6　季节施工准备

由于建筑工程施工的时间长，且绝大部分工作是露天工作，所以施工过程中受到季节性影响，特别是冬、雨季的影响较大。为保证按期、保障完成施工任务，必须做好冬、雨季施工准备工作，做好周密的施工计划和充分的施工准备。

▷ 2.6.1　冬季施工的准备工作

根据《混凝土结构工程施工质量验收规范》（GB 50204—2002），当室外平均气温连续5天低于5℃，或者最低气温降到0℃或0℃以下时，进入冬季施工阶段。

1.明确冬季施工项目,编制进度安排

由于冬季气温低,施工条件差,技术要求高,费用增加等原因,所以应把便于保证施工质量,且费用增加较少的施工项目安排在冬季施工。

2.做好冬季测温工作

冬季昼夜温差大,为保证工程施工质量,应制定专人负责收听气象预报及预测工作,及时采取措施防止大风、寒流和霜冻袭击而导致冻害和安全事故。

3.做好物资的供应、储备和机具设备的保温防冻工作

根据冬季施工方案和技术措施做好防寒物资的准备工作。冬天来临之前,对冬季紧缺的材料要抓紧采购并进行储备,各种材料根据其性质及时入库或覆盖,不得堆存在坑洼积水处。及时做好机具设备的防冻工作,搭设必要的防寒棚,把积水放干,严防积水冻坏设备。

4.强化施工现场的安全检查

对施工现场进行安全检查,及时整修施工道路,疏通排水沟,加固临时工棚、水管、水龙头,对灭火器要进行保温。做好停止施工部位的保温维护和检查工作。

5.加强安全教育,严防火灾发生

准备好冬季施工用的各种热源设备,要有防火安全技术措施,并经常检查落实,同时做好职工培训及冬季施工的技术操作和安全施工的教育,确保施工质量,避免事故发生。

▷ 2.6.2 雨季施工的准备工作

雨季施工主要以预防为主,采用防雨措施及加强排水手段确保雨季正常地进行生产,保证雨季施工不受影响。

1.施工场地的排水工作

施工场地的排水工作主要包括:

(1)场地排水:对施工现场及车间等应根据地形对排水系统进行合理疏通以保证水流畅通、不积水,并防止相邻地区地面雨水倒排入场内。

(2)道路排水:现场内主要行车道路两旁要做好排水沟,保证雨季道路运输畅通。

2.机电设备的保护

对现场的各种机电设施、机具等的电闸、电箱要采取防雨、防潮措施,并安装接地保护装置,特别是脚手架、垂直运输设施等,要采取防倒塌、防雷击、防漏电等一系列技术措施。

3.原材料及半成品的防护

对怕雨淋的材料及半成品应采取防雨措施,可放入防护棚内,垫高并保持通风良好以防淋雨浸水而变质。在雨季到来前,材料、物资应多储存,减少雨季运输量,以节约费用。

4.临时设施的检修

对现场的临时设施,如工人宿舍、办公室、食堂、库房等应进行全面检查与维修,四周要有排水沟渠,对危险建筑物应进行翻修加固或拆除。

5.落实雨季施工任务和计划

一般情况下,在雨季到来之前,应争取提前完成不宜在雨季施工的任务,如基础、地下工程、土方工程、室外装修及屋面等工程,而多留些室内工作在雨季施工。

6.加强施工管理,做好雨季施工安全教育

组织雨季施工的技术、安全教育,严格岗位职责,学习并执行雨季施工的操作规范、各项规

定和技术要点,作好对班组的交底,确保工程质量和安全。

思考与练习

1. 简述施工准备工作的种类和主要内容。

2. 物资准备包括哪些内容?

3. 原始资料的调查包括哪些内容? 各方面的主要内容有哪些?

4. 技术经济资料的准备工作包括哪些内容?

5. 施工现场准备应包括哪些工作?

6. 季节施工准备应注意哪些工作?

第 3 章　流水施工原理及其应用

内容摘要

本章着重介绍流水施工的基本概念,流水施工参数的概念、含义及各参数的计算方法,组织流水施工的基本方式及其适用条件。通过本章学习,要求学生了解组织施工的方式及其特点;熟悉流水施工的概念和主要特点;掌握组织流水施工的基本参数和组织要点;掌握等节奏流水施工的组织方式,能灵活地把流水施工组织方式应用于实际工程。

3.1　流水施工概述

在所有的生产领域中,流水作业法是组织产品生产的理想方法。流水施工也是项目施工的最有效的科学组织方法,但是由于建筑产品及其生产的特点不同,流水施工的概念、特点和效果与其他产品的流水作业有所不同。

➢ 3.1.1　施工组织的基本要求

一个工程的施工过程的合理组织是指对整个工程系统内所有生产要素进行合理的安排,以最佳的方式将各种生产要素结合起来,使其形成一个协调的系统,从而达到作业时间省、物资资源耗费低、产品和服务质量优的目标。

合理组织施工过程,应考虑以下几点基本要求:

1. 连续性

在施工过程中各阶段、各施工区的人流、物流始终处于不停的运动状态之中,为避免不必要的停顿和等待现象,要使施工过程尽可能短。施工过程连续性又分为时间上的连续性和空间上的连续性。时间上的连续性是指专业施工队在施工过程的各个环节的工作,自始至终处于连续状态,不产生明显的停顿与等待现象;空间上的连续性要求施工过程各个环节在空间上布置合理紧凑,充分利用工作面,消除不必要的空闲时间。

2. 协调性

这就要求在施工过程中基本施工过程和辅助施工过程之间、各工序之间以及各种机械设备之间,在生产能力上要保持适当数量和质量要求的协调(比例)关系。

3.均衡性

组织均衡施工是建立正常施工秩序和管理秩序、保证工程质量、降低消耗的前提条件,有利于最充分地利用现有资源及其各个环节的生产能力。在工程施工的各个阶段,力求保持均衡的工作节奏,避免忙闲不均、前松后紧、突击加班等不正常现象。

4.平行性

这是指各项施工活动在时间上实行平行交叉作业,尽可能加快速度,缩短工期。

5.适应性

适应性是指在建筑工程施工过程中对由于各项内部和外部因素影响引起的变动情况具有较强的应变能力。这种适应性要求建立信息迅速反馈机制,注意施工全过程的控制和监督,及时进行调整。

▷3.1.2　流水施工的概念

流水施工是指所有的施过程按一定的时间间隔依次投入施工,各个施工过程陆续开工,陆续竣工,使同一施工过程的施工班组保持连续、均衡、不同施工过程尽可能平行搭接施工的组织方式。

▷3.1.3　流水施工与其他施工组织方式的比较

建筑工程施工中,根据工程项目的施工特点、工艺流程、资源利用、平面或空间布置等要求,常见的施工组织方式有:依次施工、平行施工、搭接施工和流水施工等组织方式。对于相同的施工对象,当采用不同的作业组织方法时,其效果也各不相同。

1.依次施工

依次施工组织方式是将拟建工程项目的整个建造过程分解成若干施工过程,按照一定的施工顺序,前一个施工过程完成后,后一个施工过程开始施工;或前一个工程完成后,后一个工程才开始施工,直至完成所有施工对象。

例如,拟兴建4幢相同的建筑物,其编号分别为Ⅰ、Ⅱ、Ⅲ、Ⅳ。他们的基础工程量都相等,而且均由挖土方、做垫层、砌基础和回填等四个施工过程组成,每个施工过程在每个建筑物中的施工天数均为5天。其中,挖土方时,工作队由8人组成;做垫层时,工作队由6人组成;砌基础时,工作队由14人组成;回填土时,工作队由5人组成。按照依次施工组织方式,其施工进度计划如图3-1中"依次施工栏"所示。

由图3-1可以看出,依次施工组织方式具有以下特点:

(1)没有充分地利用工作面进行施工,工期长;

(2)如果按专业成立工作队,则各专业队不能连续作业,有时间间隔,劳动力及施工机具等资源无法得到均衡使用;

(3)如果由一个工作队完成全部施工任务,则不能实现专业化施工,不利于提高劳动生产率和工程质量;

(4)单位时间内投入的劳动力、施工机具、材料等资源量较少,有利于资源供应的组织;

(5)施工现场的组织、管理比较简单。

依次施工组织方式适用于工作面有限、规模小、工期要求下紧的工程。

2. 平等施工

平行施工是全部工程任务的各施工段同时开工、同时完成的一种施工组织方式。按照平行施工组织方式,其施工进度计划如图3-1中"平行施工栏"所示。

由图3-1可以看出,平行施工组织方式具有以下特点:

(1)充分地利用工作面进行施工,工期短;

(2)如果每一个施工对象均按专业成立工作队,则各专业队不能连续作业,劳动力及施工机具等资源无法均衡使用;

(3)如果由一个工作队完成一个施工对象的全部施工任务,则不能实现专业化施工,不利于提高劳动生产率和工程质量;

(4)单位时间内投入的劳动力、施工机具、材料等资源量成倍地增加,不利于资源供应,现场临时设施也相应增加。

(5)施工现场的组织、管理比较复杂。

平行施工方式这种方法一般适用于工期要求紧、大规模的建筑群。

3. 流水施工

流水施工是指将拟建工程项目中的每一个施工对象分解为若干个施工过程,并按照施工过程成立相应的专业工作队,各专业队按照施工顺序依次完成各个施工对象的施工过程,所有的施工过程按一定的时间间隔依次投入施工,各个施工过程陆续开工,陆续竣工,同时保证使用一施工过程的施工班组保持施工在时间和空间上连续、均衡和有节奏地进行,使相邻两专业队尽可能最大限度地平行搭接施工的组织方式。流水施工是搭接施工的一种特定形式,它最主要的组织特点是每个施工过程均能连续施工,前后施工过程至少在一个施工段能紧密衔接,使得整个工程的资源供应呈现一定规律的均匀性。按照平行施工组织方式,其施工进度计划如图3-1中"流水施工栏"所示。

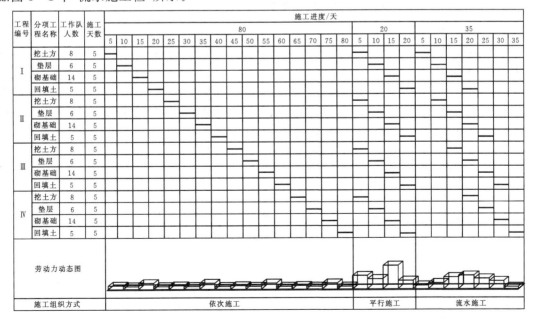

图3-1 不同施工组织方法的比较

由图 3-1 可以看出,流水施工组织方式具有以下特点:

(1)科学地利用了工作面,合理地利用了时间,有效地缩短了工期;

(2)工作队及其工人实现了专业化施工,有利于改进工人的操作技术,保证工程质量,有利于提高技术水平和劳动生产率;

(3)专业工作队及其工人能够连续作业,同时使相邻两个专业工作队之间能够实现最大限度地合理搭接;

(4)单位时间内(如每天)投入的资源量较为均衡,有利于资源的供应;

(5)为现场文明施工和科学管理创造了有利条件。

▷ 3.1.4 流水施工的技术经济效果

流水施工在工艺划分、时间排列和空间布置上都是一种科学、先进和合理的施工组织方式,具有显著的技术经济效果。它可以在建筑工程施工中带来良好的经济效益。

流水施工的技术经济效果主要表现在以下几点:

(1)流水施工的节奏性、均衡性和连续性,科学地安排施工进度,从而减少停工窝工损失,合理地利用了施工的时间和空间,有效地缩短了施工工期,减少了时间间歇,使工程项目尽早地竣工,能够更好地发挥其投资效益。施工的连续性、均衡性,使劳动消耗、资源供应等都处于相对平稳的状态,便于工程管理,有助于降低施工成本。

(2)工人实现了专业化生产,有利于提高工人的技术水平,工程质量有了保障,同时也减少了工程项目使用过程的维修费用。

(3)流水施工按专业工种建立劳动组织,工人实现了连续作业,有助于改善劳动组织、提高操作技术和更加合理使用施工机具,有利于提高劳动生产率和保证工程质量。劳动生产率提高可以降低工程成本,增加承建单位的利润。

(4)流水施工以合理劳动组织和平均先进的劳动定额指导施工,能够充分发挥施工机械和操作工人的生产效益。

(5)流水施工进行得高效,可以减少施工管理费。资源消耗均衡,可以减少物资损失,有利于提高承建单位的经济效益。

上述经济效果都是在不需要增加任何费用的前提下取得的,可见流水施工是实现施工管理科学化的重要组织内容,是与建筑设计标准化、施工机械化等现代施工内容紧密联系、相互促进的,是实现企业进步的重要施工组织方法。

▷ 3.1.5 流水施工组织的条件

(1)划分施工过程。把整幢建筑物建造过程划分成若干个施工过程。每个施工过程由固定的专业工作队负责实施完成。施工过程划分的目的,是为了对施工对象的建造过程进行划分,以明确具体的专业工作,便于根据建造过程组织各专业施工队依次进行工程施工。这就是流水施工的实质特点——生产专业化。

(2)划分施工段。把建筑物尽可能地划分成劳动量或工作量大致相等的施工段(区),也可称为流水段(区)。

施工段(区)划分的目的是为了形成流水作业的空间。每一个段(区)类似于工业产品生产中的产品,它是通过若干专业生产来完成。流水施工要求相同工序由专业队完成,专业队在不同作业面,即施工段上完成相同的专业化操作,专业队流动的时间尽量衔接,有利于提高工作效率。

(3)每一个施工过程组织独立的施工班组。在一个流水分部中,每个施工过程尽可能组织独立的施工班组,其形式可以专业班组也可以是混合班组,这样可使每个施工班组按施工顺序,依次地、均衡地从一个施工段转移到另一个施工段进行相同的操作。

(4)主要施工过程必须连续、均衡地施工。主要施工过程是指工作量大、作业时间长的施工过程。对于主要施工过程,必须连续、均衡地施工;对其他次要的施工过程,可考虑与相邻的施工过程合作。如不能合并,为缩短工期,可安排间断施工(采用流水施工与搭接施工相结合的方式),各工作队按一定的施工工艺,配备必要的机具,依次地、连续地由一个施工段(区)转移到另一个施工段(区),反复地完成同类工作。

(5)不同施工过程尽可能组织平行搭接施工。不同工作队完成各施工过程的时间适当地搭接起来。不同专业工作队之间的关系,体现在工作空间上的交接和工作时间上的搭接。搭接的目的是缩短工期,也是连续作业或工艺上的要求。

3.1.6 流水施工的分类和表达方式

1.流水施工的分类

按流水施工作业范围划分,流水施工通常可分为以下几种:

(1)分项工程流水施工也称为细部流水施工,即在一个专业工程内部组织的流水施工。

(2)分部工程流水施工也称为专业流水施工,是在一个分部工程内容、各分项工程之间组织的流水施工。

(3)单位工程流水施工也称为综合流水施工,是一个单位工程内部、各分部工程之间组织的流水施工。

(4)群体工程流水施工也称为大流水施工。它是在若干工程之间组织的流水施工。

2.流水施工的表达方式

工程施工进度计划图表是反映工程施工时各施工过程按其工艺上的先后顺序、相互配合的关系和它们在时间、空间上的开展情况的一种表达方式。目前应用最广泛的施工进度计划图表有横道图和网络图两种,如图3-2所示。

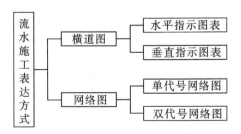

图3-2 流水施工表达方式示意图

3.2 流水施工的主要参数

在组织项目流水施工时,用以表达流水施工在施工工艺、空间布置和时间排列方面开展状态的参数,统称为流水参数。其主要包括工艺参数、空间参数和时间参数三类。

3.2.1 工艺参数

1. 工艺参数的概念

在组织流水施工时,用以表达流水施工在施工工艺上的开展顺序及其特性的参数,均称为工艺参数。具体地说,工艺参数是指在组织流水施工时,将拟建工程项目的整个建造过程分解为施工过程的种类、性质和数目的总称。

2. 工艺参数的类型

(1)施工过程数(n)。

把一个综合的施工过程划分为若干具有独立工艺特点的个别施工过程,其数量 n 为施工过程数即工序数 n。施工过程数应根据构造物的特点和施工方法划分,不宜太少,也不宜太多。当编制控制性施工进度计划时,组织流水施工的施工过程划分可粗一些,一般只列出分部工程名称,如基础工程、主体结构吊装工程、装修工程、屋面工程等。当编制实施性施工进度计划时,施工过程可以划分得细一些,将分部工程再分解为若干分项工程。如将基础工程划分为挖土、浇注混凝土基础、砌筑基础墙、回填土等。但是其中某些分项工程仍由多工种来实现,特别是对其中起主导作用和主要的分项工程,往往考虑到按专业工种的不同,组织专业工作队进行施工,为便于掌握施工进度,指导施工,可将这些分项工程再进一步划分成若干个由专业工种施工的工序作为施工过程的项目内容。

根据工艺性质不同,施工过程可分为制备类、运输类和砌筑安装类三种施工过程。

①制备类就是为制造建筑成品和半成品而进行的施工过程,如制作砂浆、混凝土、钢筋成型等。制备类施工过程一般不占有施工项目空间,也不影响总工期,不列入施工进度计划;当它占有施工对象的空间并影响总工期时,才列入施工进度计划。

②运输类就是把材料、制品运送到工地仓库或在工地进行转运的施工过程。运输类施工过程一般不占有施工项目空间,也不影响总工期,通常不列入施工进度计划;当它占有施工对象空间并影响总工期时,才必须列入施工进度计划。

③建筑安装类即建造类施工过程占有施工对象空间并影响总工期,建造类是施工中起主导地位的施工过程,在组织流水施工计划时,必须列入施工进度计划。

(2)流水强度(V_i)。

某施工过程在单位时间内所完成的工程量叫流水强度,又可称为流水能力或生产能力。

①机械施工过程的流水强度:

$$V_i = \sum_{j=1}^{x} R_{ij} S_{ij} \qquad (3-1)$$

式中:V_i——某施工过程 i 的机械操作流水强度;

R_{ij}——投入施工过程 i 的 j 种施工机械台数;

S_{ij}——投入施工过程 i 的 j 种施工机械产量定额;

x——投入施工过程 i 的施工机械种类数。

②人工施工过程的流水强度:

$$V_i = R_i \cdot S_i \qquad (3-2)$$

式中:R_i——投入施工过程 i 的工作队人数;

S_i——投入施工过程 i 的工作队平均产量定额；

V_i——某施工过程 i 的人工操作流水强度。

3.2.2　空间参数

在组织流水施工时，用以表达流水施工在空间布置上所处状态的参数，称为空间参数。主要包括工作面、施工段和施工层三种。

1. 工作面(a)

工作面是指供某专业工种的工人或某种施工机械进行施工的活动空间。工作面的大小，决定着能安排施工人数或机械台数的多少。每个作业的工人或每台施工机械所需工作面的大小，取决于单位时间内其完成的工程量的多少和安全施工的要求。工作面确定的合理与否，直接影响专业工作队的生产效率。因此，必须合理确定工作面。

在工作面上，前一施工过程的结束就为后一个（或几个）施工过程提供了工作面。在确定一个施工过程必要的工作面时，不仅要考虑施工过程必需的工作面，还要考虑生产效率，同时还应遵守安全技术和施工技术规范的规定，即依施工过程、技术要求等确定工作面。

工作面的大小可以采用不同的单位来计量，如对于道路工程，可以采用沿着道路的长度以米为单位；对于浇筑混凝土楼板则可以采用楼板的面积以平方米为单位等。主要工种工作面参考数据见表 3-1。

表 3-1　主要工种工作面参考数据表

工作项目	每个技工的工作面范围	说明
砖基础	7.5m/人	以 1.5 砖计，2 砖乘以 0.8，3 砖乘以 0.5
砌砖墙	8.5m/人	以 1 砖计，1.5 砖乘以 0.7，3 砖乘以 0.5
混凝土柱、墙基础	8m³/人	机拌、机捣
混凝土设备基础	7m³/人	机拌、机捣
现浇钢筋混凝土柱	3m³/人	机拌、机捣
现浇钢筋混凝土梁	3.5m³/人	机拌、机捣
现浇钢筋混凝土墙	5m³/人	机拌、机捣
现浇钢筋混凝土楼板	5m³/人	机拌、机捣
预制钢筋混凝土柱	4m³/人	机拌、机捣
预制钢筋混凝土梁	4.5m³/人	机拌、机捣
预制钢筋混凝土屋架	3m³/人	机拌、机捣
混凝土地坪及面层	40m²/人	机拌、机捣
外墙抹灰	16m²/人	
内墙抹灰	18.5m²/人	
卷材层面	18.5m²/人	
防水水泥砂浆层面	16m²/人	
门窗安装	11m²/人	

2. 施工段(m)

由于建筑工程体形庞大,可以将其划分成若干个施工段,从而为组织不同施工队流水施工提供足够的空间。

(1)施工段的定义。在组织流水施工时,通常把施工对象在平面或空间上划分为若干个劳动量大致相等的施工段落,这些段称为施工段。每一个施工段在某一段时间内只供给一个施工过程使用。施工段的数目一般用 m 表示,它是流水施工的主要参数之一。

(2)划分施工段的作用是,为了组织流水施工,保证不同的施工班组在不同的施工段上同时进行施工,并使各个施工班组能按一定的时间间隔转移到另一个施工段进行连续施工,既消除等待、停歇现象,又互不干扰。

(3)划分施工段应遵循的原则。由于施工段内的施工任务由专业工作队依次完成,因而在两个施工段之间容易形成一个施工缝。同时,施工段数量的多少,将直接影响流水施工的效果。为使施工段划分得合理,一般应考虑下列几点因素:

①施工段的数目要适宜。施工段的划分段数不宜过多,以免没有足够的施工作业面,减少施工人数,降低施工速度,使工期延长;施工段数过少则会引起劳动力、机械和材料供应过分集中,有时还会造成"断流"的现象。

施工段的多少一般没有具体的量性规定,划分一幢房屋施工段时,可按基础、主体、装修等分部工程的不同情况分别划分施工段。基础工程可根据便于挖土或便于施工的需要来划分施工段,一般划分为2~3段。主体工程应根据楼层平面的布置,以方便混凝土的浇筑为原则来划分施工段,可与基础工程的段数划分相同,也可以不同。一般每层可划分为2~4段。装修工程常以层为段,即一层楼为一个施工段,对于工作面很长的楼层也可以一层分为两个施工段。总之,施工段数目多少,要满足合理流水施工组织要求。

②施工段的划分应有利于结构的整体性。施工段的分界线设在对建筑结构整体性影响小的部位,以保证建筑结构的整体性。如施工缝的设置减少了对结构整体性的影响;建筑单元及门窗洞口等处,应减少墙体的接搓长度。施工段的分界线尽可能同施工对象的结构界限(如温度缝、沉降缝等变形缝)一致。

③以主导施工过程为依据,各施工段的劳动量尽可能大致相等。主要施工过程在各施工段的工程量应尽量接近;同一专业工作队各个施工段上所消耗的劳动量应尽可能大致相等或相近,相差幅度不宜超过10%~15%,以保证各施工班组连续、均衡地施工。

④每个施工段内要有足够的工作面,以保证相应数量的工人、主导施工机械的生产效率,满足合理劳动组织的要求。没有足够的工作面,工人操作不便,既影响工效,又不安全;因此施工段的划分应充分考虑施工机械、人员、材料、安全等因素。

⑤当组织流水施工对象有层间关系时,应使各队能够连续施工。即各施工过程的工作队做完第一段,能立即转入第二段;做完第一层的最后一段,能立即转入第二层的第一段。因此每层的施工段数必须大于等于其施工过程数。

因此每层的施工段数必须大于等于其施工过程数。即:

$$m \geqslant n \quad (\text{装饰等有充足工作面的工程可不遵此式})$$

当 $m=n$ 时,工作队连续施工,而且施工段上始终有工作队在工作,即施工段上无停歇,这是比较理想的组织方式。

当 $m>n$ 时,工作队仍是连续施工,但施工段有空闲停歇,一般会影响工期,但在空闲的工作面上如能安排一些准备或辅助工作(如运输类施工过程),则会使后继工作顺利进行,也是比较好的安排。

当 $m<n$ 时,工作队窝工,并且工作队工作不连续是不可取的,除非能将窝工的工作队转移到其他工地进行工地间大流水。当 $m<n$ 时流水作业适用于多栋建筑同时开工时的大流水。

【例 3-1】一栋二层砖混结构房屋,主要施工过程为砌墙、安板(即 $n=2$),假设工作面足够大,各方案的人、机数不变,分段方案如图 3-3 所示。

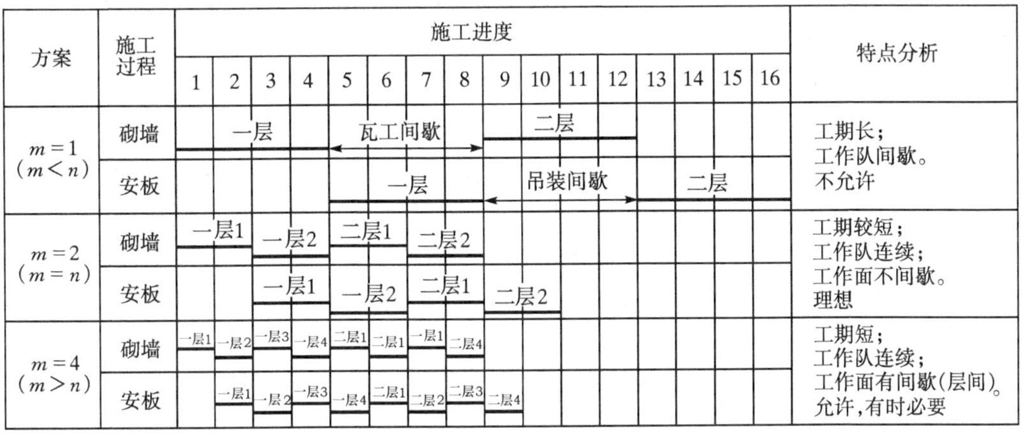

方案	施工过程	施工进度																特点分析
		1	2	3	4	5	6	7	8	9	10	11	12	13	14	15	16	
$m=1$ ($m<n$)	砌墙	一层				瓦工间歇				二层								工期长; 工作队间歇。 不允许
	安板					一层				吊装间歇				二层				
$m=2$ ($m=n$)	砌墙	一层1		一层2		二层1		二层2										工期较短; 工作队连续; 工作面不间歇。 理想
	安板			一层1		一层2		二层1		二层2								
$m=4$ ($m>n$)	砌墙	一层1	一层2	一层3	一层4	二层1	二层2	二层3	二层4									工期短; 工作队连续; 工作面有间歇(层间)。 允许,有时必要
	安板		一层1	一层2	一层3	一层4	二层1	二层2	二层3	二层4								

图 3-3　某砖混结构房屋施工段划分

例如一个工程有五个施工过程(砌墙、绑扎钢筋、支模板、浇筑混凝土、盖楼板),若分成五个施工段(即 $m=n$),则可以五个工种同时生产,其工作面利用率为 100%,若分成五个以上施工段(即 $m>n$)则就会有工作面处于停歇状态,但每个施工队仍能连续作业;若分成小于五个施工段(即 $m<n$),则就会出现施工队不能连续作业的现象,造成窝工,因此施工段数 m 不可以小于施工过程数 n,这样对组织流水作业是不利的。因此,专业队组流水作业时,应使 $m\geqslant n$,才能保证不窝工,工期短。但是要注意 m 不能过大,否则材料、人员、机具过于集中,影响效率和效益,并且易发生事故。

流水施工中施工段的划分一般有两种形式:一种是在一个单位工程中自身分段;另一种是在建设项目中各单位工程之间进行流水段划分。后一种流水施工最好是各单位工程为同类型的工程,如同类建筑组成的住宅群,以一幢建筑作为一个施工段来组织流水施工。

3. 施工层(r)

施工段在垂直方向上划分的施工区段称为施工层,用符号 r 表示。

当需要分层施工即有层间关系时,既要在平面上划分施工段,又要在垂直方面向上划分施工层。保证使各专业工作队在施工段和施工层之间,有组织、有节奏、均衡和连续地组织流水施工。分段又分层时,为使各队能够连续施工,即各施工过程的工作队做完第一段的任务,能立即转入第二段;做完一层的最后一段的任务,能立即转入上面一层的第一段,依此类推;否则将会出现窝工现象。

▶ 3.2.3　时间参数

在组织流水施工时,用以表达流水施工在时间排列上所处状态的参量,均称为时间参数。

它包括流水节拍、流水步距、平行搭接时间、技术间歇时间和组织间歇时间等五种类型。

1. 流水节拍(t)

流水节拍 t_i 是指在组织流水施工时,某个施工过程(某个专业工作队)在某个施工段 i 上的施工持续时间。

流水节拍是流水施工的主要参数之一,流水节拍的大小直接关系到单位时间的资源供应量,决定着施工的速度和施工的节奏性。流水节拍小,则其流水速度快,节奏感强;反之则相反。同时,流水节拍也是区别不同流水施工组织方式的特征参数。根据流水节拍数值特征,人们把流水施工分为等节奏流水施工、异节奏流水施工和无节奏流水施工三种。因此,流水节拍的确定具有很重要的意义。

影响流水节拍大小的因素主要取决于所采用的施工方法、投入的劳动力或施工机械的多少和材料量的多少,还取决于工期长短的要求,以及工作班次的数目。同一施工过程的流水节拍,主要由所采用的施工方法、施工机械以及在工作面允许的前提下投入施工的人工数、机械台数和采用的工作班次等因素确定。有时为了均衡施工和减少转移施工段时消耗的工时,可以适当调整流水节拍,为避免浪费工时,其数值最好为半个班的整数倍。其数值的确定,可按下列方法确定:

(1)定额计算法。根据现有能够投入的资源(劳动力、机械台数和材料量)来确定。计算式如下:

$$t = \frac{Q}{S \cdot R} = \frac{P}{R} = \frac{Q_m}{S \cdot R} = \frac{P_m}{R} \tag{3-3}$$

式中:t——流水节拍;

　S——每一工日(或台班)的计划产量即生产定额;

　R——作业队(组)的施工人数(或机械台数);

　Q_m——施工过程在某施工段的工程量;

　P_m——完成某施工段所需要的劳动量(工日)(或机械台班量)(台班)。

即

$$t_{ij} = \frac{Q_{ij}}{S_j R_{ij} N_j} = \frac{P_{ij}}{R_{ij} N_j} \tag{3-4}$$

其中

$$P_{ij} = Q_{ij} H_j = Q_{ij}/S_j$$

式中:t_{ij}——施工过程(某个专业工作队 j)在某个施工段 i 上的施工持续时间即流水节拍;

　Q_{ij}——某个施工过程的专业工作队 j 在该施工段 i 上的工程量;

　S_j——该施工过程的专业工作队 j 的计划产量定额标准为工日或台班产量。日产量=
　　　　每日班数 N_j×每班产量定额 S_j;

　N_j——该施工过程的专业工作队 j 的工作班次;

　R_{ij}——该施工过程 j 在该施工段 i 上安排的人/机械数量,取主要工作者;

　P_{ij}——该施工过程 j 在某个施工段 i 上需要的劳动量即工日或机械台班数;

　H_j——该施工过程 j 的计划时间定额标准。

【例 3-2】已知人工挖运土方工程,$Q=24500\text{m}^3$,$S=24.5\text{m}^3/\text{工日}$,$R=20$ 人。试求流水节拍 t。若 $R=50$ 人,求流水节拍 t。

解:工作日数 $P=24500/24.5=1000$(工日)

若人、机械数量 $R=20$ 人,则 $t=1000/20=50$(天)

若 $R=50$ 人的流水节拍,则 $t=1000/50=20$(天)

(2)工期倒排法(即工期计算法)。如果根据工期要求采用倒排进度的方法确定流水节拍时,可用式(3-1)反算出所需要的资源量人数(或机械台班数)。在这种情况下,必须检查劳动力、材料和机械供应的可能性,以及工作面是否足够等。根据工作面的大小,确定作业队人数的多少,如因受工作面限制而不允许延长流水节拍(t)时,可以考虑增加工作班次。

(3)经验估算法。对于采用新结构、新工艺、新方法和新材料等没有定额可循的工程项目,可以根据以往的施工经验估算流水节拍,其计算公式如下:

$$t_i = \frac{a_i + 4c_i + b_i}{6} \tag{3-5}$$

2.流水步距($K_{i,j}$)

(1)流水步距的定义。流水步距是指组织流水施工时,两个相邻的施工过程或专业施工队先后进入同一施工段施工的最小时间间隔。流水步距一般用 $K_{j,j+1}$ 来表示;其中 $j(j=1,2,\cdots,n-1)$ 为专业工作队或施工过程的编号,它是流水施工的主要参数之一。如图3-4所示的基础工程,挖土与垫层相继投入第一施工段开始施工的时间间隔为1天,即流水步距 $K=1$(图中 $K_{i,j}=K$),其他相邻两个施工过程的流水步距均为1天。流水步距的数目取决于参加流水的施工过程数,如施工过程数为 n 个,则流水步距的总数为 $n-1$ 个。

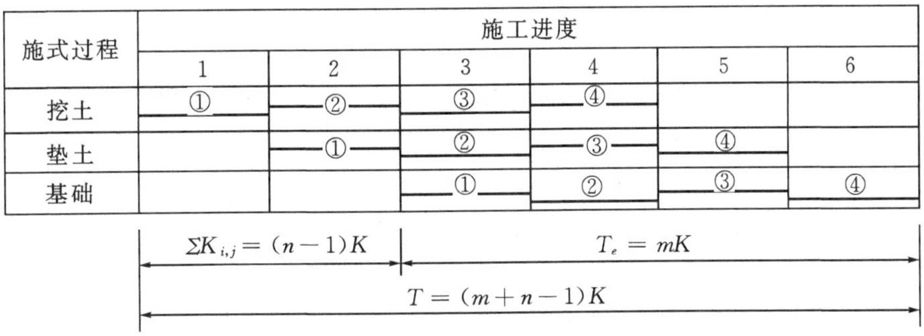

施式过程	施工进度					
	1	2	3	4	5	6
挖土	①	②	③	④		
垫土		①	②	③	④	
基础			①	②	③	④

$\Sigma K_{i,j} = (n-1)K$　　　　　　$T_e = mK$

$T = (m+n-1)K$

图 3-4　流水步距与工期的关系

一般无间歇和搭接时间情况下,为了便于施工管理和安全生产,在同一施工段不宜组织两个施工过程平行作业。所以,两个施工过程 i 和 j 在同一施工段的开始时间不宜相同。常采用 $K_{j,j+1} \geqslant t_i$,即第一施工过程在某一施工段上工作的结束为第二施工过程在同一施工段上工作的开始。

(2)确定流水步距的目的。保证作业组中两个相邻的施工过程或专业施工队在不同施工段上连续作业,不出现窝工现象。

(3)确定流水步距的要求。流水步距的大小取决于相邻两个施工过程(或专业工作队)在各自施工段上的流水节拍及流水施工的组织方式。确定流水步距时,一般应满足以下基本要求:

①确定流水步距要始终保持合理的前后两个施工过程以及施工工艺的先后顺序,即各施工过程按各自流水节拍施工,始终保持工艺先后顺序,如垫层、基层、面层。

②保持施工的连续性。确定流水步距应考虑施工工作面的允许程度,各施工过程的每个专业队投入施工后尽可能保持连续作业,不发生停工、窝工现象。

③确定流水步距应做到前后两个施工过程(或专业工作队)在满足连续施工的条件下,能

最大限度地实现合理搭接。保证在施工时间上的最大搭接(即前一施工过程完成后,后一施工过程尽可能早地进入同一施工段施工),这样可以缩短工期,但同时要求工作面不拥挤。两个相邻的施工过程或专业施工队间流水步距的长度应保证每个施工段的施工作业程序不混乱,不发生前一施工过程尚未全部完成,而后一施工过程便开始施工的现象。

④满足工艺、组织、质量的要求。确定流水步距应满足施工工艺、技术间歇与组织间歇等间歇时间以及施工期间的均衡。

当流水步距 $K_{i,j} > t_i$ 时,会出现工作面闲置现象即有间歇时间(如:混凝土养护期,后一工序不能进入该施工段);当流水步距 $K_{i,j} < t_i$ 时,就会出现两个施工过程在同一施工段平行作业即有搭接时间。总之,在施工段与流水节拍不变的情况下,两个相邻的施工过程或专业施工队间流水步距越小,平行搭接越多,流水工期越短,反之则流水工期越长。

【例 3 - 3】流水步距的大小取决于(　　　)。

A. 相邻两个施工过程在各个施工段上的流水节拍;

B. 流水施工的组织方式;

C. 参加流水的施工过程数;

D. 流水施工的工期;

E. 各个施工过程的流水强度。

答案:AB

3. 技术间歇时间($G_{j,j+1}$)

根据施工过程的工艺性质,在流水施工中除了考虑两个相邻施工过程之间的流水步距外,还需考虑增加一定的工艺或技术间隙时间。如楼板混凝土浇筑后,需要一定时间的养护才能进行后道工序的施工;又如屋面找平层完成后,需等待一定时间,使其彻底干燥,才能进行屋面防水层施工等。这些由于工艺、技术等原因引起的等待时间,称为技术间歇时间($G_{j,j+1}$)。

4. 组织间歇时间($Z_{j,j+1}$)

由于组织因素要求两个相邻的施工过程在规定的流水步距以外增加必要的间歇时间,这种间歇时间称为组织间歇时间($Z_{j,j+1}$)。

上述两种间歇时间在组织流水施工时,可根据间歇时间的发生阶段或一并考虑 K_j,或分别考虑,以灵活应用工艺间歇和组织间歇的时间参数特点,简化流水施工组织。

5. 搭接时间($C_{j,j+1}$)

搭接时间即提前插入时间($C_{j,j+1}$),是指相邻两个专业工作队在同一施工段上共同作业的时间。在工作面允许和资源有保证的前提下,专业工作队提前插入施工,可以缩短流水施工工期。

6. 流水施工工期

流水施工工期是指从第一个专业工作队投入流水施工开始,到最后一个专业工作队完成流水施工为止的整个持续时间。由于一项建设工程往往包含有许多流水组织施工,故流水施工工期一般均不是整个工程的总工期。

3.3　流水施工的基本方式

流水施工方式根据流水施工节拍特征不同,流水过程可以分为有节奏流水施工和无节奏流水施工,如图 3-5 所示。

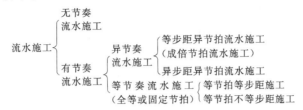

图 3-5　流水施工分类图

在有节奏流水施工中,根据各施工过程之间流水节拍是否相等或是否成有公约数的倍数,又可以分为等节拍流水施工和异节奏流水施工。

有节奏流水施工是指在组织流水施工时,每一个施工过程在各个施工段上的流水节拍即持续时间均各自相等的流水施工,$t_i =$ 常数,它分为等节奏流水施工和异节奏流水施工。

无节奏流水施工是指在组织流水施工时,全部或部分施工过程在各个施工段上的流水节拍不相等的流水施工。这种施工是流水施工中最常见的一种。

用垂直图表表示时,有节奏流水施工施工进度线是一条斜率不变得到直线,如图 3-6(a)所示;任一施工过程节奏流水施工的总持续时间为

$$t = m \cdot K \qquad\qquad (3-6)$$

式中:t——任一施工过程节奏流水的总持续时间;

　　K——流水节拍;

　　m——施工段数。

与此相反,无节奏流水施工其施工过程在各施工段上的持续时间不等,它的施工进度线在垂直图表中是一条由斜率不同的几个线段所组成的折线,如图 3-6(b)所示。

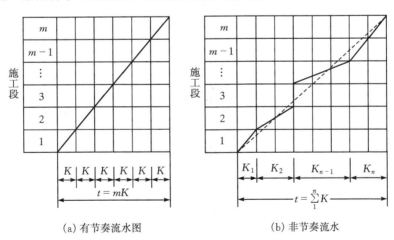

(a)有节奏流水图　　　　　　　(b)非节奏流水

图 3-6　流水施工折线图(图中 K 为流水节拍)

3.3.1　等节奏流水施工(全等/固定节拍流水施工)

等节奏流水施工是指在组织流水施工时,如果各个施工过程在各个施工段上的流水节拍都彼此相等,并且不同施工过程之间的流水节拍也相等的一种流水施工组织方式,称为固定节拍流水(亦称全等节拍专业流水)即等节奏流水施工,是一种最理想的流水施工方式。根据其

间歇是否又可分为无间歇全等节奏流水施工和有间歇全等节奏流水施工。

1. 无间歇全等节奏流水施工

无间歇全等节奏流水施工是指各个施工过程之间没有技术和组织间歇时间,且流水节拍均相等的一种流水施工方式。这种组织方式的特征如下:

(1)施工过程中各施工段上的流水节拍都彼此相等,即 $t_i = t$。

(2)所有流水步距都彼此相等,而且等于流水节拍,$K_{i,j} = t$。

(3)每个专业工作队都能够连续作业,施工段没有间歇空闲时间。

(4)专业工作队数目等于施工过程数目,即每一个施工过程成立一个专业工作队,由该队完成相应施工过程所有施工段上的任务;

(5)总工期 $T = T_0 + T_e$ 或 $T_n = (n-1)K_{i,j} + mt_i = (m+n-1)t_i$,$\sum(n-1)K_{ij} = (n-1)t_i$。$T_e$ 或 T_n 表示最后专业队的作业时间为 mt_i。

【例 3-4】某施工项目有三个施工段,每个施工段有五道工序,每道工序的流水节拍 $t_i = 2$ 天。试确定施工组织的方法,绘制施工进度图,计算总工期。

解:$\because t_{i,j} = 2$ 天

$\therefore K_{i,j} = t_{i,j} = 2$,$m = 3$,$n = 5$

$T = (3+5-1) \times 2 = 14$(天)。

绘制施工进度图时,应注意分析出流水开展期 T_0 的计算公式和 T_e 的计算公式,进而总结出总工期 T 的计算公式。利用全等节拍流水 $t_i = K_{i,j}$ 的特点合并公式。施工进度计划如图 3-7 所示。

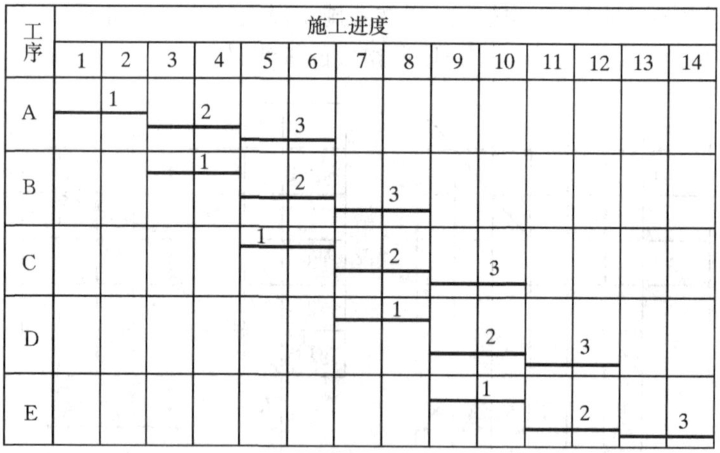

工序	施工进度													
	1	2	3	4	5	6	7	8	9	10	11	12	13	14
A	1			2		3								
B			1			2		3						
C					1			2		3				
D							1			2		3		
E									1			2		3

图 3-7 某施工项目等节奏流水施工进度图

2. 有间歇全等节奏流水施工

有间歇全等节奏流水施工是指各个施工过程之间有需要技术或组织间歇时间,有的可搭接施工,其流水节拍均为相等的一种流水施工方式。这种组织方式的特征有:

(1)施工过程中各施工段上的流水节拍都彼此相等,即 $t_i = t$。

(2)各施工过程之间的流水步距不一定相等,因为有技术间歇或组织间歇,其确定方法按式(3-7)计算

$$K_{i,i+1} = t_i + G_{i,i+1} + Z_{i,i+1} - C_{i,i+1} \tag{3-7}$$

式中：$G_{i,i+1}$——第 i 个施工过程与第 $i+1$ 个施工过程之间的技术间歇时间；

　　　$Z_{i,i+1}$——第 i 个施工过程与第 $i+1$ 个施工过程之间的组织间歇时间；

　　　$C_{i,i+1}$——第 i 个施工过程与第 $i+1$ 个施工过程之间的搭接时间。

（3）总工期 $T=(m+n-1)t+\sum G_{j,j+1}+\sum Z_{j,j+1}-\sum C_{j,j+1}$

（4）施工段数目 m 的确定：

①无技术和组织间歇时，取 $m=n$。

②有技术和组织间歇时，$m=n+\dfrac{\max\sum Z_1}{K}+\dfrac{\max Z_2}{K}$

式中：$\sum Z_1$——一个楼层内各施工过程间的技术、组织间歇之和；

　　　Z_2——楼层间技术、组织间歇时间。

【例 3-5】某分部工程流水施工计划如图 3-8 所示。

在该工程的流水施工计划中，施工过程数 $n=4$ 个；施工段数 $m=4$ 个；流水节拍 $t=2$ 天；流水步距 $K=K_{I,II}=K_{II,III}=K_{III,IV}=2$ 天；组织间歇时间 $Z=0$ 天；工艺时间间歇 $G=G_{I,II}=0$，$G_{II,III}=1$ 天。因此，其流水施工工期为：

$$T=(n-1)t+\sum G_{j,j+1}+\sum Z_{j,j+1}+mt=(4-1)\times 2+1+0+4\times 2=15（天）$$

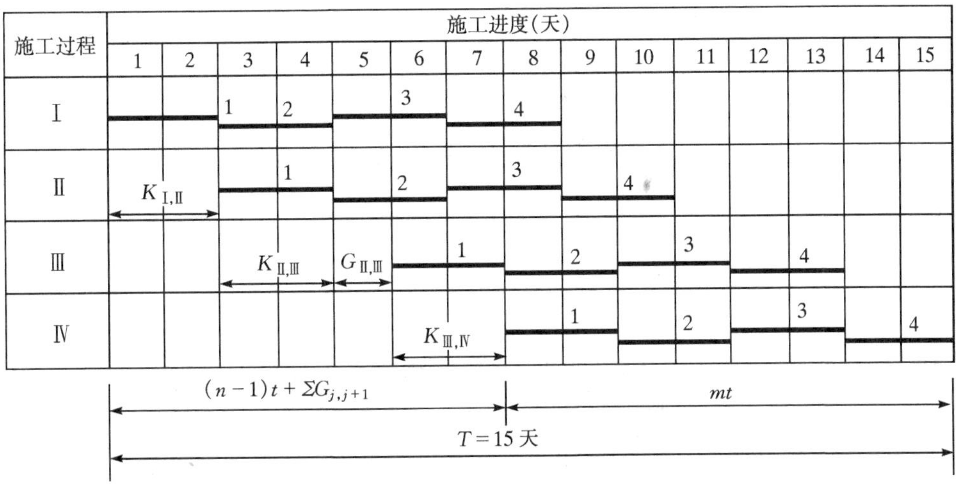

施工过程	施工进度（天）														
	1	2	3	4	5	6	7	8	9	10	11	12	13	14	15
I			1	2		3		4							
II	$K_{I,II}$		1		2		3		4						
III			$K_{II,III}$		$G_{II,III}$		1		2		3		4		
IV					$K_{III,IV}$			1		2		3		4	

$(n-1)t+\sum G_{j,j+1}$　　　　　mt

$T=15$ 天

图 3-8　某分部工程有时间间歇的等节奏流水施工计划

【例 3-6】有平行搭新时间的等节奏流水施工，某分部工程流水施工计划如图 3-9 所示。

在该计划中，施工过程数 $n=4$ 个；施工段数 $m=3$ 个；流水节拍 $t=3$ 天；流水步距 $K=K_{I,II}=K_{II,III}=K_{III,IV}=t=3$ 天；组织间歇 $Z=0$ 天；工艺间歇 $G=0$ 天。提前插入时间 $C=C_{I,II}=C_{II,III}=1$ 天，$C_{III,IV}=2$ 天。因此，其流水施工工期为：

$$T=(m+n-1)t+\sum G_{j,j+1}+\sum Z_{j,j+1}-\sum C_{j,j+1}$$
$$=(3+4-1)\times 3+0+0-1-1-2=14（天）$$

【例 3-7】某项目由 I、II、III、IV 等四个施工过程所组成。划分两个施工层组织流水施工。施工过程 II 完成后需养护 1 天，下一个施工过程才能施工，层间技术间歇为 1 天，流水节拍均为 1 天。为了保证工作队连续作业，试确定施工段数，计算工期，绘制流水施工进度计划。

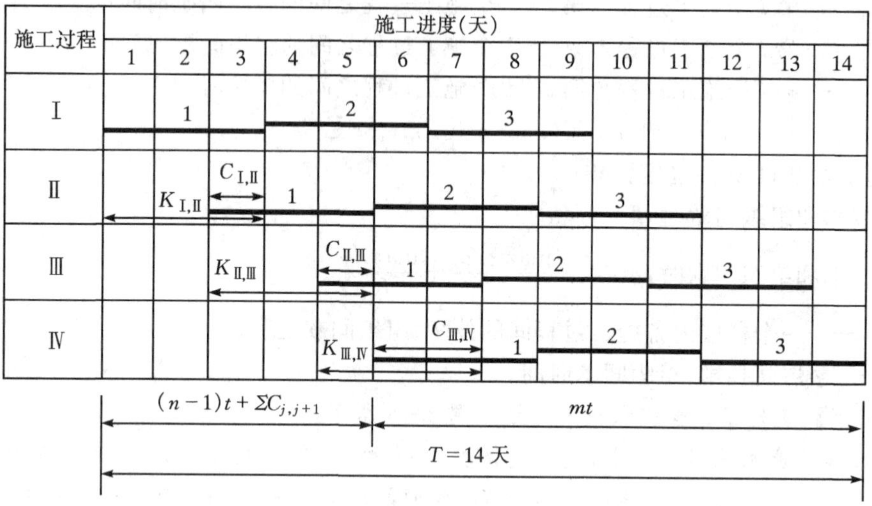

施工过程	施工进度(天)													
	1	2	3	4	5	6	7	8	9	10	11	12	13	14
Ⅰ		1			2		3							
Ⅱ	$K_{\text{I,II}}$		$C_{\text{I,II}}$ 1				2			3				
Ⅲ			$K_{\text{II,III}}$		$C_{\text{II,III}}$ 1			2			3			
Ⅳ					$K_{\text{III,IV}}$	$C_{\text{III,IV}}$ 1			2				3	

$(n-1)t+\Sigma C_{j,j+1}$　　　　mt

$T=14$ 天

图 3-9　某分部工程有提前插入时间的等节奏流水施工计划

解：由已知条件 $t_i=t=1$ 天，本项目宜组织等节拍流水。

(1)确定流水步距，由等节拍流水特点知 $K=t=1$(天)。

(2)确定施工段数。

因该项目分两层施工，其施工段数确定公式为：

$$m=n+\frac{\max\sum Z_1}{K}+\frac{\max Z_2}{K}=4+\frac{1}{1}+\frac{1}{1}=6$$

(3)计算工期。

$$T=(m\cdot r+n-1)t+\sum Z_1-\sum C_{j,i+1}\quad=(6\times2+4-1)\times1+1-0=16(\text{天})$$

(4)绘制流水施工进度图如图 3-10 所示。

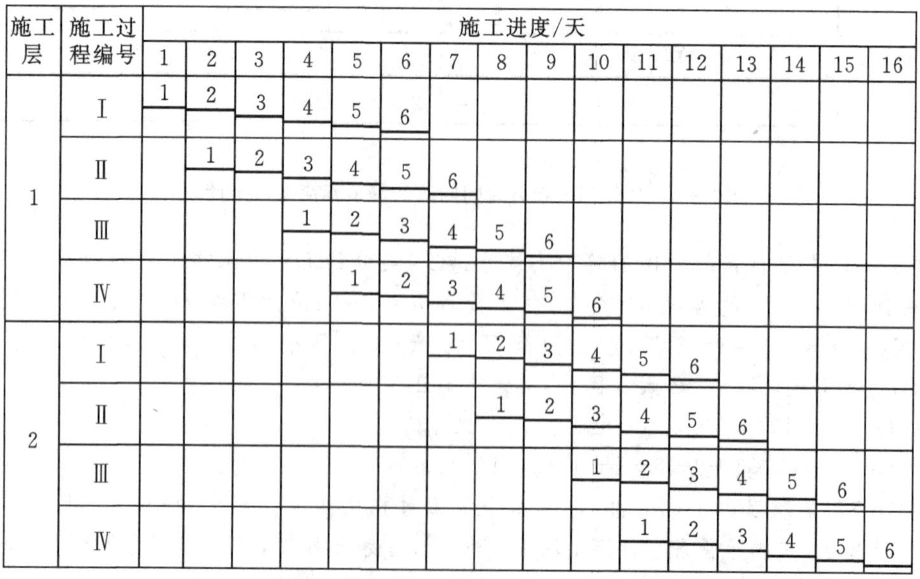

施工层	施工过程编号	施工进度/天															
		1	2	3	4	5	6	7	8	9	10	11	12	13	14	15	16
1	Ⅰ	1	2	3	4	5	6										
	Ⅱ		1	2	3	4	5	6									
	Ⅲ			1	2	3	4	5	6								
	Ⅳ				1	2	3	4	5	6							
2	Ⅰ							1	2	3	4	5	6				
	Ⅱ								1	2	3	4	5	6			
	Ⅲ										1	2	3	4	5	6	
	Ⅳ											1	2	3	4	5	6

图 3-10　分层并有技术、组织间歇的等节奏流水施工进度图

▶ 3.3.2 异节奏流水施工

1. 异节奏流水施工的基本概念及特征

异节奏流水施工是指在有节奏流水施工中,各施工过程在各个施工段上的流水节拍各自相等而不同施工过程之间的流水节拍不尽相等的流水施工。在组织异节奏流水施工时,又可以采用等步距和异步距两种方式。

在通常情况下,组织固定节拍的流水施工是比较困难的。因为在采用固定施工段的情况下任意施工段上,不同的施工过程,其复杂程度不同,影响流水节拍的因素也各不相同,很难使得各个施工过程的流水节拍都彼此相等。但是,如果施工段划分得合适,保持同一施工过程各施工段的流水节拍相等(有节奏性)是不难实现的。

据前所述,一个流水施工内各施工过程的流水节拍相等的情况,在实际工程中是很少见的,在一个施工段内各施工过程的工作量和劳动量往往很不相同,所以,对各施工过程采用统一的流水节拍(t)是不现实也不合理的。在这种情况下,为了加快流水施工速度,合理的做法是充分利用工作面,在资源供应满足的前提下,调整各施工过程的流水节拍(t),使各个施工过程的流水节拍都成为某数的倍数,对流水节拍长的施工过程,组织几个同工种的专业工作队来完成同一施工过程在不同施工段上的任务,从而就形成了一个工期最短的、类似于等节拍专业流水的等步距异节拍专业流水施工方案,即形成加快成倍节拍流水,称之为加快成倍节拍流水施工。

成倍节拍流水施工包括一般成倍节拍流水施工和加快成倍节拍流水施工。为了缩短流水施工工期,一般均采用加快的成倍节拍流水施工方式(可以省略"加快"二字,简称成倍节拍流水施工)。在组织流水施工时,如果同一施工过程在施工段上的流水节拍都彼此相等,不同施工过程在同一施工段上的流水节拍之间存在一个最大公约数。为加快流水施工速度,可按最大公约数的倍数组建每个施工过程的专业工作队。使一个流水施工内各施工过程的专业工作队数互成倍数。这样便构成了一个工期最短的流水施工方案,加快成倍节拍流水也称为加快异节拍专业流水。

图 3-11 中三个施工过程的流水节拍为 3:2:1,每个施工过程由一个施工队作业,为保证后续工序的连续作业,就必须加大后续工序投入的时间间隔——流水步距,因而造成了有些工作面没有被利用,拖延了工期。

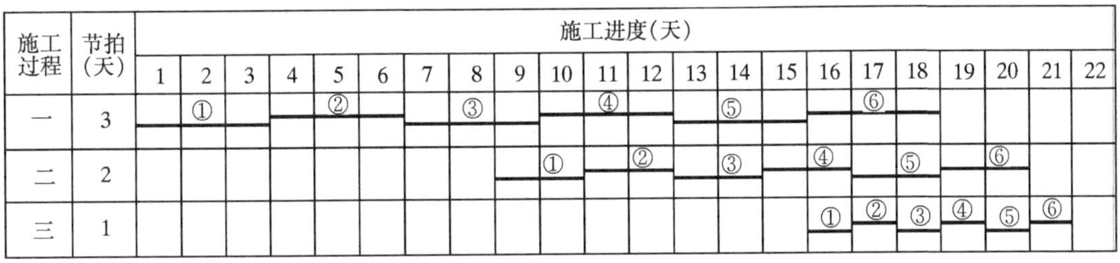

施工过程	节拍(天)	施工进度(天)																					
		1	2	3	4	5	6	7	8	9	10	11	12	13	14	15	16	17	18	19	20	21	22
一	3		①			②			③			④			⑤			⑥						
二	2										①		②		③		④		⑤		⑥			
三	1																①	②	③	④	⑤	⑥		

图 3-11 一般成倍节拍流水施工进度计划

从图 3-12 可以看出,增加了施工队(组)数,这些队组可以在不同施工段内作业,同一施工过程的每个施工队组可以依次相隔 k 天投入施工。图 3-12 中,第一施工过程投入 3 个施工队组,第二施工过程投入 2 个施工队组,第三施工过程投入 1 个施工队组,各施工队依次隔

1 天进入施工段作业。

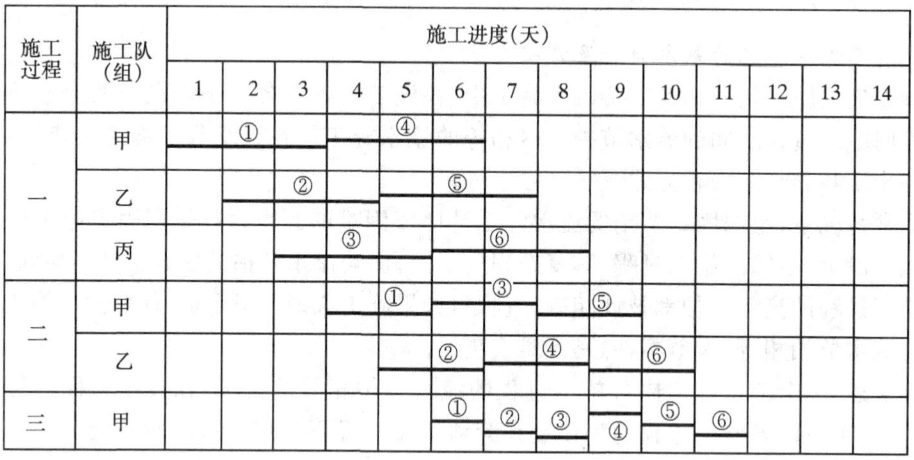

施工过程	施工队(组)	施工进度(天)													
		1	2	3	4	5	6	7	8	9	10	11	12	13	14
一	甲		①			④									
	乙			②			⑤								
	丙				③		⑥								
二	甲					①		③		⑤					
	乙						②		④		⑥				
三	甲						①	②	③	④	⑤	⑥			

图 3-12　加快的成倍流水节拍施工进度计划

2.等步矩异节拍流水施工

等步距异节奏流水施工是指同一施工过程在各个施工段上的流水节拍相等,不同施工过程的流水节拍不完全相等,但各个施工过程的流水节拍之间存在一个最大公约数时,按每个施工过程流水节拍之间的比例关系,成立相应数量的专业工作队而进行的流水施工,也称为等步距异节拍或成倍(加快)节拍(实为专业工作数成倍)流水施工。

(1)等步距异节拍流水施工特征。

①同一施工过程在各个施工段上的流水节拍都彼此相等,但不同施工过程在同一施工段上的流水节拍彼此不完全相等,但均为某一常数的整数倍,但其值不一定互为倍数关系,而是流水节拍之间存在一个最大公约数,即 $t_j = b_j \times k$。

②流水步距彼此相等,且等于各个流水节拍的最大公约数,即 $K_b =$ 最大公约数$\{t_1, t_2, \cdots, t_n\}$。

③每个专业工作队都能够连续作业,施工段都没有空闲。

④专业工作队数目大于施工过程数目,即有的施工过程只成立一个专业工作队,而对于流水节拍大的施工过程,可按其倍数增加相应专业工作队数目;可见加快的成倍节拍流水施工需要相应的资源配备保证。

此时,流水步距等于各个流水节拍 t_j 的最大公约数,而各施工过程的施工队组数 b_j 为:

$$b_j = \frac{t_j}{K_b}$$

$$n_j = \sum_{j=1}^{n} b_j$$

$$b_j = \frac{t_j}{t_{\min}}$$

式中: t_j——施工过程 j 在各施工段上的流水节拍;

b_j——施工过程 j 所要组织的专业工作队数;

j——施工过程编号,$1 \leqslant j \leqslant n$。

⑤流水总工期为：

$$T = (m + n' - 1) \cdot K_b \tag{3-8}$$

式中：m——施工段数；

n'——施工队（组）总数。

当有其他工艺组织及搭接时间时，加快的成倍节拍流水施工工期 T 可按公式（3-9）计算：

$$T = (m + n' - 1) \cdot K_b + \sum Z_{j,j+1} + \sum G_{j,j+1} - \sum C_{j,j+1} \tag{3-9}$$

式中：n'——专业工作队数目，其余符号如前所述。

【例3-8】某分部工程流水施工计划如图3-13所示。

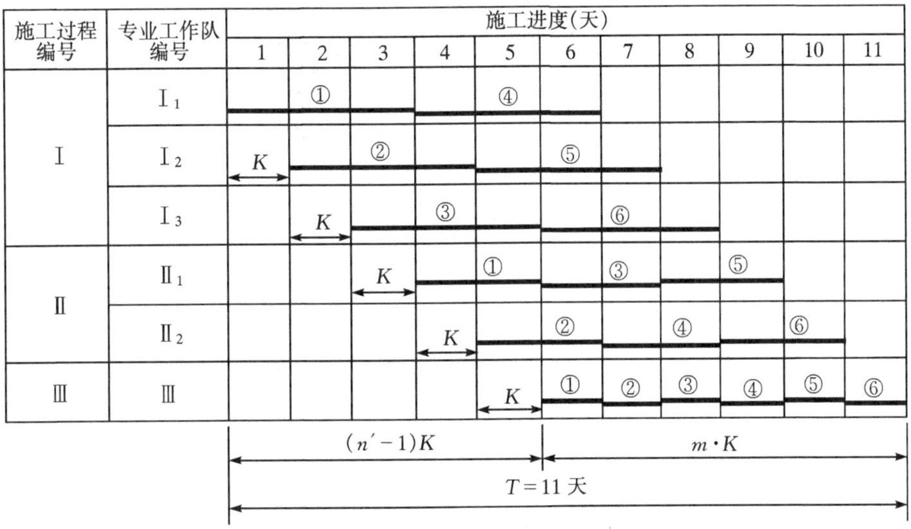

施工过程编号	专业工作队编号	施工进度（天）										
		1	2	3	4	5	6	7	8	9	10	11
I	I₁		①			④						
	I₂	K		②			⑤					
	I₃		K		③			⑥				
II	II₁			K		①		③		⑤		
	II₂				K		②		④		⑥	
III	III					K	①	②	③	④	⑤	⑥

图3-13　某工程加快的成倍节拍流水施工进度计划

在该计划中，施工过程数目 $n = 3$ 个；专业工作队数目 $n' = 6$ 个；施工段数目 $m = 6$ 个；流水步距 $K_b = 1$ 天；组织间歇 $Z_{j,j+1} = 0$ 天；工艺间歇 $G_{j,j+1} = 0$ 天；提前插入时间 $C_{j,j+1} = 0$ 天。因此，其流水施工工期为：

$$T = (m + n' - 1)k + \sum G_{j,j+1} + \sum Z_{j,j+1} - \sum C_{j,j+1} = (6 + 6 - 1) \times 1 + 0 + 0 - 0 = 11（天）$$

（2）等步距异节拍流水施工总工期的计算步骤如下：

①求各流水节拍的最大公约数 k，相当于各施工过程专业工作队共同遵守的节拍基数"公共流水步距"，仍称为流水步距。

②求各施工过程的施工队组数目 b_j。每个施工过程流水节拍 t_j 是 k 的几倍，就组织几个专业队 $b_j = t_j / k$。

③将专业施工队数综合 $n' = \sum b_j$ 看成施工过程数 n，k 看成流水步距，按等节奏流水法组织施工。

④流水总工期为：$T = (m + n' - 1)t_j = (m + \sum b_j - 1)k$

⑤绘制施工进度图。

【例3-9】有六座类型相同的涵洞，每座涵洞包括四道工序。每个专业队由4人组成，工作时间为：挖槽2天，砌基4天，安管6天，修洞口2天。试求总工期 t，绘制施工进度图。

解：(1)由 $t_1=2$ 天，$t_2=4$ 天，$t_3=6$ 天，$t_4=2$，得 $k=2$ 天。

(2)求 $\sum b_j$：$b_1=1,b_2=2,b_3=3,b_4=1,\sum b_j=1+2+3+1=7$

(3)按7个专业队，流水步距为2组织施工。

(4)总工期 $T=(m+\sum b_j-1)k=(6+7-1)\times2=24$（天）。

(5)绘制施工进度图，如图3-14所示。

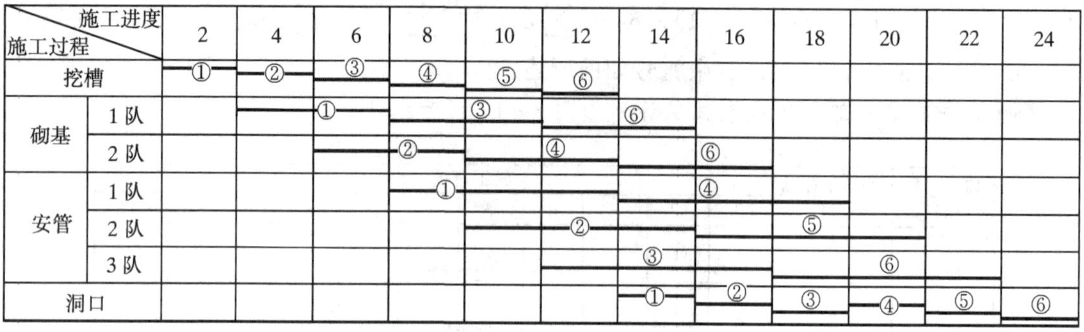

施工进度施工过程		2	4	6	8	10	12	14	16	18	20	22	24
挖槽		①	②	③	④	⑤	⑥						
砌基	1队			①		③		⑥					
	2队				②		④		⑥				
安管	1队					①			④				
	2队						②			⑤			
	3队							③			⑥		
洞口								①	②	③	④	⑤	⑥

图3-14　某涵洞施工进度计划图

【例3-10】 某安装工程需要完成甲、乙、丙、丁四台设备的安装工作，施工过程包括：二次搬运、现场组对、垂直吊装和调试运行，其流水节拍分别为4、8、6、4天，已知现场组对后有组织间歇2天，则该安装工程组织流水施工时，流水施工工期为多少天？

解：施工班组数：2+4+3+2=11（个）；流水施工工期：$(4+11-1)\times2+2=30$（天）；施工进度计划如3-15所示。

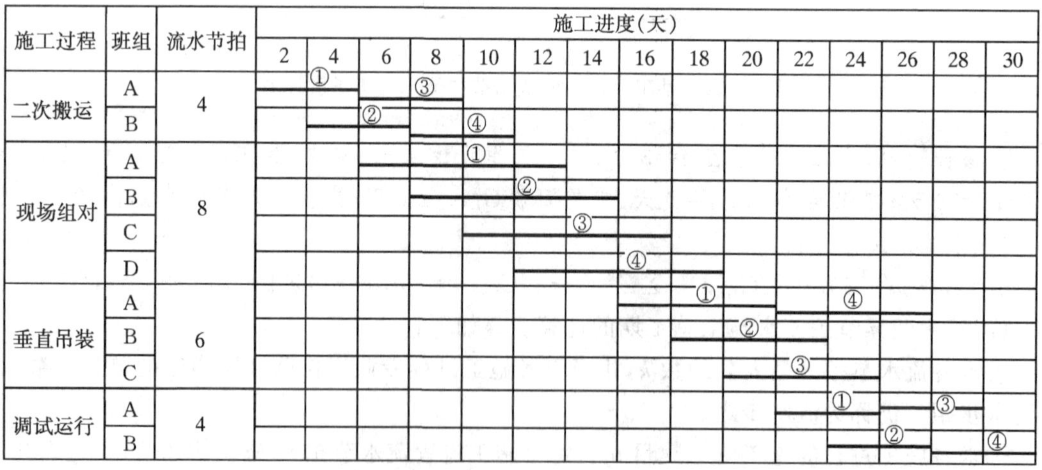

施工过程	班组	流水节拍	2	4	6	8	10	12	14	16	18	20	22	24	26	28	30
二次搬运	A	4		①		③											
	B				②		④										
现场组对	A	8				①											
	B						②										
	C							③									
	D								④								
垂直吊装	A	6								①		④					
	B										②						
	C											③					
调试运行	A	4											①		③		
	B												②		④	

图3-15　某安装工程施工进度计划图

【例3-11】 某建设工程由四幢楼房组成，每幢楼房为一个施工段，施工过程划分为基础工程、结构安装、室内装修和室外工程四项，其一般的等步距异节拍和一般的成倍节拍流水施工进度计划如图3-16所示。

由图3-16可知，如果按四个施工过程成立四个专业工作队组织流水施工，其总工期为：

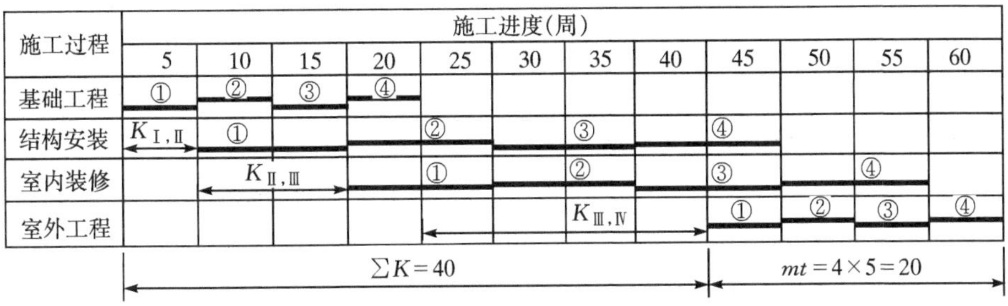

施工过程	施工进度(周)											
	5	10	15	20	25	30	35	40	45	50	55	60
基础工程	①	②	③	④								
结构安装	$K_{I,II}$ ①			②		③		④				
室内装修		$K_{II,III}$			①		②		③		④	
室外工程							$K_{III,IV}$		①	②	③	④

$\sum K = 40$　　　$mt = 4 \times 5 = 20$

图 3-16　某大板结构楼房一般的流水施工进度计划

$T = (5 + 10 + 25) + 4 \times 5 = 60$(周)。

为加快施工进度,应组织加快的成倍节拍流水施工,具体步骤如下:

(1)计算流水步距。流水步距等于流水节拍的最大公约数,即: $K = 5$。

(2)确定专业工作队数目。每个施工过程成立的专业工作队数目可按下式计算:

$$b_j = t_j / k_b$$

在本例中,各施工过程的专业工作队数目分别为:

Ⅰ——基础工程: $b_I = 5/5 = 1$(个)

Ⅱ——结构安装: $b_{II} = 10/5 = 2$(个)

Ⅲ——室内装修: $b_{III} = 10/5 = 2$(个)

Ⅳ——室外工程: $b_{IV} = 5/5 = 1$(个)

于是,参与该工程流水施工的专业工作队总数 n' 为: $n' = \sum b_j = (1 + 2 + 2 + 1) = 6$(个)。

(3)绘制加快的成倍节拍流水施工进度计划图。在成倍节拍流水施工进度计划图中,除表明施工过程的编号或名称外,还应表明专业工作队的编号。在表明各施工段的编号时,一定要注意有多个专业工作队的施工过程。各专业工作队连续作业的施工段编号不应该是连续的,否则,无法组织合理的流水施工。

根据图 3-16(b)所示编制的加快的成倍节拍流水施工进度计划如图 3-17 所示。

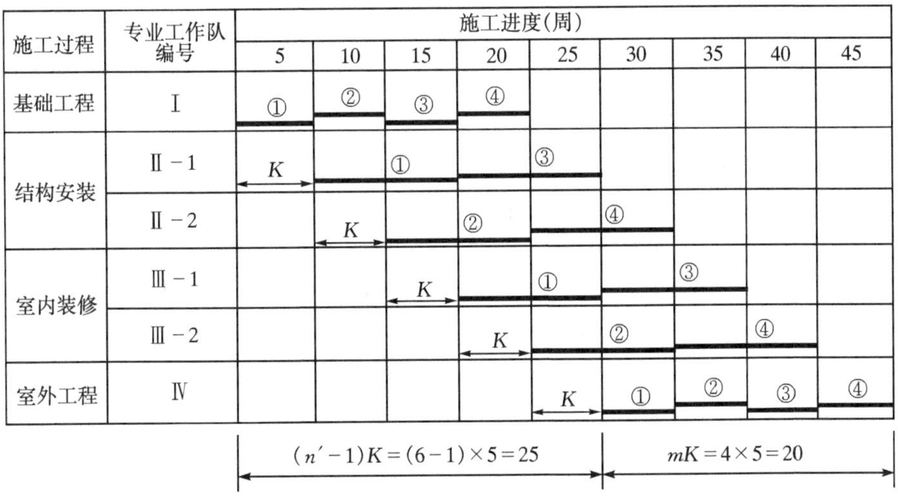

施工过程	专业工作队编号	施工进度(周)								
		5	10	15	20	25	30	35	40	45
基础工程	Ⅰ	①	②	③	④					
结构安装	Ⅱ-1	K		①		③				
	Ⅱ-2		K		②		④			
室内装修	Ⅲ-1			K		①		③		
	Ⅲ-2				K		②		④	
室外工程	Ⅳ					K	①	②	③	④

$(n'-1)K = (6-1) \times 5 = 25$　　　$mK = 4 \times 5 = 20$

图 3-17　某大板结构楼房加快的成倍节拍流水施工计划

(4)确定流水施工工期。由图 3-17 可知,本计划中没有组织间歇、工艺间歇及提前插入,故根据公式 $T=(m+n'-1)K$ 算得流水施工工期为:$(4+6-1)\times5=45$(周)。与一般的成倍节拍流水施工进度计划比较,该工程组织加快的成倍节拍流水施工使得总工期缩短了 15 周。

【讨论】以下施工对象能否组织等步矩异节拍流水施工?

$t_A=4$	$t_A=2$	$t_A=1$
$t_B=6$	$t_B=3$	$t_B=3$
$t_C=8$	$t_C=4$	$t_C=4$
⇩	⇩	⇩
能	不能	能

第一组:$K_{j,j+1}=K_b=2$;第二组:不存在最大公约数;第三组:$K_{j,j+1}=K_b=1$。

(3)等步矩异节拍流水施工的组织步骤。

①根据工程对象和施工要求划分施工段。

A. 不分施工层时,可按划分施工段的原则确定施工段数。

B. 分施工层时,每层的段数可按下列公式确定:

$$m_o = n' + \frac{\sum Z_1}{K_b} + \frac{Z_2}{K_b} \tag{3-10}$$

式中:m_o——每层的施工段数;

n'——专业工作队总数;

K_b——等步距的异节拍流水的流水步距;

$\sum Z_1$——一个楼层内各施工过程间工艺、组织间歇时间和;

Z_2——楼层间工艺、组织间歇时间;

②划分施工过程,确定施工顺序。

③按成倍节拍流水确定流水节拍。

④确定流水步距:$K_b=$ 最大公约数 $\{t_1,t_2,t_3,\cdots,t_n\}$。

⑤确定专业工作队数。

⑥确定计划总工期:

$$T=(m\cdot r-1)K_b+m^{2h}t^{2h}+\sum Z_{j,j+1}-\sum C_{j,j+1}$$

式中:r——施工层数;

m^{2h}——最后一个施工过程的最后一个专业队通过的段数;

t^{2h}——最后一个施工过程的流水节拍;

⑦绘制流水施工进度计划图表。

【例3-12】某两层现浇钢筋混凝土工程,施工过程分为安装模板、绑扎钢筋和浇筑混凝土。已知每段每层各施工过程流水节拍分别为:$t_{模}=2$ 天,$t_{扎}=2$ 天,$t_{混}=1$ 天。当安装模板专业工作队转移到第二结构层的第一施工段时,需待第一层第一段的混凝土养护 1 天后才能进行。在保证各专业工作队连续施工的条件下,求该工程每层最少的施工段数,并给出流水施工进度图。

解:根据题意,本工程宜采用等步距异节奏流水

(1)确定流水步距。

K_b＝最大公约数$\{2,2,1\}$＝1（天）

（2）确定专业工作队数。

$$b_模=\frac{t_模}{K_b}=\frac{2}{1}=2（队）$$

$$b_扎=\frac{t_扎}{K_b}=\frac{2}{1}=2（队）$$

$$b_混=\frac{t_混}{K_b}=\frac{1}{1}=1（队）$$

$$n_1=\sum_{j=1}^{n}b_j=(2+2+1)=5（队）$$

（3）确定每层的施工段数。

为保证专业工作队连续施工，其施工段数可按下式确定

$$m=n_1+\frac{Z_2}{K_b}=5+\frac{1}{1}=6（段）$$

（4）计算工期。

$$T=(m\cdot r+n_1-1)K_b+\sum Z_{j,j+1}-\sum C_{j,j+1}=(6\times2+5-1)\times1+0-0=16（天）$$

（5）编制流水施工进度图，如图 3-18 所示。

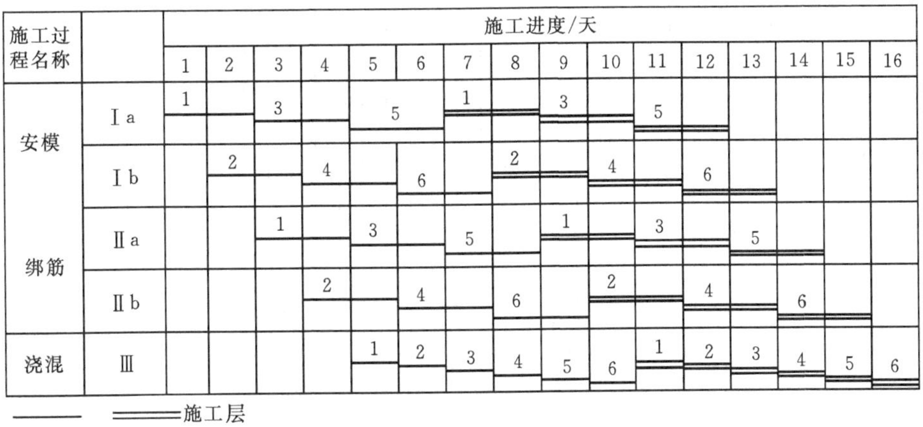

施工过程名称		施工进度/天															
		1	2	3	4	5	6	7	8	9	10	11	12	13	14	15	16
安模	Ⅰa	1		3		5		1		3		5					
	Ⅰb		2		4		6		2		4		6				
绑筋	Ⅱa			1		3		5		1		3		5			
	Ⅱb				2		4		6		2		4		6		
浇混	Ⅲ					1	2	3	4	5	6	1	2	3	4	5	6

———＝施工层

图 3-18 某两层现浇钢筋混凝土工程流水施工进度图

3. 异步距异节拍流水施工

异步距异节奏流水施工是指同一施工过程流水节拍相等，不同施工过程之间的流水节拍不一定相等。

（1）异步距异节拍流水施工的特征。

①同一施工过程流水节拍相等，不同施工过程之间的流水节拍不一定相等，但均为某一常数的整数倍；

②各个施工过程之间的流水步距不一定相等，且等于流水节拍的最大公约数；

③各施工工作队能够在施工段上连续作业，但有的施工段之间可能有空闲；

④施工队组数（n_1）等于施工过程数（n）。

（2）异步矩异节拍流水步距的确定。

$$K_{j,j+1}=\begin{cases}t_j & (\text{当 } t_j \leqslant t_{j+1} \text{ 时}) \\ mt_j-(m-1)t_{j+1} & (\text{当 } t_j > t_{j+1} \text{ 时})\end{cases} \qquad (3-11)$$

式中：t_j——第 j 个施工过程的流水节拍；

t_{j+1}——第 $j+1$ 个施工过程的流水节拍。

（3）异步矩异节拍流水施工工期的计算。

$$T=\sum K_{j,j+1}+mt_n+\sum Z_{j,j+1}-\sum C_{j,j+1} \qquad (3-12)$$

【例 3-13】某工程划分为 A、B、C、D 四个施工过程，分五个施工段组织施工，各施工过程的流水节拍分别为 $t_A=3$ 天，$t_B=2$ 天，$t_C=4$ 天，$t_D=5$ 天，试计算该工程的工期，并绘制流水施工进度计划表。

解：$\because t_A > t_B$ $\therefore K_{A,B}=mt_A-(m-1)t_B=5\times3-(5-1)\times2=7$（天）

$\because t_B < t_C$ $\therefore K_{B,C}=t_B=2$（天）

$\because t_C < t_D$ $\therefore K_{C,D}=t_C=4$（天）

$\therefore T=\sum K_{j,j+1}+mt_n=7+2+4+5\times5=38$（天）

流水施工进度计划如图 3-19 所示。

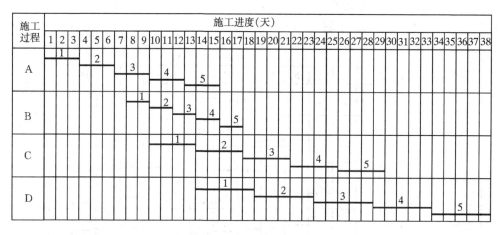

图 3-19 某工程流水施工进度计划

▷3.3.3 无节奏流水施工

在复杂的工程施工中组织流水施工时，经常由于工程结构形式、施工条件不同等原因，往往很难将工作面划分成工程量相等的施工段，使得各施工过程在各施工段上的工程量有较大差异，或因各个专业工作队的生产效率相差较大，因此导致各施工过程的流水节拍随施工段的不同而不同，且不同施工过程之间的流水节拍又有很大差异，常常不可能组织固定节拍流水或成倍节拍流水，此时，组织流水施工的关键是调整各相邻工序的流水步距，以保证各施工队组的连续均衡施工。这时的流水节拍虽无任何规律，但仍可利用流水施工原理组织流水施工，按照施工顺序的要求，在满足连续施工的条件下，使相邻两个专业工作队，在工作时间上最大限度地搭接起来，并组织成每个专业工作队都能够连续作业的无节奏流水施工。这种流水施工方式是建设工程流水施工普遍采用的一种。

无节奏流水施工是指在组织流水施工时，全部或部分施工过程在各个施工段上的流水节拍不相等的流水施工。即同一施工过程的流水节拍在各施工段上不尽相同,不同施工过程的流水节拍也不尽相同的流水施工。这种流水施工组织方式,称为无节奏流水,也称为分别流水法施工。

1. 无节奏流水施工的特征

(1)各个施工过程在各个施工段上的流水节拍不完全相等。

(2)流水步距与流水节拍之间存在着某种函数关系,流水步距也不尽相等。

(3)每个专业工作队组都能够连续作业,施工段可能有间歇空闲时间。

(4)施工队组数(n_1)等于施工过程数(n)。

2. 无节奏步距的确定

在无节奏流水施工中,通常采用累加数列错位相减取大差法计算流水步距。所取大差即为最小流水步距。确定最小流水步距的目的是为了保证各作业组在不同作业面上能连续施工,不出现窝工。由于这种方法是由潘特考夫斯基首先提出的,故又称为潘特考夫斯基法。这种方法简捷、准确,便于掌握。

累加数列错位相减取大差法的基本步骤如下:

(1)对每一个施工过程在各施工段上的流水节拍依次累加,求得各施工过程流水节拍的累加数列;

(2)将相邻施工过程流水节拍累加数列中的后者错后一位,两者相减后求得一个差数列;

(3)在差数列中取最大值,即为这两个相邻施工过程的流水步距。

【例 3 - 14】某工程由三个施工过程组成,分为四个施工段进行流水施工,其流水节拍见表 3 - 2,试确定流水步距。

表 3 - 2　某工程流水节拍表　　　　　　　　　单位:天

施工过程	流水节拍			
	①	②	③	④
Ⅰ	2	3	2	1
Ⅱ	3	2	4	2
Ⅲ	3	4	2	2

解:(1)求各施工过程流水节拍的累加数列:

施工过程Ⅰ:2,5,7,8

施工过程Ⅱ:3,5,9,11

施工过程Ⅲ:3,7,9,11

(2)错位相减求得差数列:

Ⅰ与Ⅱ:　2,　5,　7,　8

　　　一)　3,　5,　9,　　11

　　　―――――――――――――――

　　　　2,　2,　2,　－1,　－11

Ⅱ与Ⅲ:　3,　5,　9,　11

　　　一)　3,　7,　9,　　11

　　　―――――――――――――――

　　　　3,　2,　2,　2,　　－11

(3)在差数列中取最大值求得流水步距：

施工过程 I 与 II 之间的流水步距：$K_{1,2} = \max[2,2,2,-1,-11] = 2$（天）

施工过程 II 与 III 之间的流水步距：$K_{2,3} = \max[3,2,2,2,-11] = 3$（天）

3. 无节奏流水施工工期的确定

流水施工工期可按公式（3-13）计算：

$$T = \sum K_{j,j+1} + \sum t_n + \sum Z_{j,j+1} + \sum G_{j,j+1} - \sum C_{j,j+1} \qquad (3-13)$$

式中：T——流水施工工期；

$\sum K_{j,j+1}$——各施工过程（或专业工作队）之间流水步距之和；

$\sum t_n$——最后一个施工过程（或专业工作队）在各施工段流水节拍之和；

$\sum Z_{j,j+1}$——组织间歇时间之和；

$\sum G_{j,j+1}$——工艺间歇时间之和；

$\sum C_{j,j+1}$——提前插入的搭接时间之和。

【例3-15】某工厂需要修建4台设备的基础工程，施工过程包括基础开挖、基础处理和浇筑混凝土。因设备型号与基础条件等不同，使得4台设备（施工段）的各施工过程有着不同的流水节拍（单位：周），见表3-3，试组织流水施工方案。

表3-3　某基础工程流水节拍表　　　　　　　　　　　单位：周

施工过程	流 水 节 拍			
	设备 A	设备 B	设备 C	设备 D
基础开挖	2	3	2	2
基础处理	4	4	2	3
浇筑混凝土	2	3	2	3

解：从流水节拍的特点可以看出，本工程应按无节奏流水施工方式组织施工。

(1)确定施工流向为设备 A—B—C—D，施工段数 $m=4$。

(2)确定施工过程数 $n=3$，包括基础开挖、基础处理和浇筑混凝土。

(3)采用累加数列错位相减取大差法求流水步距：

$$\begin{array}{cccc} 2, & 5, & 7, & 9 \\ -) & 4, & 8, & 10, & 13 \end{array}$$

$$K_{1,2} = \max[2,\ 1,\ -1,-1,\ -13] = 2（周）$$

$$\begin{array}{cccc} 4, & 8, & 10, & 13 \\ -) & 2, & 5, & 7, & 10（周） \end{array}$$

$$K_{2,5} = \max[4,\ 6,\ 5,\ 6,\ -10] = 6（周）$$

(4)计算流水施工工期：

$$T = \sum K_{j,j+1} + \sum t_n + \sum Z_{j,j+1} - \sum C_{j,j+1}$$
$$= (2+6) + (2+3+2+3) + 0 - 0 = 18（周）。$$

(5)绘制无节奏流水施工进度计划，如图3-20所示。

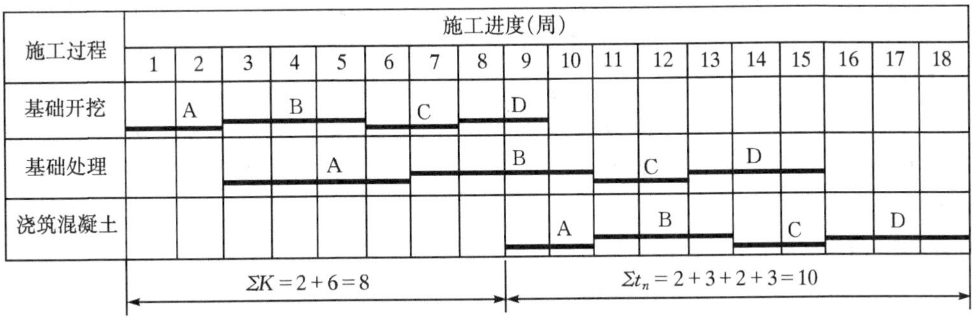

施工过程	施工进度(周)																	
	1	2	3	4	5	6	7	8	9	10	11	12	13	14	15	16	17	18
基础开挖	A			B			C		D									
基础处理					A				B			C		D				
浇筑混凝土										A		B				C		D

$\Sigma K = 2 + 6 = 8$ 　　　　$\Sigma t_n = 2 + 3 + 2 + 3 = 10$

图 3-20　某基础工程流水施工进度计划

3.4　建筑工程流水施工示例

　　民用混合结构房屋在建筑设计上体形较简单,一般为"一"字形、转角形;结构上一般为砖墙承重,钢筋混凝土梁、板、楼梯;现浇或预制楼板;建筑装修上为普通抹灰、水泥砂浆楼地面。多层砖混住宅楼一般为单元式设计,每层每单元在建筑及结构上基本一致,这就为应用流水施工创造了有利条件。

　　在以上三节的讨论中,将流水施工划分为等节奏流水施工与异节奏流水施工(合称有节奏流水施工)和无节奏性流水施工。根据组织流水施工的工程对象的范围大小,流水施工通常可分为:

　　(1)分项工程流水施工,是指在一个施工过程内部组织起来的流水施工。如砌砖墙、现浇钢筋混凝土等。

　　(2)分部工程流水施工,是指流水的范围只包括分部工程内的各施工过程。如基础(含土方)工程、主体结构工程、室内外装饰工程、屋面工程等。

　　(3)单位工程流水施工,是指在一个单位工程内部、各分部工程之间组织起来的流水施工。如一幢办公楼、一个厂房车间等组织的流水施工。

　　(4)群体工程流水施工,是指在一个个单位工程之间组织起来的流水施工。它是为完成工业或民用建筑群而组织起来的全部单位工程流水施工的总和。

　　分部工程的流水方法及其例子在以上三节内容中已讨论过了,本节讨论单位工程流水与群体工程流水的应用。

　　设有某幢六层四单元式(每一单元为一梯两户,每户建筑面积 50 m²)砖混结构住宅楼工程,平面尺寸约为 7.4 m×53 m,总建筑面积为 2400 m²,共 48 户。试组织单位工程的流水。

　　对于这种多层砖混住宅楼流水施工需要解决下面几个问题:

　　1. 施工过程的确定

　　根据施工方案及工程结构的不同,分成三个分部工程及相应的施工过程。

　　(1)基础工程:开挖基槽土方、浇筑混凝土垫层、砖砌基础、浇捣钢筋混凝土地基圈梁(含支模、绑扎钢筋、浇捣混凝土)、回填土,施工过程数 $n=5$。

　　(2)主体结构工程:每层楼均分成砌内外砖墙(含立门窗框、搭设里脚手)、现浇钢筋混凝土构件(含圈梁、阳台挑梁、厨厕现浇板、楼梯)、吊装预制楼板(含嵌板缝),施工过程数 $n=3$。

(3)装饰工程:每层楼均分成内抹灰(打底)、内抹灰(面层)、楼地面、外抹灰(打底)、外抹灰(面层)、安装门窗扇、油漆玻璃,施工过程数 $n=7$。而屋面找平层、防水层、隔热层、地面混凝土垫层、阳台楼板杆栏等不参与流水,可进行交叉平行搭接施工。

由于三个分部工程的各个施工过程的流水节拍不易取得一致,故组织成无节奏流水施工,即分别组织基础、主体、装饰工程的独立流水,然后用合理的流水步距将它们搭接起来形成单位工程的流水。

2.基础工程流水

已知 $n=5$,由于基槽土方开挖过程中使用场地较宽,挖基槽后还要组织外单位来验槽,因而不宜分成多段施工,宜先挖基槽,挖完后,其余工作可组织流水施工。设每单元为一段,共分成四个施工段,$m=4$。各施工过程每段的劳动量、每天出工人数及计算所得流水节拍,如表3-4所示。

表3-4 某工程施工过程流水节拍计算表

施工过程	挖基槽	铺垫层	砌砖基	捣圈梁	回填土
每段劳动量(人·天)	50	22	20	20	22
每天出工人数(一班制)	25	11	10	10	11
流水节拍(天)	2	2	2	2	2

基础工程工期计算:已知 $n=4$(土方开挖不参与流水),$m=4$,$t=k=2$ 天,工艺间歇 $Z_{垫-砖}=1$ 天,$Z_{圈-填}=2$ 天。

则工期 $T=(m+n-1)k+\sum Z_{j,j+1}=(4+4-1)\times 2+(1+2)=17$(天)

基础工程流水进度计划如图3-21所示。图中,连同基槽开挖工期10天,基础工程施工总共27天。

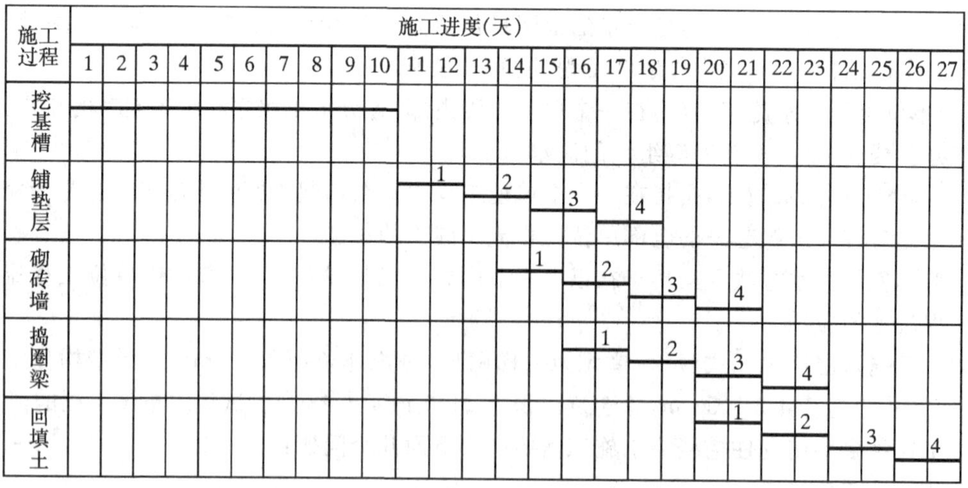

图3-21 某工程的基础工程流水进度计划

3.主体工程流水

已知 $n=3$,层数 $r=6$,设现浇梁板后1天才能吊装预制楼板,即 $Z_{浇-吊}=1$ 天,楼层停歇 $Z_2=1$ 天(即现浇板完成后要养护1天才能在其上进行下一道工序)。

各施工过程的数据及流水节拍计算如表3-5所示。

表 3-5　某工程主体分部各施工过程流水节拍计算表

施工过程	砌内外砖墙	现浇梁板	吊预制板
每段劳动量（人·天）	40	24	16
每天出工人数	20	12	8
每天班制	1	1	1
流水节拍（天）	2	2	2

由于现浇梁板的工序多,包括支模、扎钢筋、浇捣混凝土,所以应该组成一支综合的施工队,又因工程量不大,仍取流水节拍 $t=2$ 天。则 $k=t=2$ 天。

每层施工段数 m 按层间施工有工艺及楼层停歇的公式计算:

$$m \geqslant n + \sum Z_1/k + Z_2/k$$

$$n + \sum Z_1/k + Z_2 k = 3 + 1/2 + 1/2 = 4（段）$$

与每层在建筑上分成四单元一致。

则主体工程流水总工期 $T = (r \cdot m + n - 1) \cdot k + \sum Z_{j,j+1}$
$$= (6 \times 4 + 3 - 1) \cdot 2 + 2 = 54（天）$$

主体结构流水进度如图 3-22 所示。

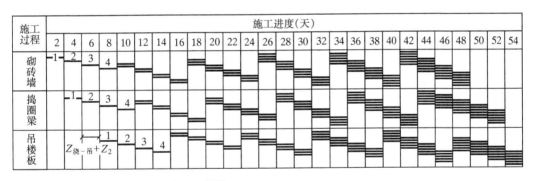

其中:　━━　═══　┷┷┷　┋┋┋ 表示不同施工层

图 3-22　某工程的主体结构流水进度计划图

4.装饰工程流水

上述装饰工程中参与流水的五个施工过程,由于天棚、内墙、外墙抹灰有底层抹灰与面层抹灰之分,两层之间要有干燥的工艺间歇时间,因此施工过程按表 3-5 划分,各施工过程各段的劳动量、每天工人数及相应的流水节拍如表 3-6 所示。内墙抹灰、外抹灰的底层面层之间 Z_1 均为 2 天。

装饰工程每层施工段数确定:由于先行完成的结构层已为装饰工程提供了工作面,因而虽是层间装饰,但不同于结构的层间施工,不必要求本层最后施工工程完成后,第一施工过程才可进入上一层。每层分四个施工段组织流水,当内抹灰打底完成第四段,要连续转入上层第一段时,外抹灰打底仍是在本层第一段施工,并不发生交叉,因已有楼板隔开,彼此不在同一个工作面,即各个施工工程不受施工段的影响,均可连续施工,因此 $m=4$,而不必要划分为 7 段。

装饰工程工期 T 仍可按层间公式确定(但不必要求 $m \geqslant n$),可得

$$T = (r \cdot m + n - 1) \cdot k + \sum Z_{j,j+1} = (6 \times 4 + 7 - 1) \times 2 + 2 = 64（天）$$

表 3-6　某工程的装饰工程流水节拍计算表

施工过程	内抹灰（打底）	内抹灰（面层）	楼地面	外抹灰（打底）	外抹灰（面层）	安门窗	油漆玻璃
每段劳动量（人·天）	32	16	12	10	10	8	12
每天工人数（一天一班）	16	8	6	5	5	4	6
流水节拍	2	2	2	2	2	2	2

5. 单位工程流水

将基础工程、主体工程、装饰工程三个独立的分部工程流水用适当的流水步距连接起来形成单位工程流水。

(1)基础工程最后施工过程的流水节拍 $t=2$ 天,主体工程的最前一个施工过程是砌砖墙, $t=2$ 天,考虑两者停歇 $Z=2$ 天。则回填开始 4 天后,砌墙开始插入。

(2)主体工程最后的施工过程是吊楼板,装饰工程最前的施工过程是室内抹灰的打底,两者节拍均为 2 天。本例由于工期不紧,抹灰顺序应从顶层而下,在屋面吊板后抹灰找平层,才开始从顶层第一段抹灰。即工艺间歇 $Z_1=2$ 天。

根据以上三个分部工程的独立流水及它们之间的流水步距及工艺间歇,可绘制成单位工程的流水进度计划图。

整个工程的进度计划图见图 3-23。

思考与练习

思考题

1. 组织施工有哪几种方式? 各自有什么特点?

2. 简述流水施工的效果。

3. 流水施工的主要参数有哪些,并分别叙述他们的含义。

4. 简述施工段的含义及其划分的原则。

5. 简述流水步距的含义及其数值的确定应遵循的原则,

6. 流水施工按节奏特征不同可分为哪几种方式? 各有什么特点?

练习题

一、选择题

1. 建设工程组织流水施工时,相邻专业工作队之间的流水步距不尽相等,但专业工作队数等于施工过程数的流水施工方式是(　　)。

A. 固定节拍流水施工和成倍节拍流水施工

B. 成倍节拍流水施工和无节奏流水施工

C. 固定节拍流水施工和一般的成倍节拍流水施工

D. 一般的成倍节拍流水施工和无节奏流水施工

2.在组织建设工程流水施工时,成倍节拍流水施工的特征包括( )。

A.同一施工过程中各施工段的流水节拍不尽相等

B.相邻专业工作队之间的流水步距全部相等

C.各施工过程中所有施工段的流水节拍全部相等

D.专业工作队数大于施工过程数,从而使流水施工工期缩短

E.各专业工作队在施工段上能够连续作业

3.某分部工程有三个施工过程,各分为四个流水节拍相等的施工段,各施工过程的流水节拍分别为6、6、4天。如果组织成倍节拍流水施工,则流水步距和流水施工工期分别为( )天。

A.2和22　　　B.2和30　　　C.4和28　　　D.4和36

4.某分部工程有两个施工过程,各分为四个施工段组织流水施工,流水节拍分别为3、4、3、3和2、5、4、3天,则流水步距和流水施工工期分别为( )天。

A.3和16　　　B.3和17　　　C.5和18　　　D.5和19

5.某道路工程划分为4个施工过程、5个施工段进行施工,各施工过程的流水节拍分别为6、4、4、2天。如果组织成倍节拍流水施工,则流水施工工期为( )天。

A.40　　　B.30　　　C.24　　　D.20

6.建设工程组织无节奏流水施工时,其施工特征之一是( )。

A.各专业队能够在施工段上连续作业,但施工段之间可能有空闲时间

B.相邻施工过程的流水步距等于前一施工过程中第一个施工段的流水节拍

C.各专业队能够在施工段上连续作业,施工段之间不可能有空闲时间

D.相邻施工过程的流水步距等于后一施工过程中最后一个施工段的流水节拍

7.建设工程组织无节奏流水施工时,其施工特征之一是( )。

A.各专业工作队能够在施工段上连续作业,但有的施工段之间可能有空闲时间

B.同一施工过程的流水节拍不全相等,从而使专业工作队有时无法连续作业

C.相邻施工过程的流水步距不全相等,从而使专业工作队数大于施工过程数

D.虽然在施工段上没有空闲时间,但有的专业工作队有时无法连续作业

二、已知某工程任务划分为5个施工过程,分四段组织流水施工,流水节拍均为3天,在第二个施工过程结束后有2天技术和组织间歇时间,试计算工期并绘制进度计划。

三、某工程项目由3个分项工程组成,划分为6个施工段。各分项工程在各个施工段上的持续时间依次为6天,2天和4天。试编制成倍节拍流水施工方案。

四、14栋同类型房屋的基础组织流水作业施工,四个施工过程的流水节拍分别为6天、6天、3天、6天,规定工期不得超过60天。试确定流水步距、工作队数并绘制流水指示图表。

五、试绘制三层现浇钢筋混凝土楼盖工程的流水施工进度表。已知:①框架平面尺寸为17.4 m×144 m。沿长度方向每隔48 m留伸缩缝一道;②$t_{支模}=4$天;$t_{扎筋}=2$天;$t_{浇筑混凝土}=2$天;③层间工艺间歇(即混凝土浇筑后在其上支模的间歇要求)为2天。

六、试组织某三层房屋的基础施工、由Ⅰ、Ⅱ、Ⅲ、Ⅳ四个施工过程组成的分部工程流水作业。分部工程流水节拍分别为4天、2天、2天、2天。Ⅰ,Ⅱ和Ⅲ,Ⅳ施工过程之间的工艺间歇各为1天,层间工艺间歇为2天。试完成以下任务:①确定流水步距、工作队数、施工段数;②绘制施工进度计划;③计算所需工期。

七、根据表 3-7 所示的 n、m、t_i 等数据,在保证工作队时间连续的条件下,计算 k。

表 3-7 某工程施工相关数据

施工段 施工过程	1	2	3	4	5
I	5	4	7	4	6
II	3	2	6	2	4
III	4	4	4	4	4

第4章 工程网络计划技术及其应用

内容摘要

　　本章主要介绍网络计划的基本概念和构成要素,单、双代号网络图的绘制规则及方法,关键工作和关键线路的概念、判断方法,网络图的优化、控制与调整等内容。要求学生通过学习能够熟悉网络图的含义、绘图规则、网络图的编制步骤、网络计划的优化等;掌握确定总工期及关键线路的方法以及时间参数的计算等。

4.1 工程网络计划概述

4.1.1 网络计划技术的相关概念

　　随着生产的发展和科学技术的提高,自 20 世纪 50 年代以来,国外陆续出现了一些采用网络图来表达工程计划安排的一种管理新方法如表 4-1,网络计划技术亦称为网络计划方法,在我国又称为统筹方法。它是关键线路法、计划评审技术和其他以网络图形式表达的各类计划管理新方法的总称。其中最基本的是关键线路法(CPM)和计划评审技术(PERT)。

表 4-1 网络计划技术类型及发明时间

持续时间 逻辑关系	肯定型	非肯定型
肯定型	关键线路法(CPM)(1956 年) 搭接网络法(1960 年) 流水网络法(1980 年)	计划评审技术(PERT)(1958 年)
非肯定型	决策树型网络法(1960 年) 决策关键线路法(DCPM)(1960 年)	图示评审技术(GERT)(1958 年) 随机网络技术(QERT)(1979 年) 风险型随机网络技术(VERT)(1981 年)

▶ 4.1.2 网络计划技术的基本原理

1.网络图的基本构成要素

网络计划技术是用网络图的形式来反映和表达计划或工程的安排。网络图是一种表示整个计划(施工计划)中各项工作实施的先后顺序和所需时间,它同样也表示工作流程的方向、顺序的网状图形。网络图由工作、节点和线路三个基本要素组成。

(1)工作是根据工程计划任务按需要的粗细程度划分而成的一个消耗时间与资源的子项目或子任务。工作可以是一道工序、一个施工过程、一个施工段、一个分项工程或一个单位工程。

(2)节点是网络图中用封闭图形或圆圈表示的箭线之间的连接点。节点按其在网络图中的位置可分为以下几种:

①起始节点:指第一个节点,表示一项计划的开始。

②终止节点:指最后一个节点,表示一项计划的完成。

③中间节点:指除起始节点和终止节点外的所有节点。

(3)线路是网络图中从起始节点沿箭线方向顺序通过一系列箭线与节点,最终到达终止节点的若干条通道,称为线路。

2.网络图的分类

网络图按画图符号和表达方式的不同可分为双代号网络图、单代号网络图、时标网络图和流水网络图等。

(1)双代号网络图。用两个节点和一根箭线表示一项工作,然后按照某种工艺或组织要求连接而成的网状图,称为双代号网络图。其表现形式如图 4-1 所示。

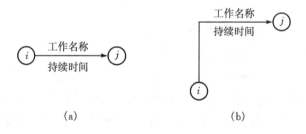

(a)   (b)

图 4-1 双代号网络图中工作的表示方法

(2)单代号网络图。以一个节点代表一项工作,然后按照某种工艺或组织要求,将各节点用箭线连接成的网状图,称为单代号网络图。其表现形式如图 4-2 所示。

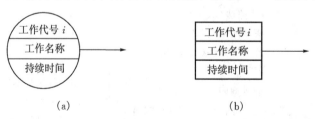

(a)   (b)

图 4-2 单代号网络图中工作的表示方法

（3）时标网络图。时标网络图是在横道图的基础上引入网络图工作之间的逻辑关系并以时间为坐标而形成的一种网状图。它既克服了横道图不能显示各工序之间逻辑关系的缺点，又解决了一般网络图的时间表示不直观的问题。如图4-3所示。

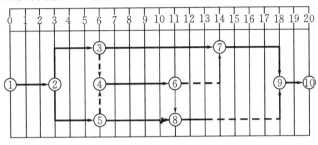

图4-3　时标网络图

（4）流水网络图。吸取横道图的优点，运用流水施工原理和网络计划技术而形成的一种新的网络图即为流水网络图。

3. 建筑施工网络计划基本原理

在建筑工程计划管理中，网络计划技术的基本原理可归纳为：

①把一项工作计划分解为若干个分项工作，并按其开展顺序和相互逻辑关系，绘制出网络图。

②通过对网络图时间参数的计算，找出计划中决定工期的关键工作和关键线路。

③按一定优化目标，利用最优化原理，改进初始方案，寻求最优网络计划方案。

④在网络计划执行过程中，通过检查、控制、调整，确保计划目标的实现。

4.2　网络图的绘制

▶4.2.1　双代号网络图的基本要素

普通双代号网络图是由工作、节点和线路三个基本要素组成，如图4-4所示。

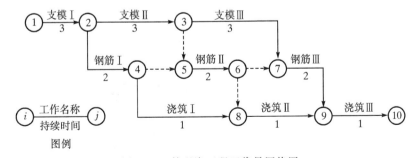

图4-4　某现浇工程双代号网络图

1. 工作

工作是指能够独立存在的实施性活动，如工序、施工过程或施工项目等实施性活动。

工作可分为需要消耗时间和资源的工作、只消耗时间而不消耗资源的工作和不消耗时间及资源的工作三种。前两种为实工作，最后一种为虚工作；虚工作一般起到联系、区分、断路的作用。

(1)联系作用是指应用虚箭线正确表达了工作之间相互依存的关系。

例如 A 工作结束后可同时进行 B、D 两项工作,C 工作结束后进行 D 工作。如图 4-5 所示。

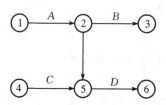

图 4-5　虚箭线的联系作用

(2)区分作用是指双代号网络图中的每一项工作都必须用一条箭线和两个节点表示,若两项工作的节点编号相同时应使用虚工作加以区分。如图 4-6 所示。

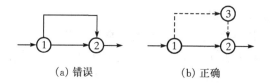

图 4-6　虚箭线的区分作用

(3)断路作用是用虚箭线断掉多余联系,即在网络图中把无联系的工作用虚键线联系起来。绘制双代号网络图时,最容易产生的错误是把本来没有逻辑关系的工作联系起来了,使网络图发生错误。产生错误的地方总是在同时有多条内向和外向箭线的节点处。遇到这种情况,就必须使用虚箭线加以处理,以隔断不应有的工作之间的联系。

由图 4-7 看出,该图符合工艺逻辑关系和施工组织程序要求,但不满足空间逻辑关系要求。因为回填土 I 不应该受挖地槽 II 的控制,回填土 II 也不应该受挖地槽 III 的控制。这是空间逻辑关系上的表达错误,可以采用横向断路法或纵向断路法将其加以改正,如图 4-8 和图 4-9 所示。

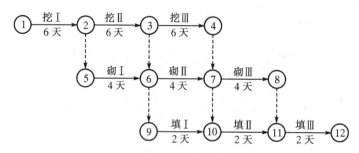

图 4-7　某工程双代号网络图

2.节点

节点是指网络图中箭线两端带有编号的圆圈或其他封闭图形。节点表示工作开始或结束的瞬间。节点分为起点节点(外向箭头),中间节点和终点节点(内向箭头)。

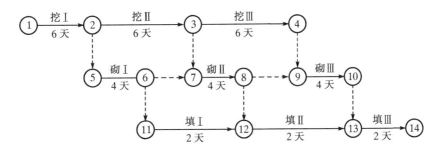

图 4-8 横向断路法示意图

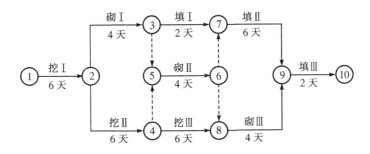

图 4-9 纵向断路法示意图

在双代号网络图中,第一个事件称为原始事件(起点节点),最后一个事件称为结束事件(终点节点),其余事件均称为中间事件(中间节点)。节点编号方法有:沿水平方向或沿垂直方向编号;按自然数连续编号;按奇数或偶数编号。不管采用什么编号方法,都必须保证:箭尾节点编号小于箭头节点编号且不得重复。

3.线路

线路是指从网络图起始节点出发,沿着箭线方向通过一系列箭线或节点,最终到达终点节点,中间经过的通道。完成某条线路所需的总持续时间,称为该条线路的线路时间。根据每条线路的线路时间长短,可将网络图的线路区分为关键线路和非关键线路两种。

关键线路是指网络图中线路时间最长的线路,其线路时间代表整个网络图的计算总工期。一个网络图中的关键线路至少有一条,并以粗箭线或双箭线表示。关键线路上的工作,都是关键工作,关键工作都没有时间储备。

在网络图中,除了关键线路之外,其余线路都是非关键线路。在非关键线路上,除了关键工作之外,其余工作均为非关键工作,非关键工作都有时间储备。

在一定条件下,关键工作与非关键工作、关键线路与非关键线路都可以相互转化。

▶ 4.2.2 双代号网络图的绘制

1.双代号网络图的绘制规则

(1)必须正确地表达已经确定的逻辑关系。

逻辑关系是指工作进行时客观存在的一种相互制约或依赖的关系,也就是先后顺序关系。各工作间的逻辑关系,既包括客观上的由生产工艺所决定的工作上的先后顺序关系,也包括施工组织所要求的工作之间相互制约、相互依赖的关系。

按施工工艺确定的先后顺序关系称为工艺逻辑关系,一般是不得随意改变的。如先基础工程,再结构工程,最后装修工程;如先挖土,再做垫层,后砌基础,最后回填土。

在不违反工艺关系的前提下,人为安排的工作的先后顺序关系称组织逻辑关系,如流水施工中各段的先后顺序;建筑群中各个建筑物的开工顺序的先后。

逻辑关系可表达为:①紧前工作(工序)、紧后工作(工序);②紧前工作(工序)、本工作(工序)、紧后工作(工序)。

(1)紧前工作。在网络图中,相对于某工作而言,紧排在该工作之前的工作称为该工作的紧前工作。在双代号网络图中,工作与其紧前工作之间可能有虚工作存在。

(2)紧后工作。在网络图中,相对于某工作而言,紧排在该工作之后的工作称为该工作的紧后工作。在双代号网络图中,工作与其紧后工作之间也可能有虚工作存在。

(3)平行工作。在网络图中,相对于某工作而言,可以与该工作同时进行的工作即为该工作的平行工作。

(4)先行工作。相对于某工作而言,从网络图的第一个节点(起点节点)开始,顺着箭头方向经过一系列箭线与节点到达该工作为止的各条通路上的所有工作,都称为该工作的先行工作。

(5)后续工作。相对于某工作而言,从该工作之后开始,顺箭头方向经过一系列箭线与节点到网络图最后一个节点(终点节点)的各条通路上的所有工作,都称为该工作的后续工作。

紧前工作、紧后工作及平行工作是工作之间逻辑关系的具体表现,只要能根据工作之间的工艺关系和组织关系明确其紧前或紧后关系,即可据此绘出网络图。这种逻辑关系是正确绘制网络图的前提条件。这种严格的逻辑关系,必须根据施工工艺和施工组织的要求加以确定,只有这样才能逐步地按工作的先后次序把代表各工作的箭线连接起来,绘制成一张正确的网络图。要画出一个正确地反映工程逻辑关系的网络图,首先就要搞清楚各项工作之间的逻辑关系,也就是要具体解决每项工作的三个问题:该工作必须在哪些工作之前进行? 该工作必须在哪些工作之后进行? 该工作可以与哪些工作平行进行?

表4-2为网络图中常见的逻辑关系表达方法。

表4-2　网络图中常见的逻辑关系表达方法

序号	工作之间的逻辑关系	网络图中表示方法	说明
1	有A、B两项工作按照依次施工方式进行		B工作依赖着A工作,A工作约束着B工作的开始
2	有A、B、C三项工作同时开始工作		A、B、C三项工作称为平行工作
3	有A、B、C三项工作同时结束		A、B、C三项工作称为平行工作

序号	工作之间的逻辑关系	网络图中表示方法	说明
4	有 A、B、C 三项工作只有在 A 完成后,B、C 才能开始		A 工作制约着 B、C 工作的开始,B、C 为平行工作
5	有 A、B、C 三项工作 C 工作只有在 A、B 完成后才能开始		C 工作依赖着 A、B 工作,A、B 为平行工作
6	有 A、B、C、D 四项工作只有当 A、B 完成后 C、D 才能开始		通过中间事件 j 正确地表达了 A、B、C、D 之间的关系
7	有 A、B、C、D 四项工作 A 完成后 C 才能开始 A、B 完成后 D 才开始		D 与 A 之间引入了逻辑连接(虚工作)只有这样才能正确表达它们之间的约束关系
8	有 A、B、C、D、E 五项工作 A、B 完成后 C 开始,B、D 完成后 E 开始		虚工作 ij 反映出 C 工作受到 B 工作的约束;虚工作 ik 反映出 E 工作受到 B 工作的约束

(2)在双代号网络图中,不允许出现闭合回路,如图 4 - 10 所示。

(3)在节点之间严禁出现带双向箭头或无箭头的箭线。如图 4 - 11 所示。

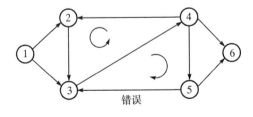

图 4 - 10　闭合回路示意图

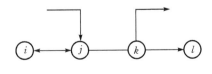

图 4 - 11　错误示意图

(4)双代号网络图中严禁出现无箭头或箭尾节点的箭线。

（5）严禁在箭线中间引入或引出箭线。这样的箭线不能表示它所代表的工作在何处开始，或不能表示它所代表的工作在何处完成。当网络图的起点节点有多条外向箭线，或终点节点有多条内向箭线时，可用母线法绘制，如图 4 - 12 所示。

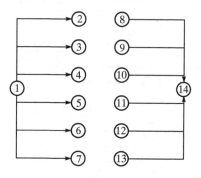

图 4 - 12　母线法绘图

（6）绘制网络图时，箭线不宜交叉，当交叉不可避免时，可用过桥法或指向法，见图 4 - 13。

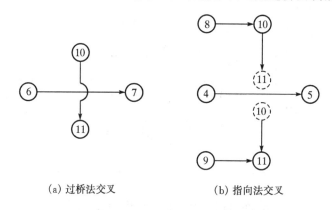

（a）过桥法交叉　　　　　　（b）指向法交叉

图 4 - 13　过桥法和指向法示意图

（7）双代号网络图中应只有一个起点节点；在不是分期完成任务的网络图中，应只有一个终点节点，而其他所有的节点均应是中间节点，不允许出现有多个起点节点的工作，如图4 - 14所示。

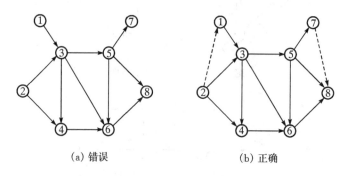

（a）错误　　　　　　　　　（b）正确

图 4 - 14　只有一个起点、一个终点的网络示意图

（8）在双代号网络图中，不允许出现重复编号的工作，如图 4 - 15 所示。

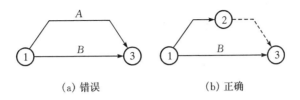

(a) 错误   (b) 正确

图 4-15 重复编号工作的网络示意图

2. 网络图节点编号规则

绘制出完整的网络图之后,要对所有节点进行编号。节点编号原则上来说,只要不重复、不漏编,每根箭线的箭头节点编号大于箭尾节点的编号即可。但一般的编号方法是,网络图的第一个节点编号为1,其他节点编号按自然数从小到大依次连续编排,最后一个节点编号就是网络图节点的个数。有时可采取不连续编号的方法以留出备用节点号。

3. 双代号网络图绘制方法

双代号网络图绘图时可根据紧前工作和紧后工作的任何一种关系进行绘制。按紧前工作绘制时,从没有紧前工作的工作开始,依次向后,将紧前工作一一绘出,注意用好虚箭线,不要把没有关系的拉上了关系,并将最后工作结束于一点,以形成一个终点节点。

按紧后工作进行绘制时,亦应从没有紧前工作的工作开始,依次向后,将紧后工作一一绘出,直到没有紧后工作的工作绘完为止,形成一个终点节法。

通常是使用一种关系绘完图后,可利用另一种关系检查,无误后再自左向右编号。

为了使网络计划更条理化和形象化,在绘制网络图时应根据不同的工程情况、不同的施工组织方法及使用要求等,灵活选用排列方法,以便简化层次,使各项工作之间在工艺上及组织上的逻辑关系准确清晰,便于施工组织者和施工人员掌握,也便于计算和调整。

(1) 混合排列。

【例 4-1】 已知各项工作之间的逻辑关系见表 4-3,试绘制双代号网络图。

表 4-3 工作逻辑关系表

工作	支模1	支模2	绑钢筋1	绑钢筋2	浇混凝土1	浇混凝土2
紧前工作	—	支模1	支模2	支模2 绑钢筋1	绑钢筋1	绑钢筋2 浇混凝土1

解: 根据双代号网络图绘制规则混合排列绘制,如图 4-16 所示。

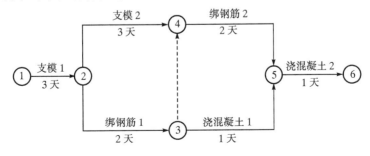

图 4-16 混合排列示意图

这种排列方法可以使网络图形看起来对称美观,但在同一水平方向既有不同工种的作业,也有不同施工段的作业,一般用于较简单的网络图。

(2)按施工段排列。

【例 4-2】已知各项工作之间的逻辑关系见表 4-3,绘制双代号网络图。

解:根据双代号网络图绘制规则,按施工段排列绘制,如图 4-17 所示。

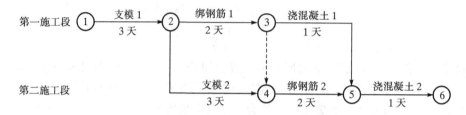

图 4-17 按施工段排列示意图

这种排列方法是把同一施工段的工作排在同一水平线上,能够反映出建筑工程分段施工的特点,突出表示工作面的利用情况,这是建筑工地习惯使用的一种表达方式。

(3)按施工过程排列。

【例 4-3】已知各项工作之间的逻辑关系见表 4-3,试绘制双代号网络图。

解:根据双代号网络图绘制规则,按施工过程排列绘制,如图 4-18 所示。

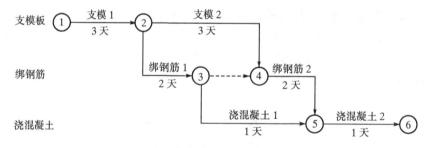

图 4-18 按施工过程排列示意图

这种排列方法是把相同工种的工作排在同一条水平线上,能够突出不同工种的工作情况,是建筑工地上常用的一种表达方式。

(4)按楼层排列。

图 4-19 是一个一般内装修工程的三项工作按楼层由上到下进行的施工网络计划。在分段施工中,当若干项工作沿着建筑物的楼层展开时,其网络计划一般都可以按楼层排列。

(5)按施工专业或单位排列。

有许多施工单位参加完成一项单位工程的施工任务时,为了便于各施工单位对自己负责的部分有更直观的了解,而将网络计划按施工单位排列,如图 4-20 所示。

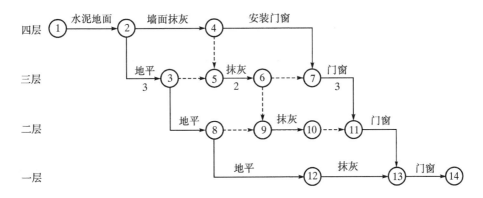

图 4-19　按楼层排列示意图

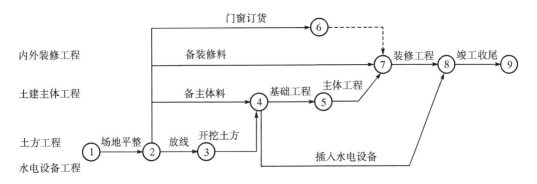

图 4-20　按施工单位排列示意图

▷ 4.2.3　绘制网络图应注意的问题

1. 层次分明,重点应突出

虽然网络图主要用以反映各项工作之间的逻辑关系,但是为了便于使用,网络图还应安排整齐,条理清楚,突出重点。尽量把关键工作和关键线路布置在中心位置,尽可能把密切相连的工作安排在一起,尽量减少斜箭线而采用水平箭线;尽可能避免交叉箭线出现。如图4-21、图4-22所示。

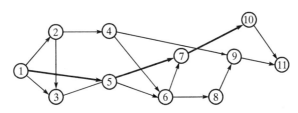

图 4-21　错误画法

2. 布置条理要清楚

双代号网络图在绘制方法时必须正确地表达已经确定的逻辑关系,在既定施工方案的前提下以统筹安排为原则。具体需要注意以下几点:

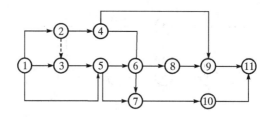

图 4-22 正确画法

(1)遵守工作之间的工艺顺序。所谓工艺顺序,就工作与工作之间工艺上内在的先后关系。比如某一钢筋混凝土构件的现场预制,必须在绑扎好钢筋和安装模板以后才能浇捣混凝土。

(2)遵守工作之间的组织顺序。组织顺序是指在劳动组织确定的条件下,同一工作的开展顺序。它是由计划人员在研究施工方案的基础上作出的安排。比如说,有 A 和 B 两幢房屋基础工程的土方开挖,如果施工方案确定使用一台抓铲挖土机,那么开挖的顺序究竟先 A 后 B,还是先 B 后 A,也应随施工方案而定。只有这样,才能正确绘出能指导施工活动的生产网络图。

(3)遵守绘图的基本规则。前面已说明过,在此不再赘述。

➤ 4.2.4 双代号网络图绘制举例

【例 4-4】根据给出的逻辑关系绘制出双代号网络图。各工作的逻辑关系如表 4-4 所示。

表 4-4 各工作逻辑关系表

工作名称	A	B	C	D	E	F	G	H	I	J	K
紧前工作		A	A	B	B	E	A	D、C	E	F、G、H	I、J
紧后工作	B、C、G	D、E	H	H	F、I	J	J	J	K	K	

解:根据各工作的逻辑关系可绘制出双代号网络图,如图 4-23 所示。

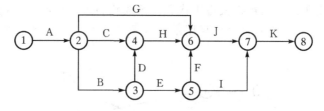

图 4-23 根据表 4-4 绘制的双代号网络图

【例 4-5】根据给出的逻辑关系绘制双代号网络图。各工作逻辑关系如表 4-5 所示。

表 4-5 各工作逻辑关系表

工作代号	紧前工作	持续时间(周)	紧后工作
A	—	3	B、C、D
B	A	2	E
C	A	6	F

续表 4 – 5

工作代号	紧前工作	持续时间(周)	紧后工作
D	A	5	G
E	B	3	H
F	C	2	H
G	D	7	J
H	E,F	4	I
I	H	5	K
J	G	4	K
K	I,J	7	—

解:根据各工作的逻辑关系可绘制出双代号网络图,如图4 – 24所示。

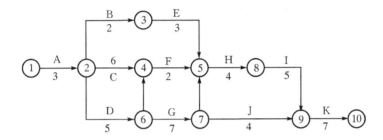

图4 – 24 根据表4 – 5绘制的双代号网络图

【例4 – 6】根据给出的逻辑关系绘制出双代号网络图。各工作的逻辑关系如表4 – 6所示。

表4 – 6 各工作逻辑关系表

工作名称	A	B	C	D	E	F	G	H	I	J	K
紧前工作			B,E	A,C,H		B,E	E	F,G	F,G	A,C,I,H	F,G

解:根据各工作的逻辑关系可绘制出双代号网络图,如图4 – 25所示。

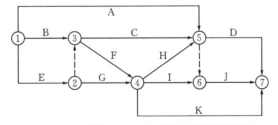

图4 – 25 根据表4 – 6绘制的双代号网络图

➢ 4.2.5 单代号网络图的绘制

1.单代号网络图的绘制规则

单代号网络图的绘图规则基本上与双代号网络图相同。其不同之处在于单代号网络图中当有多项起始工作或多项结束工作时,应在网络图的两端分别设置一项虚拟的工作,作为网络图的起始节点和终点节点,如图4 – 26所示。

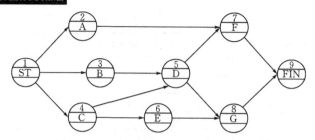

图 4-26　具有虚拟节点的单代号网络图

2.单代号网络图的节点编号规则

与双代号网络图完全相同,此不再赘述。

▶ 4.2.6　单代号网络图绘制举例

【例 4-7】已知各工作之间的逻辑关系如表 4-7 所示,试绘制单代号网络图。

表 4-7　工作逻辑关系表

工作	A	B	C	D	E	G	H	I
紧前工作					A、B	B、C、D	C、D	E、G、H

解:根据逻辑关系,具体绘图过程如图 4-27 所示。

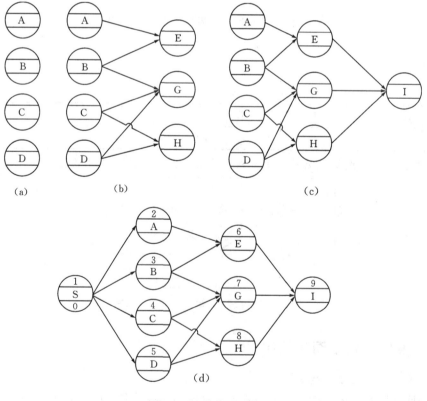

图 4-27　单代号网络图

【例 4 - 8】已知各项工作之间的逻辑关系见表 4 - 8,试绘制单代号网络图。

表 4 - 8 工作逻辑关系表

工作	A	B	C	D	E	F	G	I
紧前工作			A、B	C	C	E	E	D、G

解:根据表 4 - 8 所示的各项工作的逻辑关系绘制的单代号网络图,如图 4 - 28 所示。

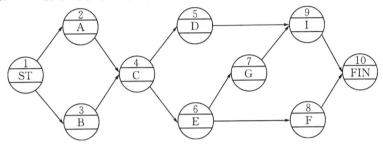

图 4 - 28 单代号网络图

4.3 网络计划时间参数计算

▶ 4.3.1 双代号网络计划时间参数的计算

网络计划时间参数的计算,是确定关键线路和计划工期的基础,是确定各项工作时间参数及其时差的依据。

1. 双代号网络计划的时间参数

双代号网络计划的时间参数有以下几个:

(1)工作持续时间(D_{i-j})和工期 T。

(2)工作 $i-j$ 的 6 个时间参数:最早开始时间(ES_{i-j})、最早完成时间(EF_{i-j})、最迟完成时间(LF_{i-j})、最迟开始时间(LS_{i-j})、总时差(TF_{i-j})和自由时差(FF_{i-j})。其中下脚标 $i-j$ 表示工作 $i-j$。

(3)节点最早时间 ET_i 和最迟时间 LT_i。

(4)相邻两项工作之间的时间间隔。

双代号网络计划时间参数的计算方法较多,主要有节点计算法、表上计算法、图上计算法、工作计算法等。一般的计算流程见图 4 - 29。

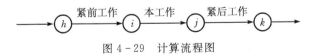

图 4 - 29 计算流程图

2. 节点计算法

(1)节点时间的计算。

节点时间包括节点最早时间(节点最早开始的时刻)和节点最迟时间(节点最迟开始的时刻)。

①节点最早时间。

节点最早时间就是以计划开始点的时间为 0 时,沿着各条线路达到每一节点的时刻。它表示该节点前面的工作全部完成,从该节点起的后续工作最早能够开始的时间。由于该节点前面的工作如果没有全部完成,从该节点起的工作就不能开始,因此,计算时应取节点前面工作结束节点完成时间的最大值,作为本节点的最早时间。节点最早时间计算一般从起始节点开始,顺着箭线方向依次逐项进行。

A.起始节点。起始节点 i 如未规定最早时间 ET_i 时,其值应等于 0,即

$$ET_i = 0 \quad (i = 1) \tag{4-1}$$

式中:ET_i——节点 i 的最早时间;

B.其他节点。节点 j 的最早时间 ET_j 为:

$$ET_j = ET_i + D_{i-j} \qquad \text{(当节点 } j \text{ 只有一条内向箭线时)}$$
$$ET_j = \max\{ET_i + D_{i-j}\} \quad \text{(当节点 } j \text{ 有多条内向箭线时)} \tag{4-2}$$

式中:ET_j——节点 j 的最早时间;

D_{i-j}——工作 $i-j$ 的持续时间。

C.计算工期 T_c。

$$T_c = ET_n \tag{4-3}$$

式中:ET_n——终点节点 n 的最早时间。

计算工期后,可以确定计划工期 T_p,计划工期应满足以下条件:

$$T_p \leqslant T_r \qquad \text{(当已规定了要求工期)}$$
$$T_p = T_c = \max\{EF_{i-n}\} \quad \text{(当未规定要求工期)} \tag{4-4}$$

式中:T_p——工程计划工期;

T_r——工程要求工期。

②节点最迟时间。

节点最迟时间,即节点的最迟必须开始时间,就是按网络图的最终完成期限,逆向计算出的各节点前面的工作最迟必须全部完成的时间。这个时刻,也就是从该节点出发的工作最迟必须开始的时间。

节点最迟时间从网络计划的终点节点开始,逆着箭线的方向依次逐项计算。当部分工作分期完成时,有关节点的最迟时间必须从分期完成节点开始逆向逐项计算。

终点节点 n 的最迟时间 LT_n,应按网络计划的计划工期 T_P 确定,即:

$$LT_P = T_P \tag{4-5}$$

分期完成节点的最迟时间应等于该节点规定的分期完成的时间。

其他节点 i 的最迟时间 LT_i 为:

$$LT_i = LT_i - D_{i-j} \qquad \text{(当节点 } i \text{ 只有一个外向箭线时)}$$
$$LT_i = \min\{LT_j - D_{i-j}\} \quad \text{(当节点有多条外向箭线时)} \tag{4-6}$$

式中:LT_j——工作 $i-j$ 的箭头节点的最迟时间。

(2)工作 $i-j$ 的时间。

①最早时间。

工作 $i-j$ 最早开始时间 ES_{i-j} 为:

$$ES_{i-j} = ET_i \tag{4-7}$$

工作 $i-j$ 最早完成时间 EF_{i-j} 为：

$$EF_{i-j} = ET_i + D_{i-j} \tag{4-8}$$

②最迟时间。

工作 $i-j$ 的最迟完成时间 LF_{i-j} 为：

$$LF_{i-j} = LT_j \tag{4-9}$$

工作 $i-j$ 的最迟开始时间 LS_{i-j} 为：

$$LS_{i-j} = LT_j - D_{i-j} \tag{4-10}$$

③工作 $i-j$ 的时差。

工作 $i-j$ 的总时差 TF_{i-j} 为：

$$TF_{i-j} = LT_j - ET_i - D_{i-j} \tag{4-11}$$

工作 $i-j$ 的自由时差 FF_{i-j} 为：

$$FF_{i-j} = ET_j - ET_i - D_{i-j} \tag{4-12}$$

【例 4-9】 根据图 4-30，计算各节点时间参数。

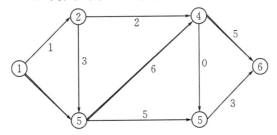

图 4-30　双代号网络图各工作持续时间

解：(1)计算节点最早时间：$ET_1=0$。

$ET_2=\max[ET_1+D_{1-2}]=\max[0+1]=1$

$ET_3=\max[ET_1+D_{1-3},ET_2+D_{2-3}]=\max[0+5,1+3]=5$

$ET_4=\max[ET_2+D_{2-4},ET_3+D_{3-4}]=\max[1+2,5+6]=11$

$ET_5=\max[ET_3+D_{3-5},ET_4+D_{4-5}]=\max[5+5,11+0]=11$

$ET_6=\max[ET_4+D_{4-6},ET_5+D_{5-6}]=\max[11+5,11+3]=16$

ET_6 是网络图 4-30 终点节点最早可能开始时间的最大值，也是关键线路的持续时间。

(2)计算各个节点最迟时间。

$ET_6=LT_6=T_c=T_P=16$

$LT_5=\min[LT_6+D_{5-6}]=16-3=13$

$LT_4=\min[LT_5-D_{4-5},LT_6-D_{4-6}]=\min[13-0,16-5]=11$

$LT_3=\min[LT_4-D_{3-4},LT_5-D_{3-5}]=\min[11-6,13-5]=5$

$LT_2=\min[LT_3-D_{2-3},LT_4-D_{2-4}]=\min[5-3,11-2]=2$

$LT_1=\min[LT_2-D_{1-2},LT_3-D_{1-3}]=\min[2-1,5-5]=0$

(3)计算各项工作最早开始时间和最早完成时间。

$ES_{1-2}=ET_1=0 \qquad EF_{1-2}=ET_1+D_{1-2}=0+1=1 \qquad ES_{1-3}=ET_1=0$

$EF_{1-3}=ET_1+D_{1-3}=0+5=5 \qquad ES_{2-3}=ET_2=1 \qquad EF_{2-3}=ET_2+D_{2-3}=1+3=4$

$ES_{2-4}=ET_2=1 \qquad EF_{2-4}=ET_2+D_{2-4}=1+2=3 \qquad ES_{3-4}=ET_3=5$

$EF_{3-4}=ET_3+D_{3-4}=5+6=11$ $ES_{3-5}=ET_3=5$ $EF_{3-5}=ET_3+D_{3-5}=5+5=10$

$ES_{4-5}=ET_4=11$ $EF_{4-5}=ET_4+D_{4-5}=11+0=11$ $ES_{4-6}=ET_4=11$

$EF_{4-6}=ET_4+D_{4-6}=11+5=16$ $ES_{5-6}=ET_5=11$ $EF_{5-6}=ET_5+D_{5-6}=11+3=14$

(4)计算各项工作最迟开始时间和最迟完成时间。

$LF_{5-6}=LT_6=16$ $LS_{5-6}=LT_6-D_{5-6}=16-3=13$ $LF_{4-6}=LT_6=16$

$LS_{4-6}=LT_6-D_{4-6}=16-5=11$ $LF_{4-5}=LT_5=13$

$LS_{4-5}=LT_5-D_{4-5}=13-0=13$

$LF_{3-5}=LT_5=13$ $LS_{3-5}=LT_5-D_{3-5}=13-5=8$ $LF_{3-4}=LT_4=11$

$LS_{3-4}=LT_4-D_{3-4}=11-6=5$ $LF_{2-4}=LT_4=11$ $LS_{2-4}=LT_4-D_{2-4}=11-2=9$

$LF_{2-3}=LT_3=5$ $LS_{2-3}=LT_3-D_{2-3}=5-3=2$ $LF_{1-3}=LT_3=5$

$LS_{1-3}=LT_3-D_{1-3}=5-5=0$ $LF_{1-2}=LT_2=2$ $LS_{1-2}=LT_2-D_{1-2}=2-1=1$

(5)计算各项工作的总时差。

$TF_{1-2}=LT_2-ET_1-D_{1-2}=2-0-1=1$ $TF_{1-3}=LT_3-ET_1-D_{1-3}=5-0-5=0$

$TF_{2-3}=LT_3-ET_2-D_{2-3}=5-1-3=1$ $TF_{2-4}=LT_4-ET_2-D_{2-4}=11-1-2=8$

$TF_{3-4}=LT_4-ET_3-D_{3-4}=11-5-6=0$ $TF_{3-5}=LT_5-ET_3-D_{3-5}=13-5-5=3$

$TF_{4-5}=LT_5-ET_4-D_{4-5}=13-11-0=2$ $TF_{4-6}=LT_6-ET_4-D_{4-6}=16-11-5=0$

$TF_{5-6}=LT_6-ET_5-D_{5-6}=16-11-3=2$

(6)计算各项工作的自由时差。

$FF_{1-2}=ET_2-ET_1-D_{1-2}=1-0-1=0$ $FF_{1-3}=ET_3-ET_1-D_{1-3}=5-0-5=0$

$FF_{2-3}=ET_3-ET_2-D_{2-3}=5-1-3=1$ $FF_{2-4}=ET_4-ET_2-D_{2-4}=11-1-2=8$

$FF_{3-4}=ET_4-ET_3-D_{3-4}=11-5-6=0$ $FF_{3-5}=ET_5-ET_3-D_{3-5}=11-5-5=1$

$FF_{4-5}=ET_5-ET_4-D_{4-5}=11-11-0=0$ $FF_{4-6}=ET_6-ET_4-D_{4-6}=16-11-5=0$

$FF_{5-6}=ET_6-ET_5-D_{5-6}=16-11-3=2$

(7)关键工作和关键线路的确定。

在网络计划中总时差最小的工作称为关键工作。本例中由于网络计划的计算工期等于其计划工期,故总时差为零的工作即为关键工作。

$TF_{1-3}=LT_3-ET_1-D_{1-3}=5-0-5=0$ ∴1—3 工作是关键工作

$TF_{3-4}=LT_4-ET_3-D_{3-4}=11-5-6=0$ ∴3—4 工作是关键工作

$TF_{4-6}=LT_6-ET_4-D_{4-6}=16-11-5=0$ ∴4—6 工作是关键工作

将上述各项关键工作依次连起来,就是整个网络图的关键线路。如图 4-30 中双箭线所示。

3.图上计算法

【例 4-10】如图 4-31 所示,试计算各节点的最早开始时间和最迟时间。

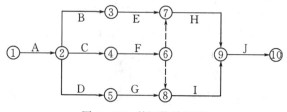

图 4-31 某网络计划图

解: 各节点的最早开始时间和最迟时间,如图4-32、图4-33所示。

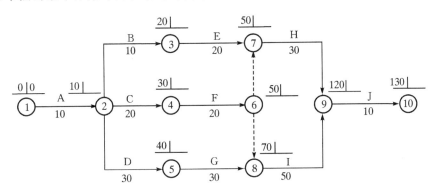

图4-32 各节点最早开始时间的计算结果示意图

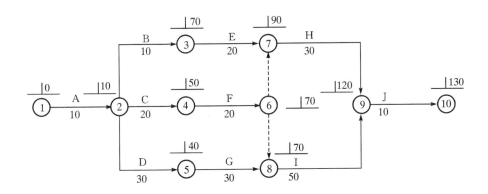

图4-33 各节点最迟时间计算结果示意图

4.工作计算法

(1)工作时间的计算。

工作最早时间包括各项工作的最早开始和最早完成时间。

①工作最早开始时间的计算。

工作的最早开始时间是指在其所有紧前工作全部完成后,本工作最早可能开始的时刻。工作 ij 的最早开始时间 ES_{i-j} 的计算符合下列规定:

当未规定其最早开始时间 ES_{i-j} 时,其值应等于零,即:

$$ES_{i-j} = 0 \quad (i = 1) \tag{4-13}$$

当工作只有一项紧前工作时,其最早开始时间应为:

$$ES_{i-j} = ES_{h-i} + D_{h-i} \tag{4-14}$$

式中:ES_{h-i}——工作 $i-j$ 的紧前工作的最早开始时间;

D_{h-i}——工作 $i-j$ 的紧前工作的持续时间。

当工作有多个紧前工作时,其最早开始时间应为:

$$ES_{i-j} = \max\{ES_{h-i} + D_{h-i}\} \tag{4-15}$$

②工作最早完成时间。

工作最早完成时间是指各紧前工作完成后,本工作有可能完成的最早时刻。工作的最早完成时间则等于本工作的最早开始时间与其持续时间之和。工作 $i-j$ 的最早完成时间 EF_{i-j} 应按公式(4-16)计算:

$$EF_{i-j} = ES_{i-j} + D_{i-j} \qquad (4-16)$$

计算工作的最早开始时间和最早完成时间,应从网络计划起点开始,沿箭线方向依次向前推算。

$ES_{i-j} = \max\{EF_{h-i}\} = \max\{ES_{h-i} + D_{h-i}\}$ 即紧前工作全部完成后,本工作才能开始。本工作最早可能完成时间=本工作最早可能开始时间+工作延续时间,即 $EF_{i-j} = ES_{i-j} + D_{i-j}$。计算规则为"顺线累加,逢圈取大"。

【例4-11】以【例4-9】为例,工作最早开始时间计算结果如图4-34所示。

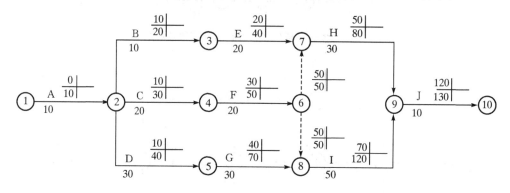

图4-34 各工作最早开始时间计算结果示意图

(2)网络计划的计划工期的计算。

网络计划的计划工期是指按要求工期和计算工期确定的作为实施目标的工期。其计算应按下述规定:

①规定了要求工期 T_r 时,计算公式为

$$T_p \leqslant T_r \qquad (4-17)$$

②当未规定要求工期时,计算公式为

$$T_p = T_c = \max\{EF_{i-n}\} \qquad (4-18)$$

式中:EF_{i-n}——以终点节点$(j-n)$为箭头节点的工作 $i-n$ 的最早完成时间。

(3)工作的最迟时间的计算。

工作最迟时间包括各项工作的最迟开始时间和最迟完成时间。

①工作的最迟完成时间。

工作的最迟完成时间是指在不影响整个任务按期完成的条件下,本工作最迟必须完成的时刻。工作的最迟开始时间则等于本工作的最迟完成时间与其持续时间之差。

工作 $i-j$ 的最迟完成时间 LF_{i-j} 应从网络计划的终点节点开始,逆着箭线方向依次逐项计算。

以终点节点$(j-n)$为箭头节点的工作的最迟完成时间 LF_{i-n},应按网络计划的计划工期 T_p 确定,即:

$$LF_{i-n} = T_p \qquad (4-19)$$

其他工作 $i-j$ 的最迟完成时间 LF_{i-j},应按下式计算:

$$LF_{i-j} = \min\{LF_{j-k} - D_{j-k}\} \qquad (4-20)$$

式中:LF_{j-k}——工作 $i-j$ 的各项紧后工作 $j-k$ 的最迟完成时间;

D_{j-k}——工作 $i-j$ 的各项紧后工作 $j-k$ 的持续时间。

②工作最迟开始时间的计算。

工作的最迟开始时间是指在不影响整个任务按期完成的前提下,工作必须开始的最迟时间。工作 $i-j$ 的最迟开始时间应按公式(4-21)计算:

$$LS_{i-j} = LF_{i-j} - D_{i-j} \qquad (4-21)$$

【例 4-12】以[例 4-11]为例,工作最迟时间计算结果如图 4-35 所示。

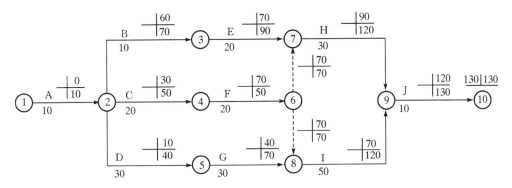

图 4-35　各工作最迟时间计算结果示意图

(4)工作时差。

时差是指反映在一定条件下的机动时间范围。工作时差反映的是网络图中的工作在一定条件下的机动时间范围。通过工作时差的计算,可以确定网络图的关键工作和关键线路,为网络计划优化提供时间依据,以便合理地安排人力、物力和财力,保证最佳工期的实现。它又分为以下几种类型的时差:

①线路时差。线路时差是指网络图中关键线路时间与非关键线路时间之差。它可以反映出网络图中相应非关键线路所具有的机动时间,并为计划管理人员调整网络计划、合理安排劳动力和资源的供应的依据。

②节点时差。节点时差是网络图中同一节点的最迟时间和最早时间之差,仅针对双代号网络图而言。通过节点时差可以确定网络图的关键工作和关键线路,为网络计划优化提供了时间依据。

③总时差。总时差也称总的机动时间、总的富裕时间、总的时间储备,它用 TF 表示。总时差是指在不影响后续工作按照最迟必须开始时间开工的前提下,允许该工作推迟其最早可能时间或延长其持续时间的幅度。对任何一项工作而言,工作总时差有以下三种情况:$TF>0$,说明该项工作有机动时间,为关键工作;$TF=0$,说明该项工作无机动时间,为关键工作;$TF<0$,说明该项工作的原持续时间确定不合理,应采取技术组织措施,缩短其持续时间,以保证实现计划总工期。

工作 $i-j$ 的总时差 TF_{i-j} 为:

$$TF_{i-j} = LS_{i-j} - ES_{i-j} \qquad (4-22)$$

或

$$TF_{i-j} = LF_{i-j} - EF_{i-j} \qquad (4-23)$$

总时差的计算示意图如图 4-36 所示。

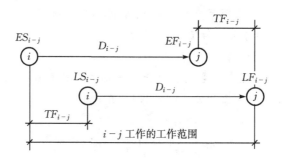

图 4-36　总时差计算示意图

④自由时差。自由时差也称局部时差、局部机动时间、局部富裕时间、局部时间储备,用 FF 表示。自由时差是指在不影响后续工作按照最早可能开始时间开工的前提下,允许该工作推迟其最早可能开始时间或延长其持续时间的幅度。自由时差的特点是:自由时差本身是独立的,它的利用不会影响其他工作的完成时间。对于任何一项工作而言,自由时差也可能有以下三种情况:$FF>0$,说明该工作有自由利用的机动时间;$FF=0$,说明该工作无自由利用的机动时间;$FF<0$,说明应该缩短工作原持续时间,以保证实现计划总工期。

当工作 $i-j$ 有紧后工作 $j-k$ 时,其自由时差应为:

$$FF_{i-j} = ES_{i-k} - ES_{i-j} - D_{i-j} \tag{4-24}$$

或

$$FF_{i-j} = ES_{j-k} - EF_{i-j} \tag{4-25}$$

式中:ES_{i-k}——工作 $i-j$ 的紧后工作 $j-k$ 的最早开始时间。

当以终点节点为箭头节点的工作,其自由时差 FF_{i-n} 应按网络计划的计划工期 T_p 确定,即:

$$FF_{i-n} = T_p - ES_{i-n} - D_{i-n} \tag{4-26}$$

或

$$FF_{i-n} = T_p - EF_{i-n} \tag{4-27}$$

自由时差的计算示意图如图 4-37 所示。

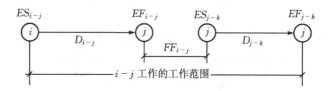

图 4-37　自由时差的计算示意图

⑤工作的独立时差。用 IF 表示的工作的独立时差是指在不影响后续工作按照最早可能开始时间开工的前提下,允许该工作推迟其最迟必须开始时间或延长其持续时间的幅度。

(5)关键线路。

关键线路就是由总时差为 0 的工作所组成的,各工作总的持续时间最长的线路。

①关键线路的求法。计算各工作的总时差以后,就可知道哪些工作的总时差为 0,把这些工作连接起来,就是关键线路。

例如,把图 4-38 中各工作的总时差用〔 〕标在矢箭下方,并用粗线或双线表达总时差为 0

的关键工作 A、D、G、I、J,这些工作就组成了一条关键线路。

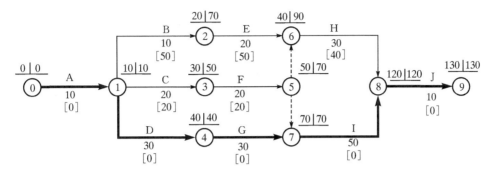

图 4 - 38 关键线路示意图

②关键线路的特点具体如下:

总时差最小的工作为关键工作。当无规定工期时,$T_c = T_p$,最小总时差为零。当 $T_c > T_p$ 时,最小总时差为负数;当 $T_c < T_p$ 时,最小总时差为正数。

关键线路是从网络计划开始节点到结束节点之间各线路工作持续时间最长的线路。

关键线路在网络计划中至少有一条,有时存在有多条。

关键线路以外的工作称为非关键工作。如果使用了总时差,就转化为了关键工作。

如果非关键线路延长的时间超过它的总时差,非关键线路就变成了关键线路。

关键线路决定着完成计划所需的总持续时间即总工期。华罗庚教授曾指出,在应用统筹法时,向关键线路要时间,向非关键线路要节约。这就是说,在工程进度管理中,应把关键工作作为重点来抓,以保证各项工作和整个计划如期完成,同时还要注意挖掘非关键工作的潜力,以节省工程费用。

5. 双代号网络图时间参数计算实例

【**例 4 - 13**】如图 4 - 39 所示,计算各时间参数。图中箭线下的数字是工作的持续时间,以天为单位。

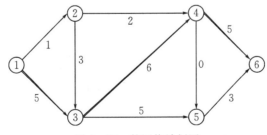

图 4 - 39 某网络计划图

解:(1)各项工作最早开始时间和最早完成时间的计算。

$ES_{1-2} = 0$ $EF_{1-2} = ES_{1-2} + D_{1-2} = 0 + 1 = 1$ $ES_{1-3} = 0$

$EF_{1-3} = ES_{1-3} + D_{1-3} = 0 + 5 = 5$ $ES_{2-3} = EF_{1-2} = 1$ $EF_{2-3} = ES_{2-3} + D_{2-3} = 1 + 3 = 4$

$ES_{2-4} = EF_{1-2} = 1$ $EF_{2-4} = ES_{2-4} + D_{2-4} = 1 + 2 = 3$

$ES_{3-4} = \max(EF_{1-3}, EF_{2-3}) = \max(5, 4) = 5$ $EF_{3-4} = ES_{3-4} + D_{3-4} = 5 + 6 = 11$

$ES_{3-5} = ES_{3-4} = 5$ $EF_{3-5} = ES_{3-5} + D_{3-5} = 5 + 5 = 10$

$ES_{4-5}=\max(EF_{2-4},EF_{3-4})=\max(3,11)=11 \qquad EF_{4-5}=ES_{4-5}+D_{4-5}=11+0=11$

$ES_{4-6}=ES_{4-5}=11 \quad EF_{4-6}=ES_{4-6}+D_{4-6}=11+5=16$

$ES_{5-6}=\max(EF_{3-5},EF_{4-5})=\max(10,11)=11 \qquad EF_{5-6}=ES_{5-6}+D_{5-6}=11+3=14$

（2）各项工作最迟开始时间和最迟完成时间的计算。

$LF_{5-6}=EF_{4-6}=16 \qquad LS_{5-6}=LF_{5-6}-D_{5-6}=16-3=13 \qquad LF_{4-6}=EF_{4-6}=16$

$LS_{4-6}=LF_{4-6}-D_{4-6}=16-5=11 \quad LF_{4-5}=LS_{5-6}=13 \quad LS_{4-5}=LF_{4-5}-D_{4-5}=13-0=13$

$LF_{3-5}=LS_{5-6}=13 \qquad LS_{3-5}=LF_{3-5}-D_{3-5}=13-5=8$

$LF_{3-4}=\min(LS_{4-6},LS_{4-5})=\min(11,13)=11 \qquad LS_{3-4}=LF_{3-4}-D_{3-4}=11-6=5$

$LF_{2-4}=\min(LS_{4-6},LS_{4-5})=\min(11,13)=11 \qquad LS_{2-4}=LF_{2-4}-D_{2-4}=11-2=9$

$LF_{2-3}=\min(LS_{3-5},LS_{3-4})=\min(8,5)=5 \qquad LS_{2-3}=LF_{2-3}-D_{2-3}=5-3=2$

$LF_{1-3}=\min(LS_{3-5},LS_{3-4})=\min(8,5)=5 \qquad LS_{1-3}=LF_{1-3}-D_{1-3}=5-5=0$

$LF_{1-2}=\min(LS_{2-3},LS_{2-4})=\min(2,9)=2 \qquad LS_{1-2}=LF_{1-2}-D_{1-2}=2-1=1$

（3）各项工作总时差的计算。

$TF_{1-2}=LF_{1-2}-EF_{1-2}=2-1=1 \qquad TF_{1-3}=LF_{1-3}-EF_{1-3}=5-5=0$

$TF_{2-3}=LF_{2-3}-EF_{2-3}=5-4=1 \qquad TF_{2-4}=LF_{2-4}-EF_{2-4}=11-3=8$

$TF_{3-4}=LF_{3-4}-EF_{3-4}=11-11=0 \qquad TF_{3-5}=LF_{3-5}-EF_{3-5}=13-10=3$

$TF_{4-5}=LF_{4-5}-EF_{4-5}=13-11=2 \qquad TF_{4-6}=LF_{4-6}-EF_{4-6}=16-16=0$

$TF_{5-6}=LF_{5-6}-EF_{5-6}=16-14=2$

（4）各项工作自由时差的计算。

$FF_{1-2}=ES_{2-3}-EF_{1-2}=1-1=0 \qquad FF_{1-3}=ES_{3-4}-EF_{1-3}=5-5=0$

$FF_{2-3}=ES_{3-4}-EF_{2-3}=5-4=1 \qquad FF_{2-4}=ES_{4-5}-EF_{2-4}=11-3=8$

$FF_{3-4}=ES_{4-5}-EF_{3-4}=11-11=0 \qquad FF_{3-5}=ES_{5-6}-EF_{3-5}=11-10=1$

$FF_{4-5}=ES_{5-6}-EF_{4-5}=11-11=0 \qquad FF_{4-6}=T_P-EF_{4-6}=16-16=0$

$FF_{5-6}=T_P-EF_{5-6}=16-14=2$

为了进一步说明总时差和自由时差之间的关系，取出网络图（见图4-39）中的一部分，如图4-40所示。

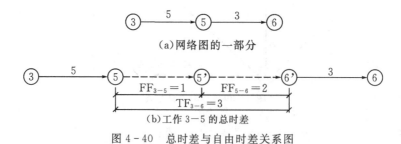

（a）网络图的一部分

（b）工作3—5的总时差

图4-40　总时差与自由时差关系图

从图4-40可见，工作3—5总时差就等于本工作3—5及紧后工作5—6的自由时差之和。即：

$$TF_{3-5}=FF_{3-5}+FF_{5-6}=1+2=3$$

同时，从图4-40中可见，本工作不仅可以利用自己的自由时差，而且可以利用紧后工作的自由时差(但不得超过本工作总时差)。

计算参数采用六时标注法绘于图上,如图 4-41 所示。

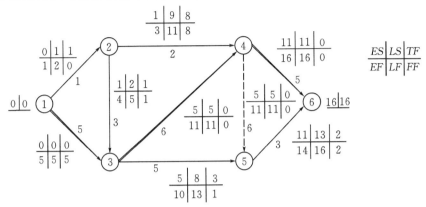

图 4-41　双代号网络图时间参数

由图 4-41 分析可知,关键节点为 1,3,4,6;关键工作为 1—3—4—6。

▶ 4.3.2　单代号网络计划时间参数的计算

单代号网络计划时间参数的计算原理与双代号网络计划类似。

单代号网络图时间参数主要有以下几个:

D_i——i 工作的持续时间;

T_p——计划工期;

ES_i——i 工作最早开始时间;

EF_i——i 工作最早完成时间;

LS_i——i 工作最迟开始时间;

LF_i——i 工作最迟完成时间;

TF_i——i 工作的总时差;

FF_i——i 工作的自由时差。

单代号网络计划时间参数的计算方法包括公式计算法、图上计算法、表上计算法和矩阵计算法。围绕图上计算法所形成的方法体系如表 4-9 所示。

在单代号网络图中,除标注出各个工作的六个主要时间参数外,还应在箭线上方标注出相邻两工作之间的时间间隔,见图 4-42。时间间隔就是一项工作的最早完成时间与其紧后工作最早开始时间之间的差值。工作 i 与其紧后工作 j 之间的时间间隔用 $LAG_{i,j}$ 表示。

当计划工期等于计算工期时,单代号网络计划的六个时间参数及相邻两工作之间的时间间隔的计算步骤如下。

1.计算工作的最早时间

(1)最早开始时间。

单代号网络计划中各项工作的最早开始时间和最早完成时间的计算是从网络计划的起点节点开始,顺着箭线方向按工作编号从小到大的顺序逐个计算。

表 4 - 9　网络计划时间参数计算结果标注规则

图形种类	标注规则			
	工作时间计算法		节点时间计算法	说明
双代号网络图	二时标注法	ES_{ij}　LS_{ij}	ET_i LT_i	根据用法习惯,此处六时标注位置未按《工程网络计划技术规程》(JGT/T121—99)
	四时标注法	ES_{ij}　LS_{ij} TF_{ij}　FF_{ij}		
	六时标注法	ES_{ij}　EF_{ij} LS_{ij}　LF_{ij} TF_{ij}　FF_{ij}	ET_i LT_i	
单代号网络图	ES_i　EF_i　TF_i LS_i　LF_i　FF_i			

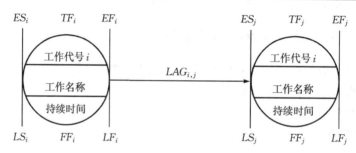

图 4 - 42　单代号网络计划时间参数标注方式

①当起点节点 i 的最早开始时间无规定时,其值应为零:

$$ES_i = 0(i = 1) \tag{4-28}$$

②一项工作(节点)的最早开始时间等于它的各紧前工作的最早完成时间的最大值;如果本工作只有一个紧前工作,那么其最早开始时间就是这个紧前工作的最早完成时间。

j 工作前有多个紧前工作时: $ES_j = \max\{EF_i\}$　$(i < j)$ $\tag{4-29}$

j 工作前只有一个紧前工作时: $ES_j = EF_i$ $\tag{4-30}$

(2)最早完成时间。

一项工作(节点)的最早完成时间就等于其最早开始时间加本工作持续时间的和。

$$EF_j = ES_j + D_j \tag{4-31}$$

当计算到网络图终点时,由于其本身不占用时间,即其持续时间为零,所以:

$$EF_n = ES_n = \max\{EF_i\}(i \text{ 为终点节点的紧前工作}) \tag{4-32}$$

2.计算相邻两项工作 i 和 j 之间的时间间隔 $LAG_{i,j}$

(1)当终点节点为虚拟节点时,其时间间隔应为:

$$LAG_{i,n} = T_p - EF_i \tag{4-33}$$

(2)其他节点之间的时间间隔为:

$$LAG_{i,j} = ES_j - EF_i \tag{4-34}$$

3.计算总时差

工作总时差应从网络计划的终点节点开始,逆着箭线方向按工作编号从大到小的顺序逐个计算。

(1)网络计划终点节点的总时差,如计划工期等于计算工期,其值为 0。若终点节点的编号为 n,则

$$TF_n = 0$$

(2)其他工作的总时差等于该工作的各个紧后工作的总时差加该工作与其各个紧后工作之间的时间间隔之和的最小值,若工作 i 的紧后工作为 j,则:

$$TF_i = \min\{TF_j + LAG_{i,j}\} \tag{4-35}$$

(3)可根据总时差概念进行计算:

$$TF_i = LS_i - ES_i \tag{4-36}$$

4.计算自由时差

(1)不影响紧后工作按最早开始时间时本工作的机动时间为:

$$FF_i = \min[ES_j - EF_i] \quad (i < j) \tag{4-37}$$

(2)若无紧后工作,工作的自由时差等于计划工期减该工作的最早完成时间,即

$$FF_i = T_P - EF_i \tag{4-38}$$

(3)若有紧后工作,工作的自由时差等于该工作与其紧后工作之间的时间间隔的最小值:

$$FF_i = \min\{LAG_{i,j}\} \quad 即 \quad FF_i = \min\{ES_j - ES_i - D_i\} \tag{4-39}$$

5.计算最迟时间

(1)最迟完成时间。

一项工作的最迟完成时间是指在保证不致拖延总工期的条件下,本工作最迟必须完成的时间。即

$$LF_n = T_p \tag{4-40}$$

式中:T_p——计划工期。

当 $T_p = EF_n$ 时

$$LF_n = EF_n \tag{4-41}$$

任一工作最迟完成时间不应影响其紧后工作的最迟开始时间,所以,工作的最迟完成时间等于其紧后工作最迟开始时间的最小值,如果只有一个紧后工作,其最迟完成时间就等于此紧后工作的最迟开始时间。

i 有多项紧后工作时:$LF_i = \min[LS_j] \quad (i < j)$ $\tag{4-42}$

i 只有一个紧后工作时:$LF_i = LS_j \quad (i < j)$ $\tag{4-43}$

从上面可以看出,最迟完成时间的计算是从终点节点开始逆箭头方向计算的。

工作最迟开始时间等于该工作的最早开始时间加该工作的总时差,即

$$LS_i = ES_i + TF_i \tag{4-44}$$

(2)最迟开始时间。

工作的最迟开始时间等于其最迟完成时间减去本工作的持续时间,即

$$LS_i = LF_i - D_i \tag{4-45}$$

工作最迟完成时间等于该工作的最早完成时间加该工作的总时差,即

$$LF_i = EF_i + TF_i \tag{4-46}$$

6.关键线路

(1)关键工作。

在网络计划中,总时差为最小的工作为关键工作,当计划工作工期等于计算工期时,总时差为零的工作为关键工作。

当进行节点时间参数计算时,凡满足下列三个条件的工作必为关键工作。

$$LT_i - ET_i = T_p - T_c \qquad (4-47)$$

$$LT_j - ET_j = T_p - T_c \qquad (4-48)$$

$$LT_j - ET_i - D_{i-j} = T_p - T_c \qquad (4-49)$$

如图 4-43 所示,工作 1—3、3—4、4—6 满足公式(4-47),即为关键工作。

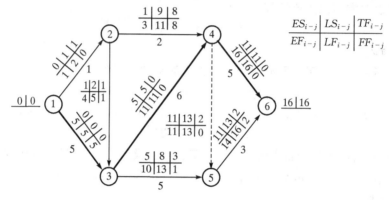

图 4-43　关键工作示意图

(2)关键节点。

在网络计划中,如果节点最迟时间与最早时间的差值最小,则该节点就是关键节点。当网络计划的计划工期等于计算工期时,凡是最早时间等于最迟时间的节点就是关键节点。如在图 4-44 中,节点①、③、④、⑥为关键节点。

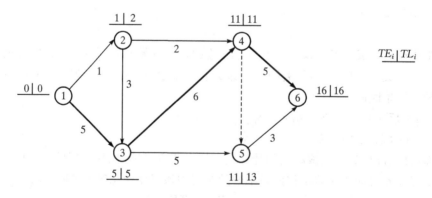

图 4-44　网络图时间参数计算示意图

在网络计划中,当计划工期等于计算工期时,关键节点具有如下特性:

关键工作两端的节点为关键节点,但两关键节点之间的工作不一定是关键工作。如图 4-51中,节点①、⑨为关键节点,而工作 1—9 为非关键工作。

以关键节点为完成节点的工作总时差和自由时差相等。如图 4-51 中,工作 3—9 的总时差和自由时差均为 3；工作 6—9 的总时差和自由时差均为 2。

当关键节点间有多项工作，且工作间的非关键节点无其他内向箭线和外向箭线时，则该线路上的各项工作的总时差相等，除了以关键节点为完成节点的工作自由时差等于总时差外，其他工作的自由时差均为零。如图 4 - 45 所示，线路 1—2—3—9 上的工作 1—2、2—3、3—9 的总时差均为 3，而且除了工作 3—9 的自由时差为 3 外，其他工作的自由时差均为零。

当关键节点间有多项工作，且工作间的非关键节点存在外向箭线或内向箭线时，该线路段上各项工作的总时差不一定相等，若多项工作间的非关键节点只有外向箭线而无其他内向箭线，则除了以关键节点为完成节点的工作自由时差等于总时差外，其他工作的自由时差为零。如图 4 - 45 所示，线路 1—5—6—9 上工作的总时差不尽相等，而除了工作 6—9 的自由时差和其总时差均为 2 外，工作 1—5 和工作 5—6 的自由时差均为零。

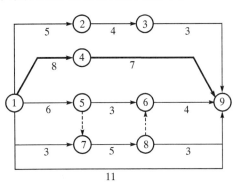

图 4 - 45　关键节点特性示意图

（3）关键线路确定方法。

①利用关键工作判断。网络计划中，自始至终全部由关键工作（必要时经过一些虚工作）组成或线路上总的工作持续时间最长的线路应为关键线路。如图 4 - 44 所示，线路 1—3—4—6 为关键线路。

②用关键节点判断。由关键节点的特性可知，在网络计划中，关键节点必然处在关键线路上。如图 4 - 44 所示，节点①、③、④、⑥必然处在关键线路上。再由公式（4 - 48）判断关键节点之间的关键工作，从而确定关键线路。

③用网络破圈法判断。从网络计划的起点顺着箭线方向，对每个节点进行考察，凡遇到节点有两个以上的内向箭线时，都可以按线路段工作时间长短，采取留长去短而破圈，从而得到关键线路。如图 4 - 46 所示，通过考察节点③、⑤、⑥、⑦、⑨、⑪、⑫，去掉每个节点内向箭线所在线路段工作时间之和较短的工作，余下的工作即为关键工作，如图 4 - 46 中粗线所示。

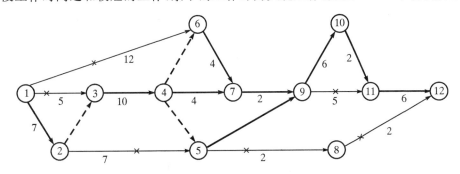

图 4 - 46　网络破圈法

④利用标号法判断。标号法是一种快速寻求网络计划计算工期和关键线路的方法。它利用节点计算法的基本原理，对网络计划中的每个节点进行标号，然后利用标号值确定网络计划的计算工期和关键线路。

如图 4 - 47 所示网络计划为例，说明标号法确定计算工期和关键线路的步骤。具体步骤如下：

首先，确定节点标号值(a, b_j)。具体如下：

A. 网络计划起点节点的标号值为零。本例中，节点①的标号为零，即$b_1 = 0$；

B. 其他节点的标号值等于以该节点为完成节点的各项工作的开始节点标号值加其持续时间所得之和的最大值，即：

$$b_j = \max\{b_i + D_{i-j}\} \qquad (4-50)$$

式中：b_j——工作$i-j$的完成节点j的标号值；

b_i——工作$i-j$的开始节点i的标号值；

D_{i-j}——工作$i-j$的持续时间。

节点的标号宜用双标号法，即用源节点（得出标号值的节点）号a作为第一标号，用标号值作为第二标号b_j。

本例中各节点标号值如图4-47所示。

然后，确定计算工期。网络计划的计算工期就是终点节点的标号值。本例中，其计算工期终点节点⑥的标号值为16。

最后，确定关键线路。自终点节点开始，逆着箭线跟踪源节点即可确定。本例中，从终点节点⑥开始跟踪源节点分别为⑤、④、③、②、①，即得关键线路1—2—3—4—5—6。

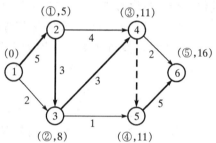

图4-47 标号法确定关键线路

7. 单代号网络图时间参数计算实例

【例4-14】根据图4-48计算各时间参数，并找出关键线路。

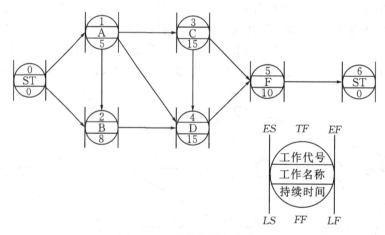

图4-48 某单代号网络计划

解：第一步，计算最早时间，以下根据公式：

$$ES_j = \max(EF_i) \qquad EF_j = ES_j + D_j$$

A节点：

$$ES_1 = 0 \qquad\qquad EF_1 = ES_1 + D_1 = 0 + 5 = 5$$

B节点：

$ES_2 = \max(EF_1) = 5$　　　　　　　　　　$EF_2 = ES_2 + D_2 = 5 + 8 = 13$

C 节点：

$ES_3 = \max(EF_1) = 5$　　　　　　　　　　$EF_3 = ES_3 + D_3 = 5 + 15 = 20$

D 节点：

$ES_4 = \max(EF_1, EF_2, EF_3) = 20$　　　$EF_4 = ES_4 + D_4 = 20 + 15 = 35$

F 节点：

$ES_5 = \max(EF_3, EF_4) = 35$　　　　　　$EF_3 = ES_3 + D_3 = 35 + 10 = 45$

第二步，计算最迟时间，以下根据公式：

$LF_i = \min(LS_j)$　　　　　$LS_i = LF_i - D_i$

F 节点：

$LF_5 = LS_6 = 45$　　　　　　　　　　　　$LS_5 = LF_5 - D_5 = 45 - 10 = 35$

D 节点：

$LF_4 = LS_5 = 35$　　　　　　　　　　　　$LS_4 = LF_4 - D_4 = 35 - 15 = 20$

C 节点：

$LF_3 = \min(LS_4, LS_5) = \min(20, 35) = 20$　　$LS_3 = LF_3 - D_3 = 20 - 15 = 5$

B 节点：

$LF_2 = LS_4 = 20$　　　　　　　　　　　　$LS_2 = LF_2 - D_2 = 20 - 8 = 12$

A 节点：

$LF_1 = \min(LS_3, LS_4, LS_2) = \min(5, 20, 12) = 5$　　$LS_1 = LF_1 - D_1 = 5 - 5 = 0$

第三步，计算时差根据公式：

$TF_i = LS_i - ES_i = LF_i - EF_i$　　　　$FF_i = \min(ES_j - EF_i)$ 或 $FF_i = \min(ES_j - ES_i - D_i)$

$TF_1 = LS_1 - ES_1 = 0 - 0 = 0$

$= LF_1 - EF_1 = 5 - 5 = 0$

以后各节点依此公式计算其总时差：

$TF_2 = LS_2 - ES_2 = 12 - 5 = 7$　　　　　$TF_3 = LS_3 - ES_3 = 5 - 5 = 0$

$TF_4 = LS_4 - ES_4 = 20 - 20 = 0$　　　　$TF_5 = LS_5 - ES_5 = 35 - 35 = 0$

各节点的自由时差计算如下：

$FF_1 = \min(ES_2 - EF_1, ES_3 - EF_1, ES_4 - EF_1) = \min(5 - 5, 5 - 5, 20 - 5) = 0$

$FF_2 = ES_4 - EF_2 = 20 - 13 = 7$

$FF_3 = \min(ES_4 - EF_3, ES_5 - EF_3) = \min(20 - 20, 35 - 20) = 0$

$FF_4 = ES_5 - EF_4 = 35 - 35 = 0$

　　在本题中，起点节点、终点节点的最早开始和最迟开始是相同的，所以，其总时差为零。同双代号网络图一样，单代号网络图中总时差为零，其自由时差必然为零。

　　第四步，计算终点节点为虚拟节点，其时间间隔根据公式(4-33)计算为：

$LAG_{5,6} = 45 - 45 = 0$。

其他节点的时间间隔根据公式(4-34)计算为：

$LAG_{4,5} = 35 - 35 = 0; LAG_{3,5} = 35 - 20 = 15; LAG_{3,4} = 20 - 20 = 0;$

$LAG_{2,4} = 20 - 13 = 7; LAG_{1,4} = 20 - 5 = 15; \; LAG_{1,3} = 5 - 5 = 0;$

$LAG_{1,2} = 5 - 5 = 0; \quad LAG_{0,2} = 5 - 0 = 5; \quad LAG_{0,1} = 0 - 0 = 0。$

将以上计算结果标注在图 4-48 中各箭线的上部或右旁如图 4-49 所示。

第五步,确定关键工作和关键线路。

总时差最小的工作在本例中是总时差为零的工作,这些工作为 $S_t, A, C, D, F, \text{Fin}$。考虑这些工作之间的时间间隔为零的相连,则构成了关键线路为:S_t—A—C—D—F—Fin。将该线路在图 4-49 中用双线标注出来。

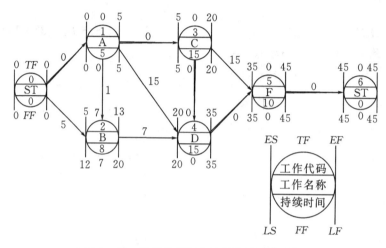

图 4-49　某单代号网络计划参数计算分析

4.4　双代号时标网络计划

所谓双代号时标网络计划(简称时标网络计划),是以时间坐标为尺度绘制的网络计划,它既有网络计划的优点,又有横道图进度计划时间直观的优点,故在实际工作中经常被使用。时标的时间单位按实际需要确定,可以为小时、天、旬、月或季等。

▶ 4.4.1　双代号时标网络计划的特点与适用范围

双代号时标网络计划是以水平时间坐标为尺度编制的双代号网络计划,其主要特点如下:

(1)时标网络计划兼有网络计划与横道计划的优点,它能够清楚地表明计划的时间进程,使用方便;

(2)时标网络计划能在图上直接显示出各项工作的开始与完成时间、工作的自由时差及关键线路;

(3)在时标网络计划中可以统计每一个单位时间对资源的需要量,以便进行资源优化和调整;

(4)由于箭线受到时间坐标的限制,当情况发生变化时,对网络计划的修改比较麻烦,往往要重新绘图。

双代号时标网络计划适用于以下几种情况:①工作项目较少、工艺过程比较简单的工程;②局部网络计划;③作业性网络计划;④使用实际进度前锋线进行进度控制的网络计划。

➤ 4.4.2 时标网络计划的表现形式

在网络计划中,以实箭线表示工作,以虚箭线表示虚工作,以波形线表示工作与其紧后工作之间的时间间隔。工作宜画成水平箭线或由水平和垂直段组成的箭线,不得画成斜箭线。虚工作亦如此,但虚工作的水平段应绘成波形线。

➤ 4.4.3 时标网络计划的绘制方法

双代号时标网络计划的一般有以下规定:①双代号时标网络计划必须以水平时间坐标为尺度表示工作时间。时标的时间单位应根据需要在编制网络计划之前确定,可为时、天、周、月或季。②时标网络计划中所有符号在时间坐标上的水平投影位置,都必须与其时间参数相对应。节点中心必须对准相应的时标位置。③时标网络计划中虚工作必须以垂直方向的虚箭线表示,有自由时差时加波形线表示。

双代号时标网络计划一般分为两类:①早时标网络计划,即按节点最早时间绘制的网络计划;②迟时标网络计划——按节点最迟时间绘制的网络计划。

时标网络计划一般是按工作的最早开始时间绘制的。其绘制方法有直接绘制法和间接绘制法两种。

1.间接绘制法

间接绘制法是先计算网络计划的时间参数,再根据时间参数在时间坐标上进行绘制的方法。绘制时先绘出关键线路,再绘制非关键线路,某些工作箭线长度不足以达到工作的完成节点时,用波形线补足,箭头画在波形线与节点连接处。根据图 4-50 所绘的时标网络计划如图 4-51 所示。

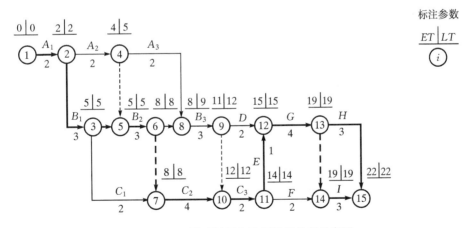

图 4-50 早时标网络计划间接绘制示意图

2.直接绘制法

直接绘制法其绘制步骤和方法如下:

(1)绘制时间坐标图表。在图标上每一格所代表的时间应根据具体计划的要求确定,可以采用一天、两天、五天、一周、一旬、一个月等。

(2)首先将起点节点定位在时间坐标的起始刻度线上。

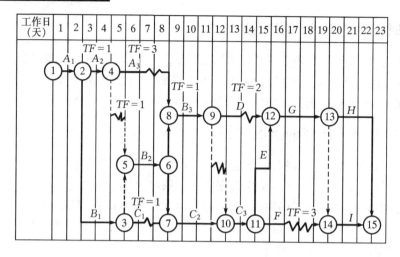

图 4-51 某时标网络计划图

（3）按工作持续时间在时间坐标上绘制以网络计划起点节点为开始节点的工作的箭线。

（4）其他工作的开始节点必须在该工作的全部紧前工作都绘出后，定位在这些紧前工作最迟完成的时间刻度上。如某些工作的箭线长度不足以达到该节点时，用波形线补足，箭头画在波形线与节点连接处。

（5）用上述方法自左至右依次确定其他节点的位置，直至网络计划终点节点定位绘完。网络计划的终点节点是在无紧后工作的各个工作全部绘出后，定位在其中的工作最迟完成的时间刻度上。

▶ 4.4.4 时标网络计划时间参数分析

时标网络计划时间参数确定的步骤和方法如下：

（1）从图上直接确定出最早开始时间、最早完成时间和时间间隔。

①最早开始时间。工作箭线左端节点中心所对应的时标值为该工作的最早开始时间。

②最早完成时间。若箭线右端无波形线，则该箭线右端节点中心所对应的时标值为该工作的最早完成时间。若箭线右端有波形线，则该箭线无波形线部分的右端点所对应的时标值为该工作的最早完成时间。

③时间间隔。相邻两个工作之间波形线的长度即为时间间隔。

（2）按单代号网计划时间参数计算法计算自由时差、总时差、最迟开始时间、最迟完成时间。

①自由时差。如工作之后紧接有工作时，工作箭线右段波形线的长度为该工作的自由时差。如工作之后只紧接虚工作时，则紧接的虚工作中的波形线最短者为该工作的自由时差即：

$$FF_{i-j} = \min\{LAG_{i-j,j-k}\} \tag{4-51}$$

②总时差。判定时应从网络计划的终点节点起，自右向左进行。当工作的各紧后工作的总时差都被判定后才能判定该工作的总时差，其值等于各紧后工作的总时差分别加本工作与紧后工作之间时间间隔之中的最小值。即：

$$TF_{i-j} = \min\{TF_{j-k} + LAG_{i-j,j-k}\} \tag{4-52}$$

③最迟开始时间。工作最迟开始时间等于该工作最早开始时间与总时差之和。即：

$$LS_{i-j} = ES_{i-j} + TF_{i-j} \qquad (4-53)$$

④最迟完成时间。工作最迟完成时间等于该工作的最早完成时间与总时差之和。即：

$$LS_{i-j} = EF_{i-j} + TF_{i-j} \qquad (4-54)$$

4.4.5　双代号网络时标绘制实例

【例 4-15】试将图 4-52 所示的双代号无时标网络计划绘制成带有绝对坐标、日历坐标、星期坐标的时标网络计划。假定开工日期为 4 月 11 日（星期三），根据有关规定，每星期安排 6 个工作日（即周日休息）。

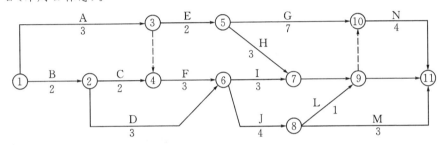

图 4-52　双代号无时标网络计划

解： 首先按照要求绘制时标图表，然后根据前述方法将图 4-52 所示的双代号无时标网络图计划绘制到图表上，如图 4-53 所示。

绝对坐标	1	2	3	4	5	6	7	8	9	10	11	12	13	14	15	16	17
日历坐标	11/4	12	13	14	16	17	18	19	20	21	23	24	25	26	27	28	30
星期坐标	三	四	五	六	一	二	三	四	五	六	一	二	三	四	五	六	一

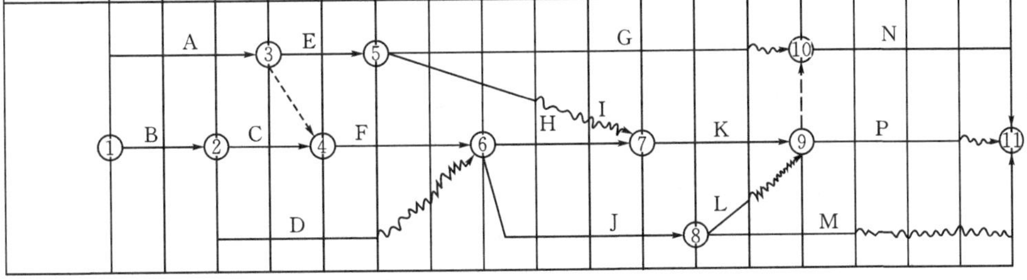

图 4-53　双代号时标网络计划

关键线路分析：

在时标网络计划中，不存在波形线（如果有虚工作的话，虚工作箭线不占时间长度）的线路即为关键线路。如图 4-53 中的①—②—④—⑥—⑦—⑨—⑩—⑪即为关键线路。

4.5　网络计划控制与优化

网络计划的优化，就是在一定的约束条件下，按照要求工期目标，对网络计划进行不断改进，寻求最优方案的过程。根据优化目标的不同，网络计划的优化可以分为工期优化、费用优化和资源优化等。在优化的过程还要对网络计划进行进度的监测和调整。

▶ 4.5.1　进度的监测与调整方法

网络计划控制与调整是指网络计划在执行中的记录、检查和分析与调整。它费穿网络计划执行的全过程。

1.进度监测系统过程

进度监测的系统过程包括以下工作：

（1）进度计划的跟踪检查。其主要工作是定期收集反映实际工程进度的有关数据。收集数据的方式一般为：一是定期地收集进度报表资料；二是现场实地检查进度计划的实际执行情况；三是定期召开现场会议。

（2）整理、统计和分析收集到的数据，形成与计划进度具有可比性的数据。

（3）进行实际进度与计划进度的比较。通过表格和图形的比较，从而得出的实际进度比计划进度拖后、超前，还是两者一致的结论。

2.进度调整的系统过程

在工程进度监测过程中，一旦发现进度出现偏差，就应该分析原因，并根据偏差对总工期和后续工作的影响程度，采取合理的措施调整进度计划，确保进度总目标的实现。进度调整的系统过程包括以下工作：

（1）深入现场，调查分析产生进度偏差的原因；

（2）分析进度偏差对后续工作及总工期的影响程度；

（3）确定后续工作及总工期的限制条件，即确定进度可调整的范围；

（4）采取合理的措施调整进度计划；

（5）实施调整后的进度计划。

3.进度的图形比较方法

常用的比较方法有以下几种：

（1）横道图比较法。

横道图比较法是指将在项目实施中检查实际进度所收集的信息，经整理后直接用横道线并列标于原计划的横道线处，进行直观比较的方法。根据工作的速度不同，可采用以下方法：

①匀速进展横道图比较法。匀速进展是指工程项目中，每项工作的实施进展速度都是均匀的，即在单位时间内完成的任务量都是相等的，累计完成的任务量与时间成直线变化。

其比较方法的步骤为：

A.编制横道图进度计划；

B.在进度计划上标出检查日期；

C.将检查收集的实际进度数据，按比例用涂黑的粗线标于计划进度线的下方，如图4-54所示；

D.比较分析实际进度与计划进度：

a.涂黑的粗线右端与检查日期相重合，表明实际进度与计划进度相一致；

b.涂黑的粗线右端在检查日期左侧，表明实际进度拖后；

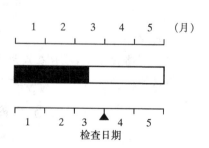

图4-54　匀速施工横道图比较图

c.涂黑的粗线右端在检查日期的右侧,表明实际进度超前。

②非匀速进展比较法。当工作在不同的单位时间里的进展速度不同时,可以采用非匀速进展横道图比较法。该方法在工作实际进度涂黑粗线的同时,还要标出其对应时刻完成任务的累计百分比,将该百分比与其同时刻计划完成任务的累计百分比相比较,判断工作的实际进度与计划进度之间的偏差。

其比较方法的步骤为:

A.编制横道图进度计划;

B.在横道线上方标出各主要时间工作的计划完成任务累计百分比;

C.在横道线下方标出相应日期工作的实际完成任务累计百分比;

D.用涂黑粗线标出实际进度线,由开工日标起,同时反映出实施过程中时间的连续与间断情况,如图4-55所示;

E.对照横道线上方计划完成任务累计量与同时刻的下方实际完成任务累计量,比较出实际进度与计划进度的偏差,可能有三种情况:同一时刻上下两个累计百分比相等,表明实际进度与计划进度一致;同一时刻上面的累计百分比大于下面的累计百分比,表明该时刻实际进度拖后,拖后的量为二者之差;同一时刻上面的累计百分比小于下面累计百分比,表明该时刻实际进度超前,超前的量为二者之差。

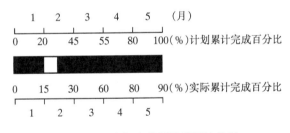

图4-55　非匀速进展横道图比较图

(2)S型曲线比较法。

S型曲线是以横坐标表示进度时间,纵坐标表示累计完成任务量,所绘制的一条按计划时间累计完成任务量的曲线图。S型曲线能直观地反映工程项目的实际进展情况。

S型曲线的绘制方法和步骤具体如下:

①确定工程进展速度曲线。根据每单位时间内完成的任务量(实物工程量、投入劳动量或费用),计算出单位时间的计划量值(q_t)

②计算规定时间累计完成的任务量。其计算方法是将各单位时间完成的任务量累加求和,可以按下式计算:

$$Q_j = \sum_{t=1}^{j} q_t \qquad (4-55)$$

式中:Q_j——规定时间的计划累计完成任务量;

q_t——单位时间计划完成任务量。

③绘制S型曲线。按各规定的时间及其对应的累计完成任务量Q_j,绘制S型曲线。

利用S型曲线比较,是在图上直观地进行工程项目实际进度与计划进度比较,如图4-56所示。一般情况下,进度控制人员要在计划阶段先绘出计划的S型曲线,在进度计划执行过程中,每隔一定时间需将实际进展情况按 S 型曲线的做法绘制在原计划的 S 型曲线图上,从而进行实际进度与计划进度的直观比较。通过比较两条 S 型曲线可以得到以下信息:工程项目实际进展速度,即实际进度比计划进度超前、拖后,还是与计划一致;工程项目实际进度比计划进度超前或拖后的时间;任务量完成情况,即工程项目实际进度比计划进度超额或拖欠的任务量;后期工程进度预测。

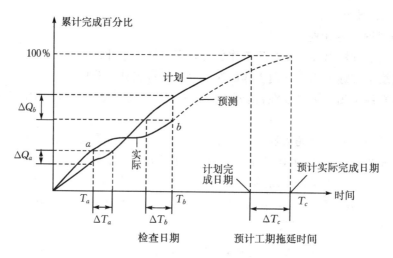

图 4 - 56　S 型曲线比较图

(3)前锋线比较法。

前锋线比较法是在双代号时标网计划上进行工程实际进度与计划进度比较的方法。该方法利用前锋线直观地反映出检查日期有关工作实际进度与计划进度的关系,从而判断出工作是否出现进度偏差。当工作出现偏差时,可以利用时标网络计划来分析该进度偏差是否对总工期及后续工作产生影响。

前锋线是从检查时刻的时标点出发,首先连接与其相邻的工作箭线的实际进度点,由此再去连接该箭线与相邻工作箭线的实际进度点,依此类推,将检查时刻正在进行的工作的实际进度点都依次连接起来,组成一条为折线的前锋线。按前锋线与箭线交点的位置判定工程实际进度与计划进度偏差。

前锋线比较法的具体步骤如下:

①绘制早时标网计划图。工程实际进度的前锋线一般是在早时标网络计划图上标出的。为了反映清楚,需要在图面上方和下方各设一个时间坐标。

②绘制前锋线。一般从上方时间坐标的检查日下班时刻画起,用点划线依次连接相邻工作箭线的实际进度点,最后与下方时间坐标的检查日下班时刻连接。见图 4 - 57。

③比较实际进度与计划进度。前锋线上可以明显地反映出检查日下班时刻有关工作实际进度与计划进度的关系。通常会出现以下三种情况:工作实际进度点位置与检查日时间坐标相同,则该工作实际进度与计划进度一致;工作实际进度点位置在检查日时间坐标右侧,则该工作实际进度超前,超前天数为二者之差;工作实际进度点位置在检查日时间坐标左侧,则该工作实际进度拖后,拖后天数为二者之差。

【例 4 - 16】　某分部工程施工网络计划,在第四天下班时检查,C 工作完成了该工作的 $\frac{1}{3}$

工作量,D 工作完成了该工作的工作量,E 工作已全部完成该工作的工作量,则实际进度前锋线如图 4-57 上点划线构成的折线。

　　通过比较可以看出:①工作 C 实际进度拖后 1 天,其总时差和自由时差均为 2 天,既不影响总工期,也不影响其后续工作的正常进行;②工作 D 实际进度与计划进度相同,对总工期和后续工作均无影响;③工作 E 实际进度提前 1 天,对总工期无影响,将使其后续工作 F、I 的最早开始时间提前 1 天。

　　综上所述,该检查时刻各工作的实际进度对总工期无影响,将使工作 F、I 的最早开始时间提前 1 天。

　　以上比较是指匀速进展的工作。对于非匀速进展的工作比较方法较复杂,在此不再介绍。

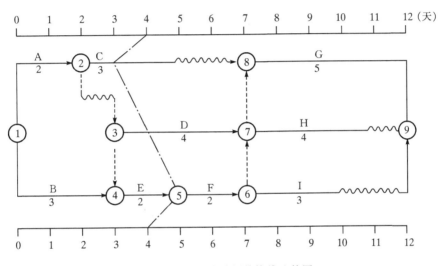

图 4-57　某网络计划前锋线比较图

4. 进度计划的调整

在对实施的进度计划分析的基础上,确定调整原计划的方法,主要有两种:

(1)改变工作间的逻辑关系。若实施中的进度产生的偏差影响了总工期,并且相关工作之间的逻辑关系允许改变,可以通过改变关键线路和超过计划工期的非关键线路上的相关工作之间的逻辑关系,以达到缩短工期的目的。如把依次顺序进行的有关工作改为平行进行,或互相搭接进行,或组织分段流水施工,都可以达到缩短工期的目的。

(2)改变工作的持续时间。其调整方法视限制条件及对后续工作和总工期的影响程度的不同而有所区别,一般可分为以下三种情况:

①$\Delta \leqslant TF$。

网络计划中某项工作进度超前。在建设工程设计阶段所确定的工期目标,往往是综合考虑了各方面因素而确定的合理工期。因此,时间上的任何变化,无论是进度拖延还是超前,都可能造成其他目标的失控。如果这项工作超前完成对后续工作的协调不会带来什么影响,这时对其无须进行调整。但当该工作提前完成,会打乱对人、材、物等资源的合理安排,造成协调工作的困难和项目实施费用的增加时,即应通过减少资源投入量或改变资源分配的方法对其进度进行调整,使其进度减慢,以使不利影响减少到最低程度。

②$FF < \Delta \leqslant TF$。

网络计划中某项工作进度拖延的时间在该项工作的总时差范围以内和超过其自由时差,由于此时这一拖延并不会对总工期产生影响,而只对后续工作产生影响。因此,在进行调整前,需确定后续工作允许拖延的时间限制范围(允许、允许有限、不允许),并以此作为进度调整的限制条件。这个限制条件的确定有时是很复杂的,特别是当后续工作由多个平行的分包单位负责实施时更是如此。后续工作在时间上产生的任何变化都可能使合同不能正常履行而使受损失的一方向引起这一现象发生的另一方提出索赔。因此,寻找合理的调整方案,把对后续工作的影响减少到最低程度,是监理工程师的一项重要工作。

③$\Delta > TF$。

网络计划中某项工作进度拖延的时间超过其总时差时,这一拖延必将对后续工作和总工期产生影响,此时其进度计划的调整方法又可分为以下三种情况:

A. 项目总工期不允许拖延。调整的方法可采取缩短关键线路上后续工作的持续时间来保证总工期目标的实现。其实质是工期优化的方法。

B. 项目总工期允许拖延。此时只需以实际数据取代原进度计划数据,并重新计算网络计划的时间参数。

C. 项目总工期允许拖延的时间有限。在有的情况下,总工期虽然允许拖延,但拖延的时间受到一定的限制。如果实际拖延的时间超过了此限制,也需要通过压缩关键路线上后续工作的持续时间来调整进度计划,以便满足要求。

▷ 4.5.2 工期优化

工期优化也称时间优化,是指网络计划的计算工期不满足要求工期时,通过压缩关键工作的持续时间以满足要求工期目标的过程。缩短网络计划的计算工期常用以下几种方法:①压缩关键工作持续时间的方法;②调整工作关系的方法。

1. 压缩关键工作持续时间的方法

所谓压缩关键工作持续时间的方法,是在不改变网络计划中各项工作之间逻辑关系的前提下,通过压缩关键工作持续时间来满足要求工期。在优化过程中,要注意不能将关键工作压缩成非关键工作。在优化过程中,当出现多条关键线路时,必须将各条关键线路的持续时间压缩相同的数值。否则,不能有效地将工期缩短。

(1)压缩关键工作持续时间时应考虑下列因素:

①工作持续时间缩短以后,相应使得工作对资源的需求强度加大。当资源供应充足时,只需向要压缩的工作增加资源供应;当资源供应受限时,则可利用非关键工作的机动时间,减少向某些非关键工作的资源供应,而把这些资源抽调至要压缩的关键工作上。

②资源供应增加的幅度还受工作面限制,应保证工作有足够的工作面来展开。否则,即使资源供应可无限增加但工作面不足时,工作并不能全面展开,同样达不到压缩工作时间的目的。

③应保证缩短工作持续时间对工程质量和生产安全影响不大的工作。当关键工作的持续时间压缩以后对工程质量和生产安全有较大影响时,应采取充分的补救措施。

④应优先选择缩短工作时间所需增加费用最少的工作。

(2)压缩关键工作持续时间的步骤和方法具体如下:

①找出网络计划中的关键线路并求出计算工期。一般可用标号法确定出关键线路及计算工期。

②按要求工期计算应缩短的时间（ΔT）。应缩短的时间等于计算工期与要求工期之差。即

$$\Delta T = T_c - T_r \qquad (4-56)$$

③选择应优先缩短持续时间的关键工作或一组关键工作。

④将应优先缩短的关键工作压缩至最短持续时间，并找出关键线路。若被压缩的关键工作变成了非关键工作，则应将其持续时间再适当延长，使之仍为关键工作。

⑤若计算工期仍超过要求工期，则重复以上步骤，直到满足工期要求或工期已不能再缩短为止。

⑥当所有关键工作或部分关键工作已达到其能缩短的极限而工期仍不能满足要求工期时，应对计划的原技术方案、组织方案进行调整，或对要求工期重新审定。

【例 4-17】已知网络计划如图 4-58 所示。

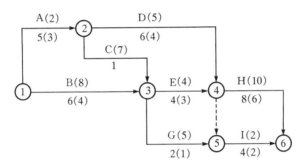

图 4-58　某网络计划图

图中箭线下方为正常持续时间，括号内为最短持续时间，箭线上方括号内为优选系数，优选系数愈小愈应优先选择，若同时缩短多个关键工作，则该多个关键工作的优选系数之和（称为组合优选系数）最小者亦应优先选择。设要求工期为 15 天，试对其进行工期优化。

解：(1)用标号法求出正常持续时间下的计算工期和关键线路。如图 4-59 所示。

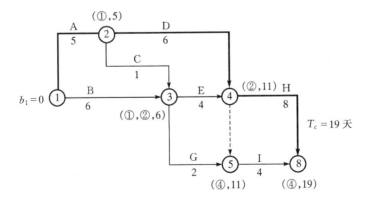

图 4-59　初始网络计划图

(2)应缩短时间：$\Delta T = T_c - T_r = 19 - 15 = 4$（天）。

(3)选择关键线路上优选系数最小的工作为 1～2 工作进行压缩。

(4)将关键工作 A 压缩至最短持续时间 3 天，用标号法求出关键线路，如图 4-60 所示。

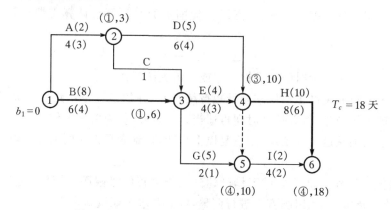

图 4-60 A 缩短至最短持续时间的网络计划图

此时关键工作 A 压缩后成了非关键工作,说明为无效压缩,现将其压缩至 4 天,找出关键线路如图 4-61 所示。

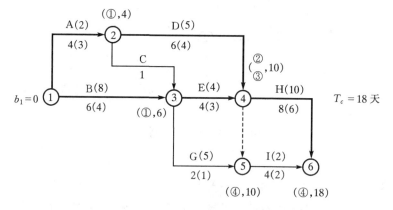

图 4-61 第一次压缩后的网络计划图

此时 A 成了关键工作。图中有两条关键线路,即 ADH 和 BEH。此时计算工期 $T_c = 18$ 天,$\Delta T_1 = 18 - 15 = 3$(天)。

(5)由于计算工期仍大于要求工期,故需继续压缩。如图 4-62 所示,有五个压缩方案:

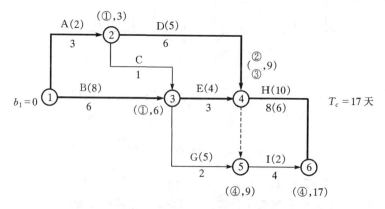

图 4-62 第二次压缩后的网络计划图

①压缩工作 A、B,组合优选系数为 2+8=10;②压缩工作 A、E,组合优选系数为 2+4=6;③压缩工作 D、E,组合优选系数为 5+4=9;④压缩工作 D、B,组合优选系数为 5+8=13;⑤压缩工作 H,优选系数为 10。决定压缩优选系数最小者,即缩压工作 A、E。这两个工作均压缩至最短持续时间 3 天。用标号法找出关键线路和计算工期,如图 4-62 所示。

此时关键线路仍为 ADH 和 BEH。计算工期 $T_c = 17$ 天,$\Delta T_2 = 17 - 15 = 2$(天)。

(6)由于计算工期仍大于要求工期,故需继续压缩。现只有压缩工作 B、D,优选系数为 13;压工作 H,优选系数为 10。故采取压缩工作 H,将工作 H 压缩 2 天。则计算工期 15 天,等于要求工期。如图 4-63 所示。

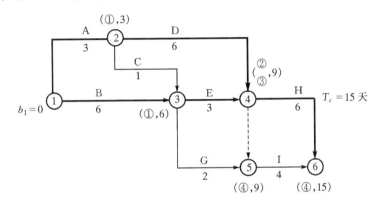

图 4-63　优化的网络计划图

2. 调整工作关系的方法

如果有可能调整某些工作间的逻辑关系,把原网络计划中某些串联的工作调整为平行进行,也可以达到压缩计划工期的目的。

▶ 4.5.3　费用优化

费用优化又称为工期成本优化或时间成本优化,是指寻求工程总成本最低时的工期安排,或按要求工期寻求最低成本的计划安排过程。

1. 费用和时间的关系

工程项目的总费用由直接费用和间接费用组成。直接费用由人工费、材料费、机械使用费及现场经费等组成。施工方案不同,则直接费用不同,即使施工方案相同,工期不同,直接费用也不同。间接费用包括企业经营管理的全部费用。

一般情况下,缩短工期会引起直接费用的增加和间接费用的减少,延长工期会引起直接费用的减少和间接费用的增加。在考虑工期总费用时,还应考虑工期变化带来的其他损益,包括因拖延工期而罚款的损失或提前竣工而得的奖励,甚至也应考虑因提前投产而获得的收益和资金的时间价值等。

工期与费用的关系如图 4-64 所示。图中工程成本曲线是由直接费用曲线和间接费用曲线叠加而成。曲线上的最低点就是工程计划的最优方案之一,此方案工程成本最低,相对应的工程持续时间称为最优工期。

(1)直接费用曲线。

直接费用曲线通常是一条由左上向右下的下凹曲线,如图 4-65 所示,因为直接费总是随

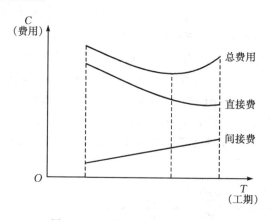

图 4-64　工期-费用关系示意图

着工期的缩短而更快增加的,在一定范围内与时间成反比关系。如果缩短时间,即加快施工速度,要采取加班加点和多班作业,采用高价的施工方法和机械设备等,直接费用也跟着增加。然而工作时间缩短至某一极限,则无论增加多少直接费,也不能再缩短工期,此极限称为临界点,此时的时间为最短持续时间,此时费用为最短时间直接费。反之,如果延长时间,则减少直接费。然而时间延长至某一极限,则无论将工期延长至多长,也不能再减少直接费用。此极限为正常点,此时的时间称为正常持续时间,此时的费用称为正常时间直接费。

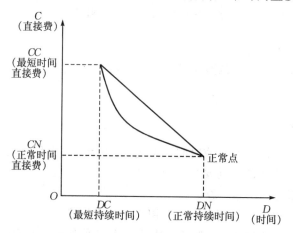

图 4-65　时间与直接费的关系示意图

连接正常点与临界点的曲线,称为直接费用曲线。直接费用曲线实际并不像图中那样圆滑,而是由一系列线段组成的折线并且越接近最高费用(极限费用)其曲线越陡。为了计算方便,可以近似地将它假定为一条直接,如图 4-65 所示。我们把因缩短工作持续时间(赶工)每一单位时间所需增加的直接费,简称为直接费用率,按如下公式计算:

$$e_{i-j} = \frac{C^C_{i-j} - C^N_{i-j}}{D^N_{i-j} - D^C_{i-j}} \tag{4-57}$$

式中:e_{i-j}——工作 $i-j$ 的直接费用率;

　　　C^C_{i-j}——将工作 $i-j$ 持续时间缩短为最短持续时间后,完成该工作所需的直接费用;

　　　C^N_{i-j}——在正常条件下完成工作 $i-j$ 所需的直接费用;

D_{i-j}^N——工作 $i-j$ 的正常持续时间;

D_{i-j}^C——工作 $i-j$ 的最短持续时间。

从公式中可以看出,工作的直接费用率越大,则将该工作的持续时间缩短一个时间单位,相应增加的直接费用就越多;反之,工作的直接费用率越小,则将该工作的持续时间缩短一个时间单位,相应增加的直接费用就越少。

根据各工作的性质不同,其工作持续时间和费用之间的关系通常有以下两种情况:

①连续变化型关系。有些工作的直接费用随着工作持续时间的改变而改变,如图 4-65 所示。介于正常持续时间和最短(极限)时间之间的任意持续时间的费用可根据费用斜率,用数学方法推算出来。这种时间和费用之间的关系是连续变化的,称为连续型变化关系。

例如,某工作经过计算确定其正常持续时间为 10 天,所需费用 1200 元,在考虑增加人力、材料、机具设备和加班的情况下,其最短时间为 6 天,而费用为 1500 元,则单位变化率为:

$$e_{i-j} = \frac{C_{i-j}^C - C_{i-j}^N}{D_{i-j}^N - D_{i-j}^C} = \frac{1500 - 1200}{10 - 6} = 75(\text{元} / \text{天})$$

即每缩短一天,其费用增加 75 元。

②非连续型变化关系。有些工作的直接费用与持续时间之间的关系是根据不同施工方案分别估算的,因此,介于正常持续时间与最短持续时间之间的关系不能用线性关系表示,不能通过数学方法计算,工作不能逐天缩短,在图上表示为几个点,只能在几种情况中选择一种,如图 4-66 所示。

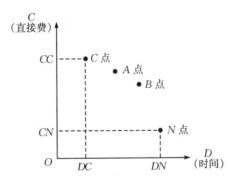

图 4-66　非连续型的时间-直接费关系示意图

例如,某土方开挖工程,采用三种不同的开挖机械,其费用和持续时间见表 4-10 所示。

表 4-10　某工程时间及费用表

机械类型	A	B	C
持续时间(天)	8	12	15
费用(元)	7200	6100	4800

因此,在确定施工方案时,根据工期要求,只能在表 4-10 中的三种不同机械中选择。在图中也就是只能取得其中三点的一点。

(2)间接费用曲线

表示间接费用与时间成正比关系的曲线,通常用直线表示。其斜率表示间接费用在单位时间内的增加或减少值。间接费用与施工单位的管理水平、施工条件、施工组织等有关。

2.费用优化的方法和步骤

费用优化的基本方法,不断地在网络计划中找出直接费用率(或组合直接费用率)最小的关键工作,缩短其持续时间,同时考虑间接费用随工期缩短而减少的数值,最后来求得工程总成本最低时的最优工期安排或按要求工期求得最低成本的计划安排。费用优化的最基本方法可简化为以下口诀:不断压缩关键线路上有压缩可能且费用最少的工作。

按照上述的基本方法,费用优化可按以下步骤进行:

(1)按工作的正常持续时间确定计算关键线路、工期、总费用。

(2)按公式(4-57)计算各项工作的直接费用率。

(3)当只有一条关键线路时,应找出直接费用率最小的一项关键工作,作为缩短持续时间的对象;当有多条关键线路时,应找出组合直接费用率最小的一组关键工作,作为缩短持续时间的对象。

(4)对于选定的压缩对象(一项关键工作或一组关键工作),首先比较其直接费用率或组合直接费用率与工程间接费用率的大小:①如果被压缩对象的直接费用率或组合直接费用率小于工程间接费用率,说明压缩关键工作的持续时间会使工程总费用减少,故应缩短关键工作的持续时间;②如果被压缩对象的直接费用率或组合直接费用率等于工程间接费用率,说明压缩关键工作的持续时间会使工程总费用增加,此时应停止缩短关键工作的持续时间,在此之前的方案即为优化方案。

(5)当需要缩短关键工作的持续时间时,其缩短值的确定必须符合下列两条原则:①缩短后工作的持续时间不能小于其最短持续时间;②缩短持续时间的工作不能变成非关键工作。

(6)计算关键工作持续时间缩短后相应的总费用变化。

(7)重复上述(3)~(6)步,直至计算工期满足要求工期,或被压缩对象的直接费用率或组合费用率大于工程间接费用率为止。

费用优化过程见表4-11。

表4-11　费用优化过程表

压缩次数	被压缩工作代号	缩短时间(天)	直接费率或组合直接费率(万元/天)	费率差(正或负)(万元/天)	压缩需用总费用(正或负)(万元)	总费用(万元)	工期(天)	备注

注:费率差=直接费率或组合直接费率-间接费率;压缩需用总费用=费率差×缩短时间;

　　总费用=上次压缩后总费用+本次压缩需用总费用;工期=上次压缩后工期-本次缩短时间。

下面结合示例说明费用优化的步骤:

【例4-18】已知某工程计划网络如图4-67所示,图中箭线上方为工作的正常时间的直接费用和最短时间的直接费用(以万元为单位),箭线下方为工作的正常持续时间和最短持续时间(天)。其中2—5工作的时间与直接费用为非连续型变化关系,其正常时间及直接费用为(8天,5.5万元),最短时间及直接费用为(6天,6.2万元)。整个工程计划的间接费率为0.35万元/天,最短工期时的间接费用为8.5万元。试对此计划进行费用优化,确定工期费用关系曲线,求出费用最少的相应工期。

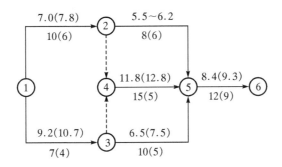

图 4-67 某工程初始网络计划图

解:(1)按各项工作的正常持续时间,用简捷方法确定计算工期、关键线路、总费用,如图 4-68所示。计算工期为 37 天,关键线路为 1—2—4—5—6。

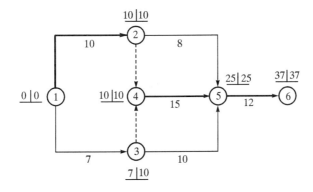

图 4-68 按各工作正常持续时间的计算示意图

按各项工作的最短持续时间,用简捷方法确定计算工期,如图 4-69所示。计算工期为 21 天。

正常持续时间时的总直接费用=各项工作的正常持续时间时的直接费用之和=7.0+9.2+5.5+11.8+6.5+8.4=48.4(万元)

正常持续时间时的总间接费用=最短工期时的间接费用+(正常工期-最短工期)×间接费率=8.5+0.35×(37-21)=14.1(万元)

正常持续时间时的总费用=正常持续时间时总直接费用+正常持续时间时总间接费用=48.4+14.1=62.5(万元)

(2)按公式(4-57)计算各项工作的直接费率,见表4-12。

(3)不断压缩关键线路上有压缩可能且费用最少的工作,进行费用优化,压缩过程的网络图如图4-70～图4-75所示。

①第一次压缩。从图4-68可知,该网络计划的关键线路上有三项工作,有三个压缩方案:

A.压缩工作1—2,直接费用率为0.2万元/天;

B.压缩工作4—5,直接费用率为0.1万元/天;

C.压缩工作5—6,直接费用率为0.3万元/天。

表 4 - 12　各项工作直接费率

工作代号	正常持续时间（天）	最短持续时间（天）	正常时间直接费用（万元）	最短时间直接费用（万元）	直接费用率（万元/天）
①—②	10	6	7.0	7.8	0.2
①—③	7	4	9.2	10.7	0.5
②—⑤	8	6	5.5	6.2	0.1
④—⑤	15	5	11.8	12.8	0.1
③—⑤	10	5	6.5	7.5	0.2
⑤—⑥	12	9	8.4	9.3	0.3

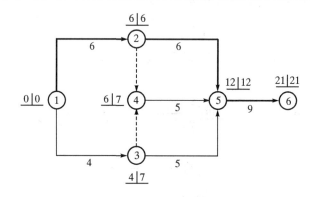

图 4 - 69　按各工作最短持续时间的计算示意图

在上述压缩方案中，由于工作 4—5 的直接费用率最小，故应选择工作 4—5 作为压缩对象。工作 4—5 的直接费用率为 0.1 万元/天，小于间接费用率 0.35 万元/天，说明压缩工作 4—5 可以使工程总费用降低。将工作 4—5 的工作时间缩短 7 天，则工作 2—5 也成为关键工作，第一次压缩后的网络计划如图 4 - 70 所示。图中箭线上方的数字为工作的直接费用率（工作 2—5 除外）。

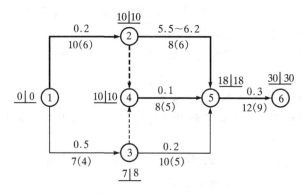

图 4 - 70　第一次压缩后的网络计划

②第二次压缩。从图 4 - 70 可知，该网络计划有 2 条关键线路，为了缩短工期，有以下两

种压缩方案：

A. 压缩工作 1—2，直接费用率为 0.2 万元/天；

B. 压缩工作 5—6，直接费用率为 0.3 万元/天。

而同时压缩 2—5 和 4—5，只能一次压缩 2 天，且经分析会使原关键线路变为非关键线路，故不可取。

上述两个压缩方案中，工作 1—2 的直接费用率较小，故应选择工作 1—2 为压缩对象。工作 1—2 的直接费用率为 0.2 万元/天，小于间接费用率 0.35 万元/天，说明压缩工作 1—2 可使工程总费用降低，将工作 1—2 的工作时间缩短 1 天，则工作 1—3 和 3—5 也成为关键工作。第二次压缩后的网络计划如图 4-71 所示。

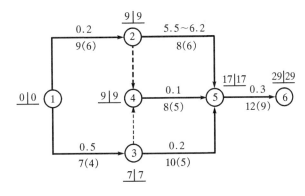

图 4-71　第二次压缩后的网络计划

③第三次压缩。从图 4-71 可知，该网络计划有三条关键线路，为了缩短工期，有以下三个压缩方案：

A. 压缩工作 5—6，直接费用率为 0.3 万元/天；

B. 同时压缩工作 1—2 和 3—5，组合直接费用率为 0.4 万元/天；

C. 同时压缩工作 1—3 和 2—5 及 4—5，只能一次压缩 2 天，共增加直接费用 1.9 万元，平均每天直接费用为 0.95 万元

上述三个方案中，工作 5—6 的直接费用率较小，故应选择工作 5—6 作为压缩对象。工作 5—6 的直接费用率为 0.3 万元/天，小于间接费用率 0.35 万元/天，说明压缩工作 5—6 可使工程总费用降低。将工作 5—6 的工作时间缩短 3 天，则工作 5—6 的持续时间已达最短，不能再压缩，第三次压缩后的网络计划如图 4-72 所示。

④第四次压缩。从图 4-72 可知，该网络计划有三条关键线路，有以下两个压缩方案：

A. 同时压缩工作 1—2 和 3—5，组合直接费用率 0.4 万元/天；

B. 同时压缩工作 1—3 和 2—5 及 4—5，只能一次压缩 2 天，共增加直接费用 1.9 万元，平均每天直接费用为 0.95 万元。

上述两个方案中，工作 1—2 和 3—5 的组合直接费用率较小，故应选择 1—2 和 3—5 同时压缩。但是由于其组合直接费用率为 0.4 万元/天，大于间接费率 0.35 万元/天，说明此次压缩会使工程总费用增加。因此，优化方案在第三次压缩后已得到，如图 4-72 所示即为优化后费用最小的网络计划，其相应工期共 26 天。

将工作 1—2 和 3—5 的工作时间同时缩短 2 天。第四次压缩后的网络计划如图 4-73

所示。

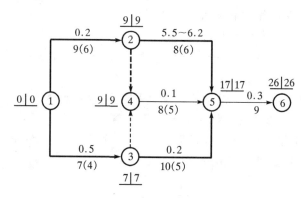

图4-72 费用最低的网络计划

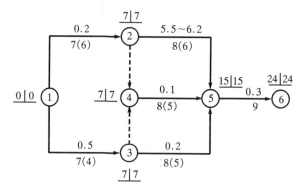

图4-73 第四次压缩后的网络计划

⑤第五次压缩。从图4-71可知,该网络计划有以下四个压缩方案:

A. 同时压缩工作1—2和1—3,组合直接费率为0.7万元/天;

B. 同时压缩2—5、4—5和3—5,只能一次压缩2天,共增加直接费为1.3万元,平均每天直接费为0.65万元;

C. 同时压缩工作1—2和4—5、3—5,组合直接费率为0.5万元/天;

D. 同时压缩工作1—3和2—5、4—5,只能一次压缩2天,共增加直接费1.9万元,平均每天直接费为0.95万元。

上述四个方案中,同时压缩工作1—2和4—5、3—5的组合直接费率较小,故应选择1—2和4—5、3—5同时压缩,但是由于其组合直接费率为0.5万元/天,大于间接费率0.35万元/天,说明此次压缩会使工程总费用增加。将工作1—2和4—5、3—5的工作时间同时压缩1天,此时1—2工作的持续时间已达极限,不能再压缩。第五次压缩后的网络计划如图4-74所示。

⑥第六次压缩。从图4-74可知,该网络计划有以下两个压缩方案:

A. 同时压缩工作1—3和2—5,只能一次压缩2天,且会使原关键线路变为非关键线路,故不可取;

B. 同时压缩工作2—5、4—5和3—5,只能一次性压缩2天,共增加直接费1.3万元。

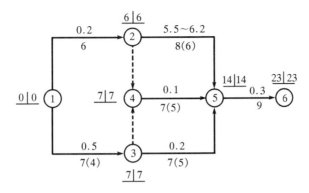

图 4-74　第五次压缩后的网络计划

故选择第二个方案进行压缩,将该三项工作同时缩短 2 天,此时 2—5、4—5 和 3—5 工作的持续时间均已达到极限,不能再压缩,第六次压缩后的网络计划图如 4-75 所示。

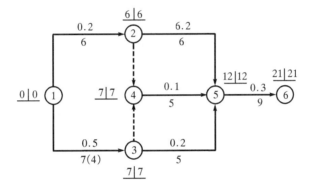

图 4-75　工期最短相对应的优化网络计划

计算到此,可以看出只有 1—3 工作还可以继续缩短,但即使将其缩短只能增加费用而不能压缩工期,所以缩短工作 1—3 徒劳无益,本例的优化压缩过程至此结束。费用优化过程表见表 4-13。

表 4-13　某工程网络计划费用优化过程表

压缩次数	被压缩工作代号	缩短时间（天）	被缩短工作的直接费率或组合直接费率（万元/天）	费率差（正或负）（万元/天）	压缩需用总费用（正或负）（万元）	总费用（万元）	工期（天）	备注
0						62.5	37	
1	④—⑤	7	0.1	−0.25	−1.75	60.75	30	
2	①—②	1	0.2	−0.15	−0.15	60.60	29	
3	⑤—⑥	3	0.3	+0.15	−0.15	60.45	26	优化方案
4	①—②③—⑤	2	0.4	+0.15	+0.10	60.55	24	

续表 4 – 13

压缩次数	被压缩工作代号	缩短时间（天）	被缩短工作的直接费率或组合直接费率（万元/天）	费率差（正或负）（万元/天）	压缩需用总费用（正或负）（万元）	总费用（万元）	工期（天）	备注
5	①－② ④－⑤ ③－⑤	1	0.5		＋0.15	60.70	23	
6	②－⑤ ④－⑤ ③－⑤	2			＋0.60	61.30	21	

该工程优化的工期费用关系曲线如图 4 – 76 所示。

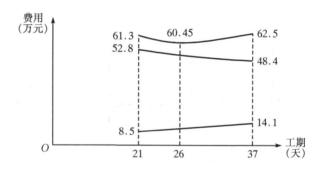

图 4 – 76 某工程优化的工期费用关系曲线

4.5.4 资源优化

资源是指为了完成一项计划任务所需投入的人力、资料、机械设备和资金等的统称。资源限量是单位时间内可供使用的某种资源的最大数量。完成一项工程任务所需要的资源量基本上是不变的，不可能通过资源优化将其减少。资源优化的目的是通过改变工作的开始时间和完成时间，使资源按照时间的分布符合优化目标。

在通常情况下，网络计划的资源优化分为两种，即"资源有限—工期最短"的优化和"工期固定—资源均衡"的优化。前者是在满足资源限制条件下，通过调整计划安排，使工期延长最少的过程；而后者是在工期保持不变的条件下，通过调整计划安排，使资源需要量尽可能均衡的过程。

进行资源优化时的前提条件是：

(1)在优化的过程中，不改变网络计划中各项工作之间的逻辑关系；

(2)在优化过程中，不改变网络计划中各项工作的持续时间；

(3)网络计划中各项工作的资源强度（单位时间所需资源数量）为常数，且资源均衡，而且是合理的；

(4)除规定可中断的工作外，一般不允许中断工作，应保持连续性。

为了简化问题,这里假定网络计划中的所有工作需要同一种资源。

1. "资源有限—工期最短"的优化

"资源有限—工期最短"的优化一般可按以下步骤进行:

(1)按照各项工作的最早开始时间安排进度计划,即绘制早时网络计划,并计算网络计划每个时间单位的资源需要量。

(2)从计划开始日期起,逐个检查每个时段(每个时间单位资源需要量相同的时间段)资源需要量是否超过能供应的资源限量。如果在整个工期范围内每个时段的资源需要量均能满足资源限量的要求,则可行优化方案就编制完成;否则,必须转入下一步进行计划的计算调整。

(3)分析超过资源限量的时段。如果在该时段内有几项工作平行作业,则采取将一项工作安排在与之平行的另一项工作之后进行的办法,以降低该时段的资源需要量。

对于两项平行作业的工作 A 和工作 B 来说,为了降低相应时段的资源需要量,现将工作 B 安排在工作 A 之后进行,如图 4 - 77 所示。

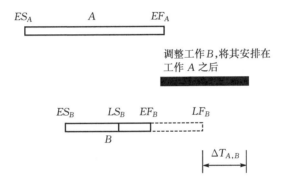

图 4 - 77　A, B 两项工作的排序

如果将工作 B 安排在工作 A 之后进行,网络计划的工期延长值为:

$$\Delta T_{A,B} = EF_A + D_B - LF_B = EF_A - (LF_B - D_B) \tag{4-58}$$

式中:$\Delta T_{A,B}$——将工作 B 安排在工作 A 之后进行时网络计划的工期延长值;

　　EF_A——工作 A 的最早完成时间;

　　D_B——工作 B 的持续时间;

　　LF_B——工作 B 的最迟完成时间;

　　LS_B——工作 B 的最迟开始时间。

当 $\Delta T_{A,B} \leqslant 0$ 时,说明将工作 B 安排在工作 A 之后进行时,对网络计划的工期无影响;当 $\Delta T_{A,B} > 0$ 时,说明将工作 B 安排在工作 A 之后进行时,对网络计划的工期有影响,使工期延长 $\Delta T_{A,B}$。

这样,在资源超限量的时段中,对平行工作进行两两排序,则可得出若干个 $\Delta T_{A,B}$;选择其中最小的 $\Delta T_{A,B}$,将相应的工作 B 安排在工作 A 之后进行。可以达到既降低该时段的资源需要量,又使网络计划的工期延长最短。

(4)绘制调整后的网络计划,重新计算每个时间单位的资源需要量。

(5)重复上述(2)~(4),直至网络计划整个工期范围内每个时间单位的资源需要量均满足资源限量为止。应当指出,若有多项平行工作,当调整一项工作的最早开始时间后仍不能满足资源限量要求时,应继续调整。

下面结合示例说明"资源有限—工期最短"优化的计算步骤。

【例 4-19】已知某双代号网络计划如图 4-78 所示。图中箭线上方为工作的资源强度,箭线下方为工作的持续时间(天)。若资源限量 $R_a=15$,试对其进行"资源有限—工期最短"的优化。

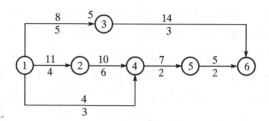

图 4-78 某工程双代号网络计划

解:该网络计划"资源有限—工期最短"的优化可按以下步骤进行:

(1)安排早时标网络计划,并计算网络计划每个时间单位的资源需要量,绘出资源需要量动态曲线,如图 4-79 所示。

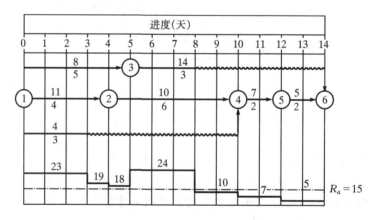

图 4-79 初始时标网络计划

(2)从计划开始日期起,逐个检查每个时段,经检查发现第一时段[0,3]存在资源需要量超过资源限量,故应首先调整该时段。

(3)在时段[0,3]有工作 1—3 和工作 1—2、1—4 三项工作平行作业,利用公式(4-42)计算 $\Delta T_{A,B}$ 值,其结果见表 4-14。

表 4-14 工期延长值($\Delta T_{A,B}$)计算表

工作序号	工作代号	最早完成时间	最迟开始时间	$\Delta T_{1,2}$	$\Delta T_{1,3}$	$\Delta T_{2,1}$	$\Delta T_{2,3}$	$\Delta T_{3,1}$	$\Delta T_{3,2}$	选择 $\min\{\Delta T_{A,B}\}$
1	①—③	5	6	5	−2	—	—	—	—	
2	①—②	4	0	—	—	−2	−3	—	—	$\Delta T_{2,3}$ $\Delta T_{3,1}$
3	①—④	3	7	—	—	—	—	−3	3	

由表 4-14 可知，$\Delta T_{2,3} = \Delta T_{3,1} = -3$ 最小，说明将第 3 号工作(工作 1—4)安排在第 2 号工作(1—2)之后进行(方案一)；或者将第 1 号工作(1—3)安排在第 3 号工作(1—4)之后进行(方案二)，对工期无影响。经分析，按方案一调整后，第一时段资源需要量仍超限量；而按方案二调整后，第一时段资源需要量不超限量。因此，将工作 1—3 安排在工作 1—4 之后进行，调整后的网络计划如图 4-80 所示。

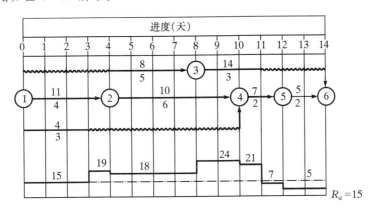

图 4-80　第一次调整后的网络计划

(4)对调整后的网络计划重新计算其每个时间单位的资源需要量，绘出资源需要量动态曲线，如图 4-78 下方曲线所示。从图中可知，在第二时段[3,4]存在资源超限量，故应调整该时段。

(5)在时段[3,4]有工作 1—3、工作 1—2 两项工作平行作业，利用公式(4-58)计算 $\Delta T_{A,B}$ 值，其结果见表 4-15。

表 4-15　工期延长值($\Delta T_{A,B}$)计算表

工作序号	工作代号	最早完成时间	最迟开始时间	$\Delta T_{1,2}$	$\Delta T_{2,1}$	选择 $\min\{\Delta T_{A,B}\}$
1	①-③	8	6	5	—	$\Delta T_{2,1}$
2	①-②	4	0	—	-2	

由表 4-15 可知，值 $\Delta T_{2,1} = -2$ 最小，说明将第 1 号工作(工作 1—3)安排在第 2 号工作(工作 1—2)之后进行，工期不延长。因此，将工作 1—3 安排在工作 1—2 之后进行，调整后的网络计划如图 4-81 所示。

(6)对调整后的网络计划重新计算其每个时间单位的资源需要量，绘出资源需要量动态曲线，如图 4-81 下方曲线所示。从图中可知，在第三时段[4,9]存在资源超限量，故应调整该时段。

(7)在时段[4,9]有工作 1—3、工作 2—4 两项工作平行作业，利用公式(4-42)计算，其结果见表 4-16。

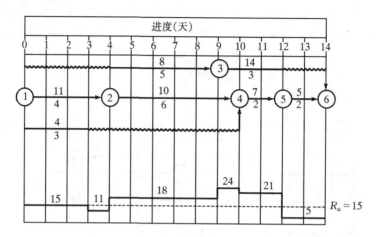

图 4－81　第二调整后的网络计划

表 4－16　工期延长值（$\Delta T_{A,B}$）计算表

工作序号	工作代号	最早完成时间	最迟开始时间	$\Delta T_{1,2}$	$\Delta T_{2,1}$	选择 min{$\Delta T_{A,B}$}
1	①－③	9	6	5	—	$\Delta T_{2,1}$
2	②－④	10	4	—	4	

由表 4－16 可知，值 $\Delta T_{2,1}=4$ 最小，说明将第 1 号工作（工作 1—3）安排在第 2 号工作（工作（2—4）之后进行，工期较少。因此，将工作 1—3 安排在工作 2—4 之后进行，调整后的网络计划如图 4—82 所示。

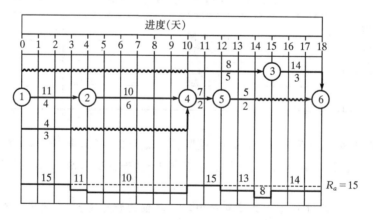

图 4－82　优化后的网络计划

（8）对调整后的网络计划重新计算其每个时间单位的资源需要量，绘出资源需要量动态曲线，如图 4－82 下方曲线所示。由于此时整个工期范围内的资源需要量均未超过资源限量，则该"资源有限—工期最短"的优化已完成，因此，图 4－82 所示方案即为最优方案，其相应工期为 18 天。

2.　"工期固定—资源均衡"的优化

"工期固定—资源均衡"的优化是指在保持工期不变的条件下,调整工程施工进度计划,使资源需要量尽可能地均衡,即整个工程每单位时间的资源需要量不出现过多的高峰和低谷。这样可以大大减少施工现场各种临时设施的规模,不仅有利于工程建设的组织与管理,而且可以降低工程施工的费用。

"工期固定—资源均衡"的优化方法有多种,如方差值最小法、极差值最小法、削高峰法等。这里仅介绍方差值最小的优化方法。

(1)方差值最小法的基本思想。

方差值是每天计划资源需要量与每天平均资源需要量之差的平方和的平均值。现假设已知某工程网络计划的资源需要量,则其方差为:

$$\sigma^2 = \frac{1}{T} \sum_{t=1}^{T} (R_t - R_m)^2 \tag{4-59}$$

式中:σ^2——资源需要量方差;

T——网络计划的计算工期;

R_t——第 t 个时间单位的资源需要量;

R_m——资源需要量的平均值。

由式中含义可知,σ^2 值愈小,资源均衡性愈好。

公式 4-43 可以简化为:

$$\sigma^2 = \frac{1}{T} \sum_{t=1}^{T} R_1^2 - 2R_m \cdot \frac{\sum\limits_{t=1}^{T} R_t}{T} + \frac{1}{T} \sum_{t=1}^{T} R_m^2$$

$$= \frac{1}{T} \sum_{t=1}^{T} R_t^2 - R_m^2 \tag{4-60}$$

由公式(4-60)可知,由于工期 T 和资源需要量的平均值 R_m 皆为常数,要使方差 σ^2 最小,必须使资源需要量的平方和最小。

对于任一项工作 $k-l$,设其在第 i 天开始,第 j 天结束,资源强度为 r_{k-l}。若工作 $k-l$ 向右移一天,那些么第 i 天资源需用量减少 r_{k-l},第 $j+1$ 天资源需用量增加 r_{k-l},$\sum\limits_{t=1}^{T} R_t^2$ 的变化量

$$\Delta = [(R_{j+1} + r_{k-l})^2 - R_{j+1}^2] - [R_i^2 - (R_i - r_{k-l})^2] \tag{4-61}$$

整理得:　　　　　　　　$\Delta = 2r_{k-l}(R_{j+1} + r_{k-l} - R_i) \tag{4-62}$

如果资源需要量平方和的增量 Δ 为负值,说明工作 $k-l$ 的开始时间右移一个时间单位能使资源需要量的平方和减小,也就使资源需要量的方差值减小,从而使资源需要量趋于均衡。因此,工作 $k-l$ 的开始时间能够右移的判别式:

$$\Delta = 2r_{k-l}(R_{j+1} + r_{k-l} - R_i) \leqslant 0 \tag{4-63}$$

由于工作 $k-l$ 的资源强度 r_{k-l} 不可能为负值,故判别公式(4-63)可以简化为:

$$R_{j+1} + r_{k-l} \leqslant R_i \tag{4-64}$$

判别公式(4-64)表明,当网络计划中工作 $k-l$ 完成时间之后的一个时间单位所对应的资源需要量 R_{j-l} 与工作 $k-l$ 的资源强度 r_{k-l} 之和不超过工作 $k-l$ 开始所对应的资源需要量 R_i 时,将工作 $k-l$ 右移一个时间单位能使资源需要量更加均衡。这时,就应将工作 $k-l$ 右移

一个时间单位。

同理,下列判别公式(4-65)也成立,说明符合公式(4-65),将工作 k 左移一个时间单位能使资源需要量更加均衡。这时,就应将工作 k 左移一个时间单位:

$$R_{i-1} + r_{k-l} \leqslant R_i \qquad (4-65)$$

如果工作 $k-l$ 满足判别公式(4-64)或判别公式(4-65),说明工作 $k-l$ 右移或左移一个时间单位不能使资源需要量更加均衡,这时可以考虑在其总时差允许的范围内,将工作 $k-l$ 右移或左移数个时间单位。

(2)优化步骤。

按方差值最小的优化思想,"工期固定—资源均衡"的优化一般可按一下步骤进行:

①按照各项工作的最早开始时间安排进度计划,即绘制早时标网络计划,并及时网络计划每个时间单位的资源需要量。

②从网络计划的终点节点开始,按工作完成节点编号值从大到小的顺序依次进行调整。当某一节点同时作为多项工作的完成节点时,应先调整开始时间较迟的工作。

在调整工作时,一项工作能够右移或左移的条件是:

A.工作具有机动时间,在不影响工期的前提下能够右移或左移;

B.工作满足判别公式(4-64)或公式(4-65)。

只有同时满足以上两个条件,才能调整该工作,将其右移或左移至相应位置。

③当所有工作均按上述顺序自右向左调整了一次之后,为使资源需要量更加均衡,再按上述顺序自右向左进行多次调整,直到所有工作既不能右移也不能左移为止。

下面结合示例说明"工期固定—资源均衡"优化的计算步骤。

【例4-20】已知某工程网络计划如图4-79所示,图中箭线上方为资源强度,箭线下方为持续时间(天)。网络图下方为资源需要量动态图。试对其进行"工期固定—资源均衡"的优化。

解: 该网络计划"工期固定—资源均衡"的优化可按以下步骤进行:

(1)由于总工期为14天,故资源需要量的平均值为:

$R_m = (23 \times 3 + 19 + 18 + 24 \times 3 + 10 \times 2 + 7 \times 2 + 5 \times 2)/14 = 225/14 \approx 16.07$

初始网络计划的方差值:

$$\sigma^2 = \frac{1}{T} \sum_{t=1}^{T} R_t^2 - R_m^2$$

$$= \frac{1}{14}(23^2 \times 3 + 19^2 + 18^2 + 24^2 \times 3 + 10^2 \times 2 + 7^2 \times 2 + 5^2 \times 2) - 16.07^2$$

$$= \frac{1}{14} \times 4495 - 16.07^2$$

$$= 62.83$$

(2)从网络计划的终点节点开始,按工作完成节点编号值从大到小的顺序依次进行调整。

第一次调整:

A.以终点节点⑥为完成节点的工作有两项,即工作3—6、工作5—6。其中工作5—6为关键工作,由于工期固定而不能调整,只能考虑调整工作3—6。见表4-17。

表4-17 工作3—6在图4-83基础上的调整过程表

第 n 次右移一个 时间单位	$R_{j+1}+r_k$	R_i	是否满足 $R_{j+1}+r_k \leqslant R_i$	在时差范围内,可右移为 从第 n 个时间单位开始
1	24	24	满足	6
2	24	24	满足	7
3	21	24	满足	8
4	21	24	满足	9
5	19	24	满足	10
6	19	21	满足	11

至此,工作3—6的总时差已全部用完,不能再右移。工作3—6调整后的网络计划如图 4-83所示。

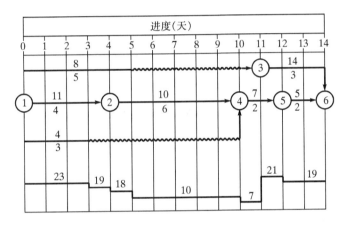

图4-83 工作3—6调整后的网络计划

B. 以节点⑤为完成节点的工作只有一项,即工作4—5,它是关键工作,由于工期固定而不能移动。

C. 以节点④为完成节点的工作有两项,即工作2—4和工作1—4。其中工作2—4为关键工作,不能移动,因此只能考虑调整工作1—4,见表4-18。

表4-18 工作1—4在图4-83基础上的调整过程表

第 n 次右移一 个时间单位	$R_{j+1}+r_k$	R_i	是否满足 $R_{j+1}+r_k \leqslant R_i$	在时差范围内,可右移为从 第 n 个时间单位开始
1	23	23	满足	1
2	22	23	满足	2
3	14	23	满足	3
4	14	23	满足	4
5	14	22	满足	5
6	14	14	满足	6
7	14	14	满足	7

至此,工作1—4的总时差已全部用完,不能再右移。工作1—4调整后的网络计划如图

4—84所示。

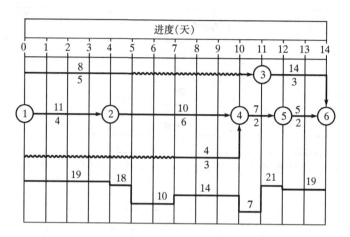

图 4-84　工作 1—4 调整后的网络计划

D. 以节点③为完成节点的工作只有工作 1—3,故考虑调整工作 1—3。见表 4-19。

表 4-19　工作 1—3 在图 4-84 基础上的调整过程表

第 n 次右移一个时间单位	$R_{j+1}+r_k$	R_i	是否满足 $R_{j+1}+r_k \leqslant R_i$	在时差范围内,可右移为从第 n 个时间单位开始
1	18	19	满足	1
2	18	19	满足	2
3	22	19	不满足	不再右移

至此,工作 1—3 虽然还有总时差,但不能满足判别公式(4-64)或公式(4-65),故不能再右移。工作 1—3 调整后的网络计划如图 4-85 所示。

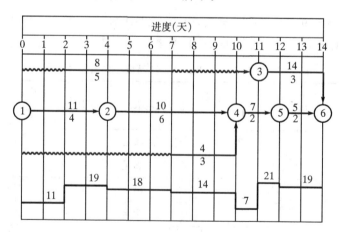

图 4-85　优化后的网络计划

E. 以节点为完成节点的工作只有工作 1—2,该工作为关键工作,因而不能移动。至此,第一次调整结束。

第二次调整：

从图 4-85 可知,此时所有工作右移或左移均不能满足判别公式(4-64)、公式(4-65),而使资源需要量更加均衡。至此可知,已得到的图 4-85 所示网络计划即为本例"工期固定—资源均衡"的最优方案。

(3)比较优化前后的方差值。

①根据图 4-85,优化方案的方差值由公式(4-60)得：

$$\sigma^2 = \frac{1}{T} \sum_{t=1}^{T} R_t^2 - R_m^2$$

$$= \frac{1}{14}(11^2 \times 2 + 19^2 \times 2 + 18^2 \times 3 + 14^2 \times 3 + 7^2 + 21^2 + 19^2 \times 2) - 16.07^2$$

$$= \frac{1}{14} \times 3736 - 16.07^2$$

$$= 8.61$$

②与初始方案的方差值相比较,其方差降低率为：

$$\frac{62.83 - 8.61}{62.83} \times 100\% = 86.30\%$$

思考与练习

思考题

1.试比较网络计划与一般的横道进度计划的优缺点。

2.在双代号网络图中,节点的含义是什么？节点的编码应遵循什么原则？

3.何为网络图？网络图通常包括哪些基本要素？

4.何为工程网络计划技术,如何分类？

5.双代号、单代号网络图的绘制规则有哪些？

6.双代号网络计划的时间参数有哪些？如何计算？

7.在双代号网络图中,计算节点最早时间 ET 的公式 $ET_j = \max\{ET_i + D_{i,j}\}$,为什么要取最大值？而计算节点最迟时间 LT 的公式 $LT_i = \min\{LT_j - D_{i,j}\}$,为什么要取最小值？

8.工作总差值、工作自由时差含义有什么不同？

9.单代号网络计划的时间参数有哪些？如何计算？

10.何为关键线路？如何确定？

11.何为虚工作？如何正确使用？

12.何谓时标网络计划？如何绘制？

13.什么是网络计划的优化？有哪些内容？根据工期费用曲线,试论述工期成本优化问题的目的。

14.简述双代号网络计划在资源有限的条件下寻求工期最短方案的优化步骤。

15.费用优化与工期资源优化的原理和优化方法的思路是什么？

练习题

一、填空题

1.网络图根据绘图符号的不同可以分为_____、_____、_____及_____四种。

2. 双代号网络图的三要素是_____。

3. 双代号网络图中箭线表示_____,圆圈表示_____。

4. 双代号网络图中,节点表示_____,它的最早开始时间与_____有关,最迟完成时间与_____有关。

5. 网络图中关键线路是指_____。

6. 网络计划中,工作总时差(TF_{i-j})是指在_____条件下所具有的机动时间。

7. 在双代号网络图中,总时差(TF_{i-j})的含义是_____。

8. 在双代号网络图的表上计算法中,计算工作的最迟开始时间和最迟结束时间时,应从_____往_____先计算工作的最迟时间。

9. 在双代号网络图上计算法中,首先是沿线计算事件的_____,后再逆线计算事件。

10. 网络计划的优化,就是_____,不断改善网络计划的最初方案,在_____条件下,按_____来寻求最优方案。

11. 网络计划优化中常用三种优化,它们是_____、_____、_____。

二、绘图题

1. 根据表4-20～表23所示的逻辑关系,绘制双代号网络逻辑关系图。

（1） **表 4-20**

工序名称	H	E	G
紧前工序	A、B	B、C	C、D

（2） **表 4-21**

工序名称	H	E	G
紧前工序	A、B	B、C、D	C、D

（3） **表 4-22**

工序名称	M	N
紧前工序	A、B、C	B、C、D

（4） **表 4-23**

工序名称	M	N	P
紧前工序	A、B、C	B、C、D	C、D、E

2. 根据表4-24所示逻辑关系,绘制双代号网络图。

表 4-24

工序名称	A	B	C	D	E	F	G
紧前工序	—	A	B	A	B、D	E、C	F
作用时间	5	4	3	3	5	4	2

3. 如图4-86、图4-87所示,试分别用图上计算和表上计算表计算网络时间参数,指出关键线路。

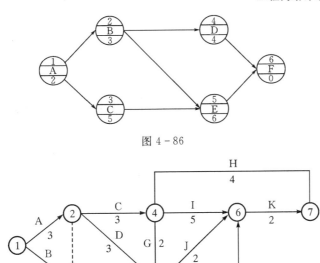

图 4-86

图 4-87

三、综合题

1.已知网络计划如图 4-88 所示。图中箭线下方括号外数据为正常持续时间,括号内数据为最短持续时间;箭线上方括号内数据为优先压缩系数。要求目标工期为 12 天,试对其进行工期优化。

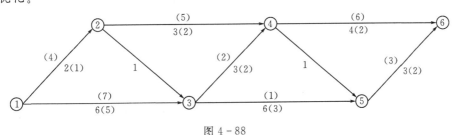

图 4-88

2.已知网络计划如图 4-89 所示。图中箭线下方括号外数据为正常持续时间,括号内数据为最短持续时间;箭线上方括号外数据为正常时间下的直接费,括号内数据为最短持续时间下的直接费。费用单位为千元,时间单位为天,若间接费率为 0.8 千元/天,试对其进行费用优化。

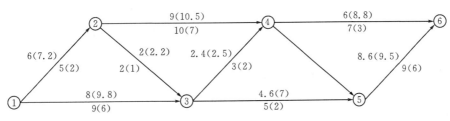

图 4-89

第5章 单位工程施工组织设计

> ## 内容摘要

　　本章是本课程的重点,主要介绍单位工程施工组织设计的编制依据,设计内容及施工进度编制程序及步骤。通过本章学习,使学生了解单位工程施工组织设计编制的作用、依据、原则和程序,熟悉工程建设概况、施工方案选择、施工进度计划编制的步骤、施工准备工作计划及各项资源需用量计划,掌握施工平面图布置的设计内容及设计步骤。

5.1 单位工程施工组织设计概述

　　单位工程施工组织设计是指导拟建工程从施工准备到竣工验收全过程施工活动的技术经济文件。如果说施工组织总设计是对群体工程而言的,它相当于一个战役的战略部署,则单位工程施工组织设计就是每场战斗的战术安排。施工组织总设计要解决的是全局性的问题,而单位工程施工组织设计则是针对具体工程、解决具体问题的。它既要体现拟建工程的设计和使用要求,又要符合建筑施工的客观规律,使投入到施工中的人力、物力和财力及技术能最大限度地发挥作用,使施工能有条不紊地进行,从而完成项目的质量、工期和成本目标。

➤ 5.1.1 单位工程施工组织设计的作用及编制依据

1.单位工程施工组织设计的作用

　　单位工程施工组织设计的任务,就是根据工程项目总体规划安排和有关的原始资料,结合实际的施工条件,从整个工程项目施工的全局出发,选择合理的施工方案,确定科学合理的各分部分项工程间的搭接、配合关系,规划符合施工现场情况的平面布置图,以最少的投入在规定的工期内建造出质量好、成本低的建筑产品。施工企业在施工前应针对每一个施工项目,编制详细的单位工程施工组织设计。其作用主要有:

　　(1)为施工准备工作作详细的安排。

　　施工准备是单位工程施工组织设计的一项重要内容。在单位工程施工组织设计中应对施工准备工作提出明确的要求或作出详细、具体的安排。

①熟悉施工图纸,了解施工环境。

②施工项目管理机构的组建、施工力量的配备。

③施工现场"三通一平"工作(即水通、电通、路通及场地平整工作)的落实。

④各种建筑材料及水电设备的采购和进场安排。

⑤施工设备及起重机等的准备和现场布置。

⑥提出预制构件、门、窗以及预埋件等的数量和需要日期。

⑦确定施工现场临时仓库、工棚、办公室、机具房以及宿舍等面积,并组织进场。

(2)对项目施工过程中的技术管理作具体安排。

单位施工组织设计是指导施工的技术经济文件,可以针对以下的几个主要方面的技术方案和技术措施作出详细的安排,用以指导施工。

①综合具体工程特点,提出切实可行的施工方案和技术手段。

②各分部分项工程以及各工种之间的先后施工顺序和交叉搭接。

③对各种新技术及复杂的施工方法所必须采取的有效措施与技术规定。

④设备安装的进场时间以及与土建施工的交叉搭接。

⑤施工中的安全技术和所采取的措施。

⑥施工进度计划与安排。

总之,从施工的角度看,单位工程施工组织设计是科学组织单位工程施工的重要经济技术文件,也是建筑企业管理科学化,特别是施工现场管理的重要措施之一。同时,它也是指导施工和施工准备工作的技术文件,它还是现场组织施工的计划书、任务书和指导书。

2.单位工程施工组织设计的编写依据

单位工程施工组织设计编写的主要依据有:

(1)招标文件或施工合同。招标文件包括对工程的造价、进度、质量等方面的要求,双方认可的协作事项和违约责任等。

(2)施工组织总设计。当单位工程为建筑群的一个组成部分时,则该建筑物的施工组织设计必须按照施工组织总设计的各项指标和要求来编制,如进度计划的安排应符合总设计的要求等。

(3)施工现场条件和地质勘察资料。如施工现场的地形、地貌、地上与地下障碍物以及水文地质、交通运输道路、施工现场可占用的场地面积等。

(4)工程所在地的气象资料。如施工期间的最低、最高气温及延续时间,雨季、雨量等。

(5)施工图及设计单位对施工的要求。其中包括:单位工程的全部施工图样、会审记录和相关标准图等有关设计资料。较复杂的工业建筑、公共建筑和高层建筑等,还应了解设备图样和设备安装对土建施工的要求,设计单位对新结构、新技术、新材料和新工艺的要求。

(6)材料、预制构件及半成品供应情况。主要包括工程所在地的主要建筑材料、构配件、半成品的供货来源,供应方式及运距和运输条件等。

(7)本工程的资源配备情况。包括施工中需要的人力情况,材料、预制构件的来源和供应情况,施工机具和设备及其生产能力。

(8)施工企业年度生产计划对该工程项目的安排和规定的有关指标。如开工、竣工时间及其他项目穿插施工的要求等。

(9)本项目相关的技术资料。包括标准图集、地区定额手册、国家操作规程及相关的施工与验收规范、施工手册等。同时包括企业相关的经验资料、企业定额等。

(10)建设单位的要求。包括开工、竣工时间,对项目质量、建材以及其他一些特殊要求等。

(11)建设单位可能提供的条件。如现场"三通一平"情况,临时设施以及合同中约定的建设单位供应的材料、设备的时间等。

(12)与建设单位签订的工程承包合同主管部门的批示文件及建设单位的要求。

▷ 5.1.2　单位工程施工组织设计的编写原则和程序

1.单位工程施工组织设计的编写原则

(1)符合施工组织总设计的要求。

若单位工程属于群体工程中的一部分,则此单位工程施工组织设计在编制时应满足总设计对工期、质量及成本目标的要求。

(2)合理划分施工段和安排施工顺序。

为合理组织施工,满足流水施工的要求,应将施工对象划分成若干个施工段。同时,按照施工客观规律和建筑产品的工艺要求安排施工顺序,也是编制单位工程施工组织设计的重要原则。在施工组织设计中一般应将施工对象按工艺特征进行分解,借此组织流水作业,使不同的施工过程尽量平行搭接施工。同一施工过程连续作业,从而缩短工期,不出现窝工现象。在组织施工时,应注意安全。

(3)采用先进的施工技术和施工组织措施。

先进的施工技术是提高劳动生产率,保证工程质量,加快施工进度,降低施工成本,减轻劳动强度的重要途径。但选用新技术应从企业实际出发,以实事求是的态度,在调查研究的基础上,经过科学分析和技术经济论证,既要考虑其先进性,更要考虑其适用性和经济性。

(4)专业工种的合理搭接和密切配合。

由于建筑施工对象趋于复杂化、高技术化,因而完成一个工程的施工所需要的工种将越来越多,相互之间的影响以及对工程施工进度的影响也将越来越大。施工组织设计要有预见性和计划性,既要使各施工过程、专业工种顺利进行施工,又要使它们尽可能实现搭接和交叉,以缩短工期。有些工程的施工中,一些专业工种是既相互制约又相互依存的,这就需要各工种间密切配合。高质量的施工组织设计应对此做出周密的安排。

(5)应对施工方案作技术经济比较。

首先要对主要工种工程的施工方案和主要施工机械的选择方案进行论证和技术经济分析,以选择经济上合理、技术上先进且切合现场实际、适合本项目的施工方案。

(6)确保工程质量、施工安全和文明施工。

在单位工程施工组织设计中应根据工程条件拟定保证质量、降低成本和安全施工的措施,务必要求切合实际、有的放矢,同时提出文明施工及保护环境的措施。

2.单位工程施工组织设计的编制程序

单位工程施工组织设计的编制程序是指其编制过程中应遵循的先后顺序和相互制约关系。根据工程的特点和施工条件,单位工程施工组织设计的编制内容繁简不一,编制办法和程序亦不尽一致。根据工程实践,较合理的编制程序如图 5-1 所示。

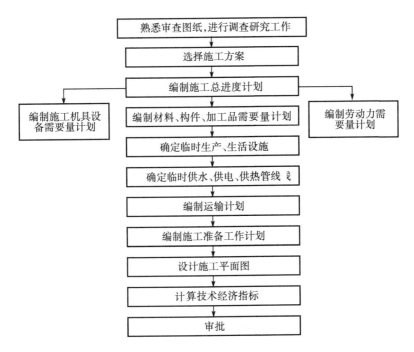

图 5-1　单位工程施工组织设计编制程序

> 5.1.3　单位工程施工组织设计的内容

单位工程施工组织设计的内容,根据工程性质、规模、结构特点、技术繁简程度的不同,其内容和深广度要求也不同,但必须要具体、实用,简明扼要,有针对性,使其真正起到指导现场施工的作用。单位工程施工组织设计的内容是由待回答和待解决的问题组成的,无论是单位工程还是群体,其基本内容可以概括为以下几方面。

1. 工程概况和施工特点分析

为了对工程有大致的了解,应先对拟建工程的概况及特点进行分析并加以简述,这样做可以使编制者"对症下药",也可以让使用者心中有数,同时使审批者对工程有概略认识。工程概况包括拟建工程的性质、规模,建筑结构特点,施工条件,建设单位及上级的要求等。施工特点分析主要介绍拟建工程施工特点和施工中关键问题、难点所在,以便突出重点、抓住关键,使施工顺利进行,提高施工单位的经济效益和管理水平。

2. 施工方案

施工方案的选择是单位工程组织设计中的重要环节,是解决整个工程全局的关键。施工方案的选择是施工单位在工程概况及特点分析的基础上,结合自身的人力、材料、机械、资金和可采用的施工方法等生产因素进行相应的优化组合,全面具体地布置施工任务,再对拟建工程可能采用的几个方案进行技术经济的对比分析,选择最佳方案。施工方案包括安排施工流向和施工顺序,确定施工方法和施工机械,制定保证成本、质量、安全的技术组织措施等。

3. 单位工程施工进度计划

单位工程施工进度计划是指导单位工程进行具体施工的技术性文件。施工进度计划是工程进度的依据,它反映了施工方案在时间上的安排,主要包括划分施工过程,计算工程量,计算劳动量或机械量,确定工作天数及相应的作业人数或机械台数,编制进度计划表及检查与调整等。通常采用横道图或网络计划图作为表现形式。

4.施工准备工作计划与各种资源需要量计划

施工准备工作计划主要是明确施工前应完成的施工准备工作的内容、起止期限、质量要求等。各种资源需要量计划主要包括资金、劳动力、施工机具、主要材料、半成品的需要量及加工供应计划。

5.单位工程施工平面布置

施工平面布置是施工方案和施工进度计划在空间上的全面安排,主要包括各种主要材料、构件、半成品堆放安排、施工机具布置、各种必需的临时设施及道路、水电等安排与布置。

6.主要技术经济指标

对确定的施工方案、施工进度计划及施工平面图的技术经济效益进行全面的评价。主要指标通常有施工工期、劳动生产率、资源利用系数、机械使用总台班量等。

7.主要技术组织措施

这主要包括各项技术措施、质量措施、安全措施、降低成本措施和现场文明施工措施等。

8.建筑结构特点

这主要包括平面组成、层数、建筑面积、抗震设防要求使用或投产的期限等。

9.建设地点特征

这主要包括建设地点位置、地形、工程与水文地质条件、不同深度的土壤分析、冻结层深度、地下水位、水质、气温、冬雨季起止时间、主导风向、风力等。

10.施工条件

这主要包括:"三通一平"情况;建设场地周围环境;材料、构件,加工品的补给来源和加工能力;劳动力配备和机械、运输能力及设备;施工技术和管理水平。

5.2 工程概况和施工特点分析

▶5.2.1 工程概况

单位工程施工组织设计中的工程建设概况,是对拟建工程特点、地点特征和施工条件等作以简要、突出的文字介绍。工程建设概况主要介绍:拟建工程的建设单位、工程名称、性质、用途和建设的目的、资金来源及工程投资额、开竣工日期、设计单位、施工单位、施工图纸情况等有关文件要求。对结构不太复杂、规模不大的拟建工程,其工程概况的介绍可采用表格形式,如表5-1所示。

表5-1 ××工程概况表

建设单位		工程名称	
设计单位		开工日期	
监理单位		竣工日期	
施工单位		造价	

工程概况	建筑面积		工程投资额	
	建筑高度		施工现场概况	施工用水	
	建筑层数			施工用电	
	结构形式			施工道路	
	基础类型及深度			地下水位	

　　为了弥补文字叙述或表格介绍工程概况的不足,也可绘制拟建工程平面、立面、剖面简图,图中注明轴线尺寸、总长、总宽、层高及总高等主要建筑尺寸,细部构造尺寸不用标出,力求图的简洁明了。

▷ 5.2.2　工程施工特点及施工条件分析

1. 工程施工特点

　　工程施工概况应概括出拟建工程的施工特点、施工重点与难点,以便在施工准备工作、施工方案、施工进度、资源配置及施工现场管理等方面制定相应的措施。

　　不同类型的建筑、不同条件下的工程,均有其不同的特点。如砖混结构住宅建筑的施工特点是砌筑和抹灰工程量大,水平与垂直运输量大,砖混结构的主体施工占整个工期 35% 左右,应尽量组织砌筑与楼板混凝土工程的流水施工,装修工程占整个工期的 50% 左右,各工种交叉作业,应尽量组织交叉平行流水施工。而现浇钢筋混凝土结构高层建筑的施工特点是基坑、地下室支护结构工程量大、施工难度高,对结构和施工机具设备的稳定性要求严,钢材加工量大,混凝土浇筑繁琐,脚手架、模板需进行设计,安全问题突出,应有保证高效率的垂直运输设备等。

2. 施工条件分析

　　(1)施工现场条件分析。在单位工程施工组织中,应简要介绍施工现场的"三通一平"情况,拟建工程的位置、地形、地貌、拆迁、障碍物清除及地下水位等情况,周边建筑物以及施工场地周边的人文环境等。不了解清楚这些情况,不但会影响施工组织与管理,而且会影响施工方案的制订。

　　(2)气象资料分析。应对施工项目所在地的气象资料作全面的收集与分析,如当地最低、最高气温及时间、冬雨季施工的起止时间和主导风向等,这些因素应调查清楚,纳入到施工组织设计的内容中,为制订施工方案与措施提供资料。

　　(3)其他资源的调查分析。其他资料包括工程所在地的原材料、劳动力、机械设备、半成品等供应及价格情况、市政配套情况、水电供应情况、交通及运输条件、业主可提供的临时设施、协作条件等,这些资源条件直接影响到项目的施工。

5.3　施工方案的选择

　　施工方案的选择是编制单位工程施工组织设计的重点,是整个单位工程施工组织设计的核心。它直接影响工程施工的质量、工期和经济效益,因此施工方案的选择是非常重要的工作。施工方案的选择主要包括施工流向的确定、施工顺序的选择、主要的分部分项工程施工方法的确定,以及施工机械的选择等。为了防止施工方案的片面性,必须对拟定的几个施工方案进行技术经济分析比较,使选定的施工方案在施工上可行,技术上先进、经济上合理,而且符合施工现场的实际情况。

▶ 5.3.1 施工流向的确定

施工流向是指单位工程在平面上或竖向上施工开始的部位和进展的方向。对单位工程施工流向的确定一般遵循"四先四后"的原则,即先准备后施工、先地下后地上、先主体后围护、先结构后装饰的顺序。同时,针对具体的单位工程,在确定施工流向时应考虑以下因素:生产使用的先后,施工段的划分,施工流向与材料、构件、土方的运输方向不发生矛盾,适应主导工程(工程量大、技术复杂、占用时间长的施工过程)的合理施工顺序。

确定单位工程施工起点流向时一般考虑以下几个因素:

(1)施工方法是确定施工流向的关键因素。

(2)车间的生产工艺过程往往是确定施工流向的基本因素。从工艺上考虑,要先试生产的工段先施工;或生产工艺上影响其他工段试车投产的工段应当先施工。

(3)根据建设单位的要求,生产或使用上要求急的工段或部位先施工。对于高层民用建筑可以在主体结构施工到一定层数后,再进行地面上若干层的设备安装与室内外装饰。

(4)单位工程各分部分项施工的繁简程度。一般来说,技术复杂、施工进度较慢、工期长的工段或部位,应先施工。

(5)当有高低层或高低跨并列时,柱的吊装应先从并列处开始;当桩基、设备基础有深浅时,一般应按先深后浅的施工方向进行施工。

(6)根据施工现场条件确定。如土石方工程边开挖边外运余土,施工的起点一般应选定在离道路远的部位,以由远而近的流向进行。

(7)划分施工层、施工段的部位,如伸缩缝、沉降缝、施工缝等也可以决定施工起点的流向。

(8)对于装饰工程,室内装饰可以从上而下、从下而上两种流向;室外装饰通常是自上而下进行,但有特殊情况时可以不按自上而下进行的顺序进行。

(9)多层砖混结构工程主体结构施工的起点流向,必须从下而上,平面上的施工从哪边先开始都可以。

▶ 5.3.2 施工顺序的选择

施工顺序是指各分项工程或工序之间施工的先后顺序。施工顺序受自然条件和物质条件的制约,选择合理的施工顺序是确定施工方案、编制施工进度计划时应首先考虑的问题,它对施工组织能否顺利进行,对于保证工程进度、工程质量都有十分重要的作用。

施工顺序的科学合理,能够使施工过程在时间和空间上得到合理的安排。虽然施工顺序随工程性质、施工条件的不同而变化,但经过合理安排还是可以找到可供遵循的共同规律。确定施工顺序时一般考虑以下几个因素。

(1)施工工艺的要求。各种施工过程之间客观存在着的工艺顺序关系,随着房屋结构和构造的不同而不同,在确定施工顺序时必须服从这种关系。

(2)施工方法和施工机械的要求。不同的施工方法和施工机械会使施工过程的先后顺序有所不同,如安装装配式多层多跨工业厂房时,如果采用塔式起重机,则可以采用分件吊装法;

如果采用桅杆式起重机,由于机械运行不便,则可能把整个房屋在平面上划分成若干单元,采用综合吊装法,由下向上地吊完一个单元构件,再吊下一个单元构件。

(3)施工组织要求。如在建造某些具有较大较深的设备基础的厂房时,如果先建造厂房,然后再建造设备基础,在设备基础挖土时可能破坏厂房的柱基础,在这种情况下,宜先进行设备基础施工,然后再进行厂房柱基础的施工。

(4)施工质量的要求。如基坑的回填土,特别是从一侧进行的回填土,必须在砌体达到必要的强度以后才能开始,否则砌体的质量会受到影响。

(5)当地的气候条件。不同地区的气候特点不同,安排施工过程应考虑到气候特点对工程施工的影响。如在我国华东、中南地区施工时,应考虑雨季施工的特点;在华北、东北、西北地区施工时,应考虑冬季施工的特点。

(6)安全技术的要求。如为了安全施工,屋面采用卷材防水时,外墙装饰安排在屋面防水施工完成后进行;为了保证质量,楼梯抹面在全部墙面、地面和天棚抹灰完成之后,自上而下一次完成。

5.3.3　施工方法的确定

在单位工程施工组织设计中的施工方法,是针对本工程的主要分部分项工程而言,是属于施工方案的技术方面,是施工方案的重要组成部分。

1. 施工方法确定的原则

(1)具有针对性。

在确定某个分部分项工程的施工方法时,应结合该分部分项工程的情况来制定,不能泛泛而谈。如模板工程应结合该分项工程的特点来确定其模板的组合、支撑及加固方案,画出相应的模板安装图,不能仅仅按施工规范确定安装要求。

(2)体现先进性、经济性和适用性。

选择某个具体的施工方法(工艺)一方面应考虑其先进性,另一方面还应保证施工的质量。同时还应考虑到在保证其质量的前提下,该方法是否经济和适用,并对不同的方法进行经济评价。

(3)保障性措施应落实。

在拟定施工方法时不仅要拟定操作过程和方法,而且要提出质量要求,并要拟定相应的质量保证措施和施工安全措施及其他可能出现情况的预防措施。

2. 施工方法选择

在单位工程施工组织设计中,主要项目的施工方法是根据工程特点在具体施工条件下拟定的,其内容要求简明扼要。在描述施工方法时,应选择比较重要的分部分项工程、施工技术复杂或采用新技术、新工艺的项目以及工人在操作上还不够熟练地项目,对这些部分应制定详细而具体,有时还必须单独编制施工组织设计。在选择主要的分部或分项工程施工时,应包括以下的内容:

(1)土石方工程。

①计算土石方工程量,确定开挖或爆破方法,选择相应的施工机械。当采用人工开挖时应按工期要求确定劳动力数量,并确定如何分区分段施工。当采用机械开挖时应选择机械挖土的方式,确定挖掘机型号、数量和行走线路,以充分利用机械能力,达到最高的挖方效率。

②地形复杂的地区进行场地平整时,确定土石方调配方案。

③基坑深度低于地下水位时,应选择降低地下水位的方法,确定降低地下水所需设备。

④当基坑较深时,应根据土壤类别确定边坡坡度,土壁支护方法,确保安全施工。

(2)基础工程。

①基础需设施工缝时,应明确留设位置和技术要求。

②确定浅基础的垫层、混凝土和钢筋混凝土基础施工的技术要求或有地下室时防水施工技术要求。

③确定桩基础的施工方法和施工机械。

(3)混凝土及钢筋混凝土。

①确定混凝土工程施工方案,如滑模法、爬升法或其他方法等。

②确定模板类型和支模方法。重点是应考虑提高模板周转利用次数;节约人力和降低成本,对于复杂工程还需进行模板设计和绘制模板放样图或排列图。

③钢筋工程应选择恰当的加工、绑扎和焊接方法。如钢筋作现场预应力张拉时,应详细制定预应力钢筋的加工、运输、安装和检测方法。

④选择混凝土的制备方案,如采用商品混凝土,还是现场制备混凝土。确定搅拌、运输及浇筑顺序和方法,选择泵送混凝土和普通垂直运输混凝土机械。

⑤选择混凝土搅拌、振捣设备的类型和规格,确定施工缝的留设位置。

⑥如采用预应力混凝土应确定预应力混凝土的施工方法、控制应力和张拉设备。

(4)砌筑工程。

①应明确砖墙的砌筑方法和质量要求。

②明确砌筑施工中的流水分段和劳动力组合形式等。

③确定脚手架搭设方法和技术要求。

(5)结构吊装工程。

①根据选用的机械设备确定结构吊装方法,安排吊装顺序、机械位置、开行路线及构件的制作、拼装场地。

②确定构件的运输、装卸、堆放方法,所需的机具、设备的型号、数量和对运输道路的要求。

(6)装饰工程。

①围绕室内外装修,确定采用工厂化、机械化施工方法。

②确定工艺流程和劳动组织,组织流水施工。

③确定所需机械设备,确定材料堆放、平面布置和储存要求。

▷ 5.3.4　施工机械的选择

机械化施工是改变建筑工业生产落后面貌、实现建筑工业化的基础。因此,施工机械的选择是施工方案选择的中心环节。选择施工机械时应着重考虑以下几点:

(1)选择施工机械时,应首先根据工程特点选择主导工程的施工机械,如地下工程的土方机械,主体结构工程的垂直、水平运输机械,结构吊装工程的起重机械等。

(2)在选择辅助施工机械时,必须充分发挥主导施工机械的生产效率,要使两者的机械台班生产能力协调一致,并确定出辅助施工机械的类型、型号和台数。如土方工程中自卸汽车的载重量应为挖掘机斗容量的整数倍,汽车的数量应保证挖掘机连续工作,使挖掘机的效率充分发挥。

（3）为了便于施工机械化管理，同一施工现场的机械型号应尽可能少，当工程量大而且集中时，应选用专业化施工机械；当工程量小而分散时，可选择多用途施工机械。

（4）尽量选用施工单位的现有机械，以减少施工的投资额，提高现有机械的利用率，降低成本。当现有施工机械不能满足工程需要时，则应购置或租赁所需的施工机械。

5.3.5　施工方案的评价

工程项目施工方案选择的目的是要适合本工程的最佳方案即方案在技术上可行，经济上合理，做到技术与经济相统一。对施工方案进行技术经济分析，就是为了避免施工方案的盲目性、片面性，在方案付诸实施之前就能分析出其经济效益，保证所选方案的科学性、有效性和经济性，从而达到提高质量、缩短工期、降低成本的目的，进而提高工程施工的经济效益。

1. 评价方法

施工方案技术经济分析方法可分为定性分析和定量分析两大类。定性分析只能泛泛地分析各方案的优缺点，如：施工操作上的难易程度和安全与否；可否为后续工序提供有利条件；冬季或雨季对施工影响大小；是否可利用某些现有的机械和设备；能否一机多用；能否给现场文明施工创造有利条件等。评价时受评价人的主观因素影响较大，故定性分析只用于方案初步评价。定量分析法是对各方案的投入与产出进行计算，如劳动力、材料及机械台班消耗、工期、成本等直接进行计算、比较，用数据分析，比较客观，所以定量分析是方案评价的主要方法。

2. 评价指标

（1）施工持续时间（工期）。施工过程的施工持续时间 t 按下式计算：

$$t = \frac{Q}{v} \tag{5-1}$$

式中：Q——工程量；

v——单位时间内计划完成的工程量。

（2）成本。降低成本指标可以体现采用不同施工方案时的经济效果，一般可采用降低成本率 r_c 来表示，降低成本率 r_c 按下式计算：

$$r_c = \frac{C_0 - C}{C_0} \tag{5-2}$$

式中：C_0——预算成本；

C——所采用施工方案的计划成本。

（3）劳动消耗量。劳动消耗量反映了施工机械化程度与劳动生产率水平的高低，劳动消耗量 N 包括主要工种用工 n_1、辅助用工 n_2，以及准备工作用工 n_3，即

$$N = n_1 + n_2 + n_3 \tag{5-3}$$

劳动消耗量的单位为工日，有时也可用单位产品劳动消耗量（工日/m^3、工日/t 等）来计算。

（4）主要材料消耗。它反映了施工方案的先进性，先进的方案应能在保证质量的前提下降低材料的消耗。

（5）投资额。选择的施工方案如需增加新的投资，则应考虑增加的投资额并进行投资效益比较（如相对投资回收期、年度费用、投资增额收益率等）。

5.3.6　施工方案选择过程中应注意的事项

1. 质量措施

保证质量措施,可以从以下几个方面考虑:

(1)确保定位放线、高程测量等准确无误的措施。

(2)确保地基承载力及各种基础、地下结构施工质量的措施。

(3)确保主体结构中关键部位施工质量的措施。

(4)确保屋面、装修工程施工质量的措施。

(5)保证质量的组织措施,如人员培训、编制工艺卡及质量检查验收制度等。

2. 技术措施

对新材料、新结构、新工艺、新技术的应用,对高层、大跨度、重型构件及深基础、设备基础、地下水处理和不良地基项目,均编制相应的技术措施,其内容如下:

(1)需要标明平面、剖面示意图以及工程量一览表。

(2)施工方法的特殊要求和工艺流程。

(3)地下水处理及不良地基项目施工措施。

(4)技术要求和质量安全注意事项。

(5)材料、构件和机具的特点、操作规程及检修措施。

3. 安全措施

保证安全施工的措施,可以从以下几个方面来考虑:

(1)保证土石方边坡稳定的措施。

(2)脚手架、吊篮、安全网的设置、安全帽的使用及各类洞口、临边工作人员的安全措施。

(3)外用电梯、井架及塔吊等垂直运输机具拉结要求和防倒塌措施。

(4)安全用电和机电设备防短路、防触电的措施。

(5)易燃、易爆、有毒作业场所的防火、防爆、防毒措施。

(6)季节性安全措施,如雨期防洪、防雨,夏季的防暑降温,冬季的防滑措施。

(7)现场周边通行道路及居民保护隔离措施。

(8)保证安全施工的组织措施。

4. 现场文明施工措施

(1)施工现场围栏与标牌设置,出入口交通安全,道路畅通,场地平整,消防设施齐全。

(2)临时设施的规划与搭设,办公室、宿舍、食堂、厕所的安排和环境卫生。

(3)各种材料、半成品、构件的堆放与管理。

(4)散碎材料、施工垃圾的运输及防止各种环境污染。

(5)成品保护及施工机械保养。

5. 降低成本措施

应根据工程情况,按分部分项工程逐项提出相应的节约措施,计算有关技术经济指标,分别列出节约材料数量与资金数额,以便衡量降低成本效果。降低成本的措施具体如下:

(1)合理进行土石方平衡调配,以节约土方运输及人工费用。

(2)综合利用吊装机械,减少吊装次数,以节约台班费。

(3)提高模板精度,采用整装整拆,加速模板周转,以节约木材或钢材。

（4）混凝土、砂浆中掺外加剂或掺合剂，以节约水泥。

（5）采用先进的钢筋焊接技术以节约钢筋。

（6）构件及半成品采用预制拼装、整体安装的方法，以节约人工费、机械费等。

5.4　单位工程施工进度计划

5.4.1　单位工程施工进度计划概述

单位工程施工进度计划是指控制施工进度和工程竣工期限等各项施工活动的实施计划，是在确定了施工方案的基础上，根据规定工期和各种资源的供应条件，按照施工过程的合理施工顺序及施工组织的原则，用网络图或者横道图的形式表示的一种计划安排。

1. 施工进度计划的作用

单位工程施工进度计划是施工方案在时间上的具体反映，是指导单位工程施工的基本文件之一。它的主要任务是以施工方案为依据，安排单位工程中各施工过程的施工顺序和施工时间，使单位工程在规定的时间内，有条不紊地完成施工任务。施工进度计划的主要作用是为编制企业季度、月度生产计划提供依据，也为平衡劳动力、调配和供应各种施工机械和各种物资资源提供依据，同时也为确定施工现场的临时设施数量和劳动力配备等提供依据。至于施工进度计划与其他各方面，如施工方法是否合理，工期是否满足要求等更是有着直接的关系。因此，编制施工进度计划应细致地、周密地考虑这些因素。

2. 施工进度计划的作用与分类

（1）根据进度计划的表达形式，施工进度计划可以分为横道计划、网络计划和时标网络计划。

横道图计划形象直观，能直观知道工作的开始和结束日期，能按天统计资源消耗，但不能抓住工作间的主次关系，且逻辑关系不明确。网络计划能反映各工作间的逻辑关系，利于重点控制，但工作的开始与结束时间不直观，也不能按天统计资源。时标网络计划结合了横道计划和普通网络计划的优点，是实践中应用较普遍的一种进度计划表达形式。

（2）根据其对施工的指导作用的不同，施工进度计划可分为控制性施工计划和实施性施工进度计划两类。

控制性施工计划一般在工程的施工工期较长、结构比较复杂、资源供应暂无法全部落实的情况下采用，或者工程的工作内容可能发生变化和某些构件（结构）的施工方法暂还不能全部确定的情况下采用。这时不可能也没有必要编制较详细的施工进度计划，往往就编制以分部工程项目为划分对象的施工进度计划，以便控制各分部工程的施工进度。但在进行分部工程施工前应按分项工程编制详细的施工进度计划，以便具体指导分部工程的现场施工。

实施性施工进度计划是控制性施工进度计划的补充，是各分部工程施工时施工顺序和施工时间的具体依据。该类施工进度计划的项目划分必须详细，各分项工程彼此间的衔接关系必须明确。它的编制可与编制控制性进度计划同时进行，有的可缓些时候，待条件成熟时再编制。对于比较简单的单位工程，一般可以直接编制出单位工程施工进度计划。

这两种计划形式是相互联系互为依据的。在实践中可以结合具体情况来编制。若工程规模大，而且复杂，可以先编制控制性的计划，接着针对每个分部工程来编制详细的实施性的计划。

▶ 5.4.2 施工进度编制程序及步骤

1.单位工程施工进度计划的编制依据

(1)施工总工期及开、竣工日期。

(2)经过审批的建筑总平面图、地形图、单位工程施工图、设备及基础图、有关的标准图,以及水文、地质、气象等资料。

(3)施工组织总设计对本单位工程的有关规定。

(4)施工条件、劳动力、材料、构件及机械供应条件,分包单位情况等。

(5)主要分部(分项)工程的施工方案。

(6)劳动定额、机械台班定额及本企业施工水平。

(7)工程承包合同及业主的合理要求。

2.单位工程施工进度计划的编制程序

单位工程施工进度计划的编制程序如图5-2所示:

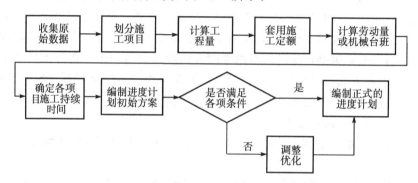

图5-2 单位工程施工进度计划的编制程序

3.单位工程施工进度计划的编制步骤

(1)划分施工过程。

根据结构特点、施工方案及劳动组织确定拟建工程的施工过程,它包括直接在建筑物上施工的所有分部分项工程。在确定施工过程时,应注意以下几个问题:

①施工过程划分的粗细程度,主要根据单位工程施工进度计划的要求。编制控制性进度计划时,施工过程应划分得粗一些,通常只列出分部工程名称。编制实施性施工进度计划时,项目要划分得细一些,特别是其中的主导工程和主要分部工程,应尽量详细而且不漏项以便于指导施工。

②施工过程的划分要结合所选择的施工方案。施工方案不同,施工过程的名称、数量和内容也会有所不同。

③注意适当简化施工进度计划内容,避免工程项目划分过细,重点不突出。编制时可考虑将某些穿插性分项工程合并到主要分项工程中去。对于在同一时间内,由同一工程队施工的过程可以合并为一个施工过程,而对于次要的零星分项工程,可合并为"其他工程"。

④水暖电卫工程和设备安装工程通常由专业队伍负责施工。因此,在施工进度计划中只要反映出这些工程与土建工程如何配合即可,不必细分。

⑤所有施工过程应大致按施工顺序先后安排,所采用的施工项目名称可参考现行定额手册上的项目名称。

(2)计算工程量。

工程量计算应根据施工图和工程量计算规则进行,一般可以采用施工图预算的数据,但应注意有些项目的工程量应按实际情况作适当调整。工程量计算时应注意以下几个问题:

①各分部分项工程的工程量计算单位应与现行定额手册中所规定单位相一致,以避免计算劳动力、材料和机械设备、机具数量时进行换算,产生错误;

②结合各分部分项工程的施工方法和安全技术要求计算工程量;

③结合施工组织要求,分区、分项、分段、分层计算工程量;

④计算工程量时,尽量考虑编制其他计划时使用工程量数据的方便,做到一次计算,多次使用。

(3)确定劳动量和机械台班数量。

劳动量和机械台班数量应当根据分部分项工程施工过程的工程量、施工方法和现行的施工定额,并结合当时当地的具体情况加以确定,确定计划采用的定额(时间定额和产量定额),以此计算劳动量和机械台班数。确定劳动量和机械台班数量一般按下式计算:

$$P = Q/S \quad \text{或} \quad P = Q \cdot H \tag{5-4}$$

式中:P——某施工过程所需的劳动量或机械台班数;

Q——该施工过程的工程量;

S——计划采用的产量定额或机械产量定额;

H——计划采用的时间定额或机械时间定额。

定额使用中可能遇到以下几种情况:

①在使用定额时,常遇到定额所列项目的工作内容与编制施工进度计划所列项目不一致的情况,此时应当换算成平均定额。

$$H = \frac{H_1 + H_2 + \cdots + H_n}{n} \tag{5-5}$$

式中:H——平均时间定额;

$H_1, H_2, \cdots, H_n$——同一性质不同类型分项工程时间定额。

②当同一性质不同类型分项工程的工程量不相等时,平均定额应用加权平均值,其计算公式为:

$$\overline{S} = \frac{Q_1 + Q_2 + \cdots + Q_n}{\dfrac{Q_1}{S_1} + \dfrac{Q_2}{S_2} + \cdots + \dfrac{Q_n}{S_n}} = \frac{\sum\limits_{i=1}^{n} Q_i}{\sum\limits_{i=1}^{n} \dfrac{Q_i}{S_i}} \tag{5-6}$$

式中:$\overline{S}$——施工过程的平均产量定额(平均机械产量定额);

$Q_1, Q_2, Q_3, \cdots, Q_n$——同一性质不同类型分项工程的工程量。

③对于有些采用新技术或特殊的施工方法的定额,在定额手册中未列入的可参考类似项目或实测确定。

④对于其他工程项目所需劳动量,可根据其内容和数量,并结合工程具体情况,以占总的

JIANZHUSHIGONGZUZHIYUGUANLI

劳动量的百分比(一般为 10%～20%)计算。

⑤水暖电卫、设备安装工程项目,一般不计算劳动量和机械台班需要量,仅需安排它们与土建工程配合的进度。

(4)施工过程持续时间(作业天数)的计算。

计算各分部分项工程施工天数的方法有两种:

①根据工程项目计划配备在该分部分项工程上的施工机械数量和各专业工人人数确定,其计算公式如下:

$$T = \frac{P}{R \cdot N} \tag{5-7}$$

式中:T——完成某分部分项工程的施工天数;

　　P——某分部分项工程所需的机械台班数量或劳动量;

　　R——每班安排在某分部分项工程上施工机械台班数或劳动人数;

　　N——每天工作班次。

②根据工期要求倒排进度。首先根据规定的总工期和施工经验,确定各分部分项工程的施工时间,然后再按各分部分项工程需要的劳动量或机械台班数,确定每一分部分项工程每个工作所需要的工人数和机械台数,其计算公式如下:

$$R = \frac{P}{T \cdot N} \tag{5-8}$$

通常计算时均先按一班制考虑,如果每天所需机械台数或工人数已超过施工单位现有的人力、物力或工作面限制时,则应根据具体情况和条件从施工技术和组织上采取措施,如增加工作班次,最大限度地组织立体交叉、平行流水施工,加早强剂提高混凝土早期强度等。

(5)编制施工进度计划的初步方案。

流水施工是组织施工、编制施工进度计划的主要方式。编制施工进度计划时,必须考虑各分部分项工程的合理施工顺序,尽可能组织流水施工,力求主要工种的施工班组连续施工,其编制方法如下:

①划分主要施工流水组(分部工程),组织流水施工。先安排其中主导施工过程的施工进度,使其尽可能连续施工,其他穿插施工过程尽可能与主导施工过程配合、穿插、搭接。

②配合主要施工阶段,安排其他施工流水组的施工进度。

③按照工艺的合理性和工序间尽量穿插、搭接或平行作业方法,将各施工流水组的流水作业图表最大限度地搭接起来,即得单位工程施工进度计划的初始方案。

(6)施工进度计划的检查与调整。

检查与调整的目的在于使初始方案满足规定的目标,一般从以下几个方面进行检查与调整:

①施工顺序方面:各施工过程的施工顺序、平行搭接和技术间歇是否合理;

②工期方面:初始方案的总工期是否满足规定的工期;

③劳动力方面:各主要工种工人是否满足连续、均衡施工;

④物资方面:主要机械、设备、材料等的利用是否均衡、施工机械是否充分利用。

编制施工进度计划的步骤不是孤立的,而是相互依赖、相互联系的,有的可以同时进行。

5.5　施工准备工作及各项资源需用量计划

单位工程施工进度计划编制后,即可着手编制施工准备工作计划和劳动力及物资需要量计划。这些计划也是施工组织设计的组成部分,是施工单位安排施工准备及劳动力和物资供应的主要依据。

5.5.1　施工准备工作计划

施工准备是以施工项目为对象而编制的全面施工准备工作的总称。施工准备工作是项目施工的前提和基础,也是加强项目管理和目标控制的关键。为落实项目施工准备工作,加强对其检查和监督,必须根据施工准备工作的项目名称、具体内容、完成时间和负责人员,编制出项目施工准备工作计划。施工准备工作计划表格如表5-2所示。

表5-2　施工准备工作计划表

序号	准备工作项目	工作量		简要内容	负责单位或负责人	起止日期		备注
		单位	数量			日/月	日/月	

5.5.2　劳动力需要量计划

劳动力需要量计划的作用是为施工现场的劳动力调配提供依据。将各施工过程所需要的主要工种劳动力,根据施工进度的安排进行统计,就可编制出主要工种劳动力需要计划,如表5-3所示。

表5-3　劳动力需要量计划

序号	工种名称	总劳动量/工日	需要人数和天数			
			1	2	3	4

5.5.3　主要材料需要量计划

材料需要量计划主要是为组织备料、确定仓库或堆场面积以及组织运输提供依据。其编制方法是将施工预算中的工料分析表或进度表中各项过程所需用材料,按材料名称、规格、使用时间并考虑到各种材料的消耗进行计算汇总而得出,如表5-4所示。

表 5-4 主要材料需要量计划

序号	材料名称	需要量		供应时间	备注
		单位	数量		

5.5.4 构件和半成品需要量计划

建筑结构构件、配件和其他加工半成品的需要量计划主要用于落实加工订货单位,是按照所需规格、数量、时间,以及组织加工、运输和确定仓库或堆场的要求,并根据施工图和施工进度计划进行编制的,其表格形式如表 5-5 所示。

表 5-5 构件和半成品需要量计划

序号	品种	规格	图号	需要量		使用部位	加工单位	供应日期	备注
				单位	数量				

5.5.5 施工机械需要量计划

施工机械需要量计划是根据施工方案和施工进度计划确定施工机械的类型、数量、进场时间。其编制方法是将施工进度计划表中每个施工过程、每天所需的机械类型、数量和施工工期进行汇总,以得出施工机械的需要计划,如表 5-6 所示。

表 5-6 施工机械需要量计划

序号	机械名称	类型型号	需要量		货源	使用起止日期	备注
			单位	数量			

5.6 单位工程施工平面图

单位工程施工施工平面布置是施工组织设计的重要内容之一,其结果一般使用单位施工平面图来表示。施工平面图是对一个建筑物和构造物的施工现场的平面规划和空间布置图,是用以指导单位工程施工的现场平面布置图,是施工过程空间组织的具体成果,也是根据施工过程空间组织的原则,对施工过程所需要的工艺路线、施工设备、原材料堆放、动力供应、场内运输、半成品生产、仓库、料场、生活设施等进行空间的特别是平面的科学规划与设计,并以平面的形式加以表达。

5.6.1 施工平面图的设计依据

施工平面图应根据施工方案和施工进度计划的要求进行设计。施工设计人员必须在施工现场取得施工环境第一手资料的基础上,认真研究相关资料,然后才能作出施工平面图设计方案。设计依据的相关资料如下:

(1)施工组织总设计文件与原始资料;

(2)建筑总平面图;

(3)已有和拟建的地上地下管道布置资料;

(4)建筑区域场地的竖向设计资料;

(5)各种材料、半成品、构件等的物资需要量计划;

(6)建筑施工机械、模具、运输工具的型号和数量;

(7)建设单位可为施工提供原有房屋及其他生活设施的情况;

(8)各类临时设施的布置要求(性质、形式、面积和尺寸等);

5.6.2 单位工程施工平面图的设计内容

单位工程施工现场平面图是用以指导单位工程施工的现场平面布置图,它涉及与单位工程有关的空间问题,是施工总平面图的组成部分。单位工程施工平面图设计的主要依据是单位工程的施工方案和施工进度计划,一般按 1:100~1:500 的比例绘制。一般施工现场平面布置图应包括以下内容:

(1)建筑总平面图上已建和拟建的地上和地下的一切建筑物、构筑物以及其他设施的位置和尺寸。

(2)测量放线标桩位置、地形等高线和土方工程的弃土及取土地点等有关说明。

(3)起重机的开行路线及垂直运输设施的位置。

(4)材料、加工半成品、构件和机具的仓库或堆场。

(5)生产、生活用品临时设施。如搅拌站、高压泵站、钢筋棚、木工棚、仓库、办公室、供水管、供电线路、消防设施、安全设施、道路以及其他需搭建或建造的设施。

(6)场内施工道路与场外交通的连接情况。

(7)临时给排水管线、供电管线、供气供暖管道及通信线路布置。

(8)所有安全及防火设施的位置。

(9)必要的图例、比例尺、方向及风向标记。

上述内容可根据建筑总平面图、施工图、现场地形图、现有水源、场地大小、可利用的已有房屋和设施、施工组织总设计、施工方案、进度计划等,经过科学计算和优化,并遵照国家有关规定进行设计。

▶ 5.6.3 施工平面图的设计原则

（1）在保证施工顺利进行的前提下，现场布置尽量紧凑、节约用地。

（2）合理布置施工现场的运输道路及各种材料堆场、加工厂、仓库的位置，各种机具的位置；尽量使得运距最短，从而减少或避免二次搬运。

（3）力争减少临时设施的数量，降低临时设施费用。

（4）临时设施的布置，尽量有利于工人的生产和生活，使工人至施工区的距离最短，往返时间最少。

（5）符合环保、安全和防火要求。

▶ 5.6.4 施工平面图的设计步骤

单位工程施工平面图的设计步骤（见图 5-3）一般是：确定垂直运输机械的位置→确定搅拌站、仓库、材料和构件堆场、加工厂的位置→布置运输道路→布置行政管理、生活福利用的临时设施→布置水电管线→计算技术经济指标。

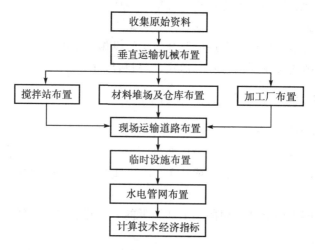

图 5-3 单位工程施工平面图的设计步骤

1. 确定垂直运输机械位置

垂直运输机械的位置直接影响仓库、料堆、砂浆、混凝土搅拌站、各种材料和构件等的位置及道路和水电线路的布置等，因此它是施工现场布置的核心，必须首先确定。

布置固定式垂直运输设备（如井架、桅杆式和定点式塔式起重机等），主要应根据机械的运输能力、建筑物的平面形状、施工段划分情况、最大起升载荷和运输道路等情况来确定。其目的是充分发挥起重机械的工作能力和服务范围做到便于运输材料，便于组织分层分段流水施工，使运距最小。布置时应考虑以下几个方面：

（1）当建筑物的各部位高度相近时，固定式垂直运输设备应布置在施工段的分界线附近；当建筑物各部位高度相差较大时，固定式垂直运输设备应布置在高低分界线较高部位一侧，以使各施工段水平运输互不干扰。

（2）井架、龙门架的位置以布置在窗口处为宜，以避免砌墙留槎和减少井架拆除后的修补工作。

（3）井架、龙门架的数量要根据施工进度、垂直提升的构件和材料数量、台班工作效率等因素计算确定。

（4）卷扬机的位置不应距离起重机太近，以使操作者的视线能够看到起重机的整个升降过程，一般要求此距离大于或等于建筑物的高度，水平距离应距离外脚手架 3 m 以上。

（5）井架应立在外脚手架之外，并应有一定距离。

（6）当建筑物为点式高层时，固定的塔式起重机可以布置在建筑物中间或建筑物的转角处。

有轨道的塔式起重机的布置位置主要取决于建筑物的平面形状、大小和周围场地的具体情况。应尽量使起重机在工作幅度内能将建筑材料和构件直接运到建筑物的任何施工地点，避免出现运输死角。由于有轨式起重机占用施工场地大，铺设路基工作量大，且受到高度的限制，因而实践中应用较少。同时当起重机的位置和尺寸确定后，要复核其起重量、起重高度和回转半径这三项参数是否满足建筑物的起吊要求，保证其工作不出现"死角"。

无轨自行式起重机分为履带式、轮胎式和汽车式三种。它们一般用作构件装卸的起吊构件之用，还适用于装配式单层工业厂房主体结构的吊装，其吊装的开行路线及停机位置主要取决于建筑物的平面布置、构件重量、吊装高度和吊装方法。

2. 布置混凝土、砂浆搅拌站

对于现浇混凝土结构的施工，为了减少现场的二次搬运，现场混凝土搅拌站应尽量布置在起重机的服务范围内，同时对搅拌站的布置还应注意以下几点：

（1）根据施工任务的大小、工程特点选择适用的搅拌机。

（2）搅拌站与垂直运输设备的工作能力相协调，以提高垂直运输设备的利用效率。

3. 各种材料堆场或仓库的位置的布置要求及方法

仓库和堆场布置时总的要求是：尽量方便施工，运输距离较短，避免二次搬运，以提高生产效率并节约成本。为此，应根据施工阶段、施工位置的标高和使用时间的先后确定布置位置。一般有以下几种布置方式：

（1）建筑物在基础和第一层施工时所用的材料应尽量布置在建筑物的附近，并根据基槽（坑）的深度、宽度和放坡坡度确定堆放地点，与基槽（坑）边缘保持一定的安全距离，以免造成基坑塌方事故。

（2）第二层以上施工用材料、构件等应布置在垂直运输设备附近。

（3）砂、石等大宗材料应布置在搅拌机附近且靠近运输道路。

（4）当多种材料同时布置时，对大宗的、重量较大的和先期使用的材料，应尽量靠近使用地点或垂直运输设备；少量的、较轻的和后期使用的材料则可布置得稍远些；对于易受潮、易燃和易损的材料则应布置在仓库内。

（5）在同一位置上按不同施工阶段先后可堆放不同的材料。例如，混合结构基础施工阶段，建筑物周围可堆放毛石，而在主体结构施工阶段时可在建筑物四周堆放砖材等。

4. 布置现场运输道路

场内道路的布置，主要是满足材料构件的运输和消防要求。这样就应使交通运输车辆畅通达到各材料及构件堆放场地，并离得越近越好，以便装卸。根据消防对道路的要求，除了消

防车能直接开到消防栓处之外,还应使道路靠近建筑物、木料场,以便消防车能直接进行灭火抢救。道路布置还应注意以下要求:

(1)尽量使道路布置成直线,以提高运输车辆的行车速度,并应把道路布置成环形,以提高车辆的通行能力。

(2)根据材料、构件等运输需要,沿仓库和堆场布置。

(3)应考虑下一期开工建筑物位置和地下管线的布置。道路的布置要与后期施工结合起来考虑,以免临时改道或道路被切断影响运输。

(4)布置道路应尽量把临时道路与永久道路相结合,尤其是需修建场外临时道路时,要着重考虑这一点,可节约大量投资。在有条件的地方,可以把永久性道路路面也事先修好,这样更有利于运输。

5.临时设施布置

为服务于建筑工程的施工,工地的临时设施应包括行政管理用房、机具仓库、加工间及生活用房等几大类。现场原有房屋在不妨碍施工的前提下,符合安全防火要求的,应加以保留利用;有时为了节省临时设施面积,可先建造小区建筑中的附属建筑的一部分,建造后可先作施工临时设施使用,待整个工程施工完毕后再行移交。这些办公、生活设施的布置应尽量与生产性的设施分开,应遵循使用方便、有利于施工管理、符合防水要求的原则,一般设在现场的出入口附近。

6.现场水、电管网的布置

(1)施工水网布置。施工用的临时给水管,一般由建设单位的干管或自行布置的干管接到用水地点。布置时应力求管网总长度短一些,管径的大小和水龙头数量需视工程规模大小通过计算确定,其布置形式有环形、枝形、混合式三种。

供水管网根据按防火要求布置室外消防栓,消防栓应沿道路设置,距道路边不大于 2 m,距建筑物外墙不应小于 5 m,也不应大于 25 m。消防栓的间距不应大于 120 m,工地消防栓应设有明显的标志,且周围 3 m 以内不准堆放建筑材料。

为了排除地面水和地下水,应及时修通永久性下水道,并结合现场地形在建筑物周围设置排泄地面水和地下水的沟渠。

(2)临时供电设施。施工现场用的变压器,应布置在现场边缘高压线接入处,四周设置铁丝网等围栏。配电室应靠近变压器,便于管理。为了维修方便,施工现场一般采用架空配电线路,且要求现场架空线与施工建筑物间的水平距离不小于 10 m,架空线与地面距离不小于 6 m,跨越建筑物或临时设施时,垂直距离不小于 2 m。

现场线路应尽量架设在道路的一侧,且尽量保持线路水平,在低压线路中,电杆间距应为 25～40 m,分支线及引入线均应由电杆处接出,不得在两杆之间接线。

单位工程施工用电应在全工地施工总平面图中统筹考虑,包括用电量计算、电源选择、电力系统选择和配置。若为独立的单位工程应根据计算的用电量和建设单位可提供的电量决定是否选用变压器。变压器的设置应根据施工工期与以后长期使用情况,其位置应远离交通道口处,布置在现场边缘高压线接入处,在 2 m 以外四周用高度大于 1.7 m 铁丝网住,以确保安全。

思考与练习

1. 简述单位工程施工组织设计编制的程序。
2. 单位工程施工组织设计的内容有哪些？
3. 单位工程施工进度计划编制的步骤有哪些？
4. 单位工程施工平面图一般包括哪些主要内容？
5. 单位工程施工平面图设计的基本原则是什么？
6. 简述施工项目的建设项目的区别。

第6章 建筑工程项目管理

内容摘要

本章重点介绍施工现场技术管理，建筑工程质量管理，建筑工程安全、环保、料具管与文明施工。要求学生了解施工现场技术管理制度以及建筑工程质量管理的要求，熟悉现场文明施工的内容，掌握建设工程招投标的种类和方式。

建筑工程项目管理是为确保项目总体目标的优化实现所进行的全过程、全方位的策划、组织、指挥、控制与协调。

建筑工程项目管理的对象是建筑工程项目，由于建筑工程项目的一次性特点，要求项目管理具有程序性、全面性和科学性。建筑工程项目管理主要是用系统工程的观念、理论和方法进行管理。建筑工程管理的目标就是建筑工程项目管理的目标。根据建筑工程项目的约束条件，建筑工程项目管理目标的主要内容就是：进度目标、质量目标、费用目标、安全目标以及由此产生的双方合同管理、信息管理和组织协调等。

6.1 施工现场技术管理

施工现场技术管理是对现场施工中的一切技术活动进行一系列组织管理工作的总称。技术管理是施工现场进行生产管理的重要组成部分。它的任务是对设计图纸、技术方案、技术操作、技术检验和技术革新等因素进行合理安排；保证施工过程中的各项工艺和技术建立在先进的技术基础上，使施工过程符合技术规定的要求；充分发挥材料的性能和设备的潜力，完善劳动组织，提高生产率，降低成本；保证科学技术充分发挥作用，不断提高施工技术水平。

6.1.1 施工现场技术管理制度

建立和健全技术管理制度，是技术管理中一项重要的基础工作。施工现场技术管理制度主要有以下内容：施工图会审制度，编制施工组织设计，技术交底制度，技术复核与核定制度，材料检验制度，计量管理，翻样与加工订货制度，工程质量检验与验收制度，施工工艺卡的编制与执行，设计变更和技术核定制度，工程技术资料与档案管理制度。下面介绍其中的几项重要制度。

1. 技术交底制度

技术交底是指工程开工前,由各级技术负责人将有关工程施工的各项技术要求逐级向下贯彻,直到基层。其目的是使参与施工任务的技术人员和工人明确所担负工程任务的特点、技术要求、施工工艺等。做到心中有数,保证施工的顺利进行。

现场技术交底的内容根据不同层次内容有所不同,主要包括:施工图纸,施工组织设计,施工工艺,施工方法,施工安全措施,规范要求,质量标准,设计变更等。对于重点工程、特殊工程、新结构、新工艺和新材料的技术要求,更需作详细的技术交底。

技术交底工作应分级进行,一般分四级:设计单位向施工单位技术负责人进行技术交底;企业总工程师向项目部技术负责人进行交底;项目经理部技术负责人向专业施工员或工长交底;施工员或工长向班组长进行交底。

技术交底的最基础一级,是施工员或工长向班组交底工作,这是各级技术交底的关键,施工员或工长在向班组交底时,要结合具体操作部位的质量要求、操作要点及注意事项。对关键性项目、部位、新技术、新材料、新工艺推广项目应反复地、细致地向操作班组进行交底。

技术交底应视工程技术复杂程度的不同,采取不同形式。一般采用文字、图形形式交底或采用规范操作和样板的形式交底。技术交底表见表6-1。

表6-1　技术交底表

工程名称		建设单位	
工程编号		监理单位	
交底部位		施工单位	
交底人签字		交底日期	
交底内容		接受签字	
参与单位及人员			

2. 技术复核与核定制度

技术复核,是指在施工过程中对重要的和涉及工程全局的技术工作,依据设计文件和有关技术标准进行的复查和校核。技术复核的目的是避免由于发生重大差错而影响工程的质量和使用。

技术复核除按质量标准规定的复查、检查内容外,一般在分项工程正式施工前,应重点检查表6-2所示的项目和内容。建筑企业应将技术复核工作形成制度,发现问题及时纠正。

3. 材料检测制度

材料检测就是对工程中涉及结构安全的试块、试件、材料按规定进行必要的检测。因为结构安全问题涉及人民的财产和生命安危,所以企业必须加强试块、试件、材料的监测制度,严把质量关,才能确保工程质量。

同时必须实行建筑工程见证取样和送检制度。所谓见证取样和送检,是指在建设单位或监理单位人员的见证下,由施工单位的现场检验人员对工程中涉及结构安全试块、试件和材料在现场取样,并送至经过省级以上建设行政主管部门对其资质进行认可并由质量技术监督部门对其质量认证的质量检测单位进行检测。见证人员应由建设单位或监理单位具备建筑施工

表 6-2 技术复核项目及内容表

项目	复核内容
建(构)筑物基础	测定定位轴线桩,水平桩,龙门桩,标高
基础及设备基础	土质,位置,标高,尺寸
模板	尺寸,位置,标高,预埋件预留孔,牢固程度,模板内部的清理工作,湿润情况
钢筋混凝土	现浇混凝土的配合比,现场材料的质量和水泥品种,强度等级,商品混凝土的各项技术指标,预制构件的位置,标高,型号,搭接长度,焊缝长度,吊装构件的强度
砖砌体	墙身轴线,皮数杆,砂浆配合比
大样图	钢筋混凝土柱,屋架,吊车梁以及特殊项目大样图的形状,尺寸,预埋件位置
其他	根据工程需要复核的项目

检验知识的专业人员担任,并由建设单位或监理单位书面通知施工单位、检验单位和负责该工程的质量监督机构。在施工过程中,见证人员应根据见证取样和送检计划,对施工现场的取样和送检进行见证,取样人员应在式样或包装上作出标志。标志和封志应标明工程名称、取样部位、取样日期、样品名称和样品数量,并由见证人员和取样人员签字。见证人员应制定见证记录,并将见证记录归入技术档案。见证人员和取样人员应对试样的代表性和真实性负责。

见证取样的试块、试件和材料送检时,应由送检单位填写委托单,委托单应由见证人员和送检人员签字。检测单位的检测报告必须加盖见证取样检测的专用章。

涉及结构安全的试块、试件和材料,其见证取样和送检的比例不得低于有关技术标准中规定应取样数量的 30%。

下列试块、试件和材料必须实施见证取样和送检:

(1)用于承重结构的混凝土试块;

(2)用于承重墙体的砌筑砂浆试块;

(3)用于承重结构的钢筋及连接接头试件;

(4)用于承重墙的砖和混凝土小型砌块;

(5)用于拌制混凝土和砌筑砂浆的水泥;

(6)用于承重结构混凝土中使用的掺加剂;

(7)地下、屋面、厕浴间使用的防水材料;

(8)国家规定必须实行见证取样和送检的其他试块、试件和材料。

工程施工中必须进行检验、试验的材料种类很多,每一种材料都有相应的试验项目。

4.翻样制度

施工图翻样是施工单位为了方便施工和简化砌筑、木工作业、钢筋等工程的图纸内容,将施工图或重复使用图按施工要求绘制成施工翻样图的工作。有时由于原设计图纸表达不清楚、图纸比例太小按图施工有困难、施工过程中图纸有修改、工程比较复杂等,也需要另行绘制施工翻样图。

(1)施工图翻样的作用。

①翻样过程也是学习和熟悉图纸的过程,通过翻样能更好地领会设计意图。

②通过翻样,把施工图上所注尺寸全面核对一遍,如有不符之处,经过核实改正后,可避免差错。

③按工种分别绘制翻样图,可以节省相关专业工人翻阅图纸的时间,而且翻样图纸简单明了、通俗易懂、方便施工。

④通过翻样,便于提出有关委托单位加工的订货和申请工程用料清单。

(2)施工图翻样的内容。

施工图翻样的内容视工程的复杂程度、施工图的质量和施工队伍的经验不同而有所差别,一般包括以下内容:

①按分部工程和工种绘制的施工翻样图。

②委托外单位加工(或申请材料)的构建翻样图。

③模板翻样图。对于比较复杂的工程,还需绘制模板大样图与排列图。模板需要量是根据模板同混凝土的接触面来计算的,所以大梁是以三面展开计算,柱子是以四面展开计算。支撑的计算方法根据楼板或大梁的重量来决定。以上方法只适用于木模,钢模则另外设计。

④钢筋翻样图。钢筋翻样主要是将结构施工图中各种现浇混凝土结构需要的钢筋按不同的规格和型号,摘出列成表,并算出各种规格和型号钢筋的下料尺寸和根数,便于送交加工部门加工。

⑤其他翻样工作,如装修复杂工程,还需绘制施工翻样图等。

5.设计变更制度

设计变更通知是设计单位针对施工图存在的问题进行变更的文字记载和修改记载。虽然设计单位有较严格的设计审批制度,但由于建筑施工条件变化大,不可预见的因素多,因此,会出现变更原设计图纸的情况。变更施工图的内容可由设计单位提出,也可由监理单位、建设单位、施工单位提出,但设计变更通知必须由设计院签发。设计单位发出变更通知后,由监理单位(建设单位)转发给施工单位。

6.1.2　施工现场技术管理措施

在施工中,为了提高工程质量,节约原材料,降低工程成本,加快进度,提高劳动生产率和改善劳动条件,而在技术管理上采取一系列的措施,这些措施就叫施工现场技术管理措施。

1.施工技术管理措施的内容

(1)加快施工进度、缩短工期方面的措施;

(2)保证和提高工程质量的措施;

(3)降低施工成本的措施;

(4)充分利用地方材料、综合利用工业废渣和废料的措施;

(5)推广新技术、新工艺、新结构、新材料的措施;

(6)革新技术、提高机械化水平的措施;

(7)改进施工机械设备的组织和管理,提高设备完好率、利用率的措施;

(8)改进施工工艺和技术操作的措施;

(9)保证安全施工的措施;

(10)优化劳动组织、提高劳动生产率的措施;

(11)发动群众广泛提出合理化建议,献计献策的措施;

(12)各种经济技术指标的控制措施;

(13)季节性施工的技术措施。

2.施工技术管理措施计划的编制和贯彻

施工技术管理措施计划应实行分级编制的原则。即总公司编制年度技术管理措施纲要,分公司按年、季编制技术管理措施计划,项目经理部编制月度技术管理措施计划。

单位工程的技术管理措施计划应列入单位工程施工组织设计,由编制施工组织设计的部门进行编制。施工技术管理措施计划一经批准,就要认真贯彻执行,其要求如下:

(1)施工技术管理措施纲要由公司总工程师审批后执行,分公司的年、季度技术管理措施计划由分公司主任工程师批准执行,月度技术管理措施计划由项目部主管计划负责人批准执行。

(2)项目部应结合施工计划将技术管理措施向有关技术人员、班组作详细交底,并认真贯彻,每月末应对执行情况进行统计上报。

(3)分公司技术负责人应督促技术管理措施计划的贯彻执行,并协助项目部做好此项工作。年末,总公司应对全年的技术管理措施计划执行情况进行总结。

6.2　建筑工程质量管理

建设工程质量必须实行政府监督管理。政府对工程质量的监督管理主要以保证工程使用安全和环境质量为主要目的,以法律、法规和强制性标准为依据,以地基基础、主体结构、环境质量和与此有关的工程建设各方主体的质量为主要内容,以施工许可制度和竣工验收备案制度为主要手段。

➤ 6.2.1　建筑工程质量管理的原则

为保证建筑工程质量满足国家法律、法规、技术规范、标准、设计文件及合同规定,在进行质量管理时必须遵循一定的原则。

1.坚持质量第一的原则

工程质量不仅关系到工程的适用性和项目的投资效果,更重要的是关系着人民群众的生命财产安全。因此,施工单位及其项目经理部在进行工程质量管理时,应始终坚持把"质量第一"作为最基本的原则。

2.坚持以人为核心的原则

人是一切社会活动的组织者、管理者和执行者。在建筑工程的施工过程中,施工企业及其各相关的部门、各岗位的人员的工作水平和完善程度,都直接或间接地影响施工质量。因此,在施工质量管理的过程中,要以人为核心,重点控制人的素质和行为,充分发挥人的创造性和工作积极性,以人的工作质量保证工程项目的质量。

3.坚持质量标准的原则

任何产品都有其质量标准,建筑工程也是如此。质量标准是评价建筑工程产品质量的尺度。一个项目的质量是否符合相关规定的质量标准,应该通过质量的检验,符合质量标准的要求才能算是合格,不符合质量标准的工程就是不合格工程,必须进行修补或返工。

4.坚持预防为主的原则

对建筑工程项目的质量进行管理应该是积极主动的,应该事先就对影响工程质量的各项因素加以控制,而不是在发生质量问题后,消极被动的去处理问题,如果等出现问题才进行处理,就已经造成了一定程度上的损失。因此,要重点做好事先控制和事中控制,以预防为主,加强过程中的质量检查和控制管理。

▶6.2.2　建筑工程质量管理的目标

建筑工程质量管理的目标一般由企业技术负责人和项目经理部经过认真分析项目特点、项目经理部实际情况以及企业生产经营总目标后确定。其基本要求是施工项目竣工验收交付使用后,质量应该达到设计要求,符合国家相关的工程施工质量验收统一标准的规定。

▶6.2.3　建筑工程质量管理的内容

建筑工程施工现场各项目部、施工队必须坚决贯彻执行各种质量管理文件、规程、规范和标准,必须有保证工程质量的管理机构和制度,有专人负责施工质量检测和核验记录,并认真作好施工记录和隐蔽工程验收签证记录,整理完善各项技术资料,确保施工质量符合要求。应该对施工队伍进行经常性的工程质量知识教育,提高工人的操作技术水平,在施工到关键性的部位时,必须在现场进行指挥和技术指导。

工程项目质量管理计划是指导整个项目质量控制和管理的文件,应体现从工序、分项工程、分部工程到单位工程、单项工程的全过程的质量管理,也应该从各项资源的投入到工程质量最终检验和试验的过程管理。工程项目质量管理计划作为施工单位对外进行质量保证和对内进行质量控制的依据,一般应该包括以下主要内容:

(1)施工项目质量目标和要求。

(2)施工过程中管理层和各执行层的职责、权限分配,以及相关的资源配置。

(3)施工工艺流程、施工方案、施工方法、质量控制点,以及与此有关的技术措施及资源要求等。

(4)材料、设备的质量管理及相关控制措施。

(5)施工中要进行的检验、试验、评审和检查的大纲、计划。

(6)达到质量标准的检验、评审方法。

(7)随着工程的进展,修改和完善的质量管理计划程序。

(8)为达到质量管理目标而采取的其他措施,需要补充制定的标准、方法、程序和其他相关文件。

施工现场工程质量管理必须按施工规范要求抓落实,保证每道工序和施工质量符合验收标准。坚持做到每一分部、分项工程施工自检自查,把好质量关,不符合要求的不处理好决不进行下道工序施工。隐蔽工程施工前,必须经过公司质检员、建设单位工地代表和设计单位代表验收签字后,方可进行隐蔽工程施工。严格把好材料质量关,不合格的材料不准使用,不合格的产品不准进入施工现场。工程施工前应及时作好工程所需的材料化验、试验,材料没有检验证明,不得进行隐蔽工程施工。

建立健全工程技术资料档案制度,每个施工现场均有专人负责整理工程技术资料,认真按照工程竣工验收资料要求,根据工程进行的进度及时作好施工记录、自检记录和隐蔽工程验收签字记录。将自检资料和工程保证资料分类整理保管好,以备检查。对违反工程质量管理制度的人,应该按不同程度给予处罚,并追究其责任。对发生事故的当事人和责任人,应按相关规章制度追究其责任并作出处理。

6.3　建筑工程安全管理

建立和健全以安全生产责任制为中心的各项安全管理制度,是保障建筑工程安全生产的重要组织手段。为确保各级施工管理人员在施工生产活动中能够自觉遵守安全、环保、文明施工,应贯彻落实安全生产、环保施工和文明施工的相关责任制度。

➤ 6.3.1　施工现场安全施工

1.安全目标

施工现场要求各个部门、各类人员以及现场每一个人应在现场各自职责范围内对安全生产工作负责。

2.制定安全计划

施工现场可以按照各个不同级别、不同部门进行责任划分,制订安全计划。

3.安全计划的执行、检查以及安全事故的处理

(1)牢固树立"安全第一,预防为主"的安全生产方针。安全生产方针是我国劳动保护工作的指导方针,是我国安全生产法规的理论基础。

(2)建立健全安全专职机构,严格执行安全生产责任制。建筑施工企业要配置专职安全技术干部,加强安全技术部门的领导作用,充分发挥他们的监督检查作用。各级领导要支持安全技术部门的工作,真正把安全技术人员当成自己的参谋。图 6-1 即为项目部安全管理机构图。

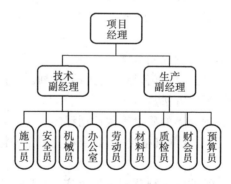

图 6-1　项目部安全管理机构图

(3)建立健全安全管理制度。根据国家的有关规定,建筑企业除建立安全生产责任制外,还需要建立安全生产教育制度,运用各种形式,进行经常性的、有针对性的安全教育。对新工人和参加建设的民工,必须进行安全生产的基本知识教育。对容易发生事故的工种,要进行安全操作训练。

(4)建立安全生产制度。广泛开展安全生产的宣传教育是安全生产管理工作的重要前提,不重视安全的思想是最大的事故隐患。

(5)安全技术措施要有针对性。保证工人在安全的环境中进行施工作业,安全交底要认真细致,确实起到保证安全施工的作用。

（6）严肃对待事故。严肃对待施工现场发生的事故，对查出的事故隐患，要做到"三定"，即定解决负责人、定解决时间、定解决措施，并定期复查，督促问题解决。

6.3.2　现场安全管理

单位工程施工组织设计应结合项目的具体特点，提出相应的安全施工与保证措施，对施工中可能发生的安全问题进行预测，其主要内容有：

（1）建立安全保证体系，落实安全责任。

（2）制定完善的安全保护措施。

（3）预防自然灾害措施，包括防台风、防雷击、防洪水、防地震等。

（4）防火、防爆措施，包括大风天气严禁施工现场明火作业，明火作业要有安全保护，氧气瓶防震、防晒和乙炔罐严禁回火等措施。

（5）劳动保护措施包括安全用电、高空作业、交叉施工、防暑降温、防冻防寒和防滑防坠落，以及防有害气体等措施。

（6）特殊工程安全措施，如采用新结构、新材料或新工艺的单项工程，要编制详细的安全施工措施。

（7）环境保护措施包括有害气体排放、现场生产污水和生活污水排放，以及现场树木和绿地保护等措施。

（8）建立安全的奖罚制度，制定安全事故应急救援措施。

6.3.3　施工现场料具管理

施工现场料具管理是建筑企业内部管理的关键环节和核心内容之一。由于占工程造价60％～70％的原材料、构配件要通过施工现场消耗，因此要搞好施工前的准备工作，组织好材料进场的验收、保管和发放工作，实行定额用料制度。

1. 施工过程中的组织与管理

（1）建立健全现场料具管理责任制。现场料具要严格按照平面布置图码放，划区分片包干负责，要有责任区、责任人，并有明显标牌。

（2）加强现场平面布置的管理。根据不同施工阶段、材料资源变化、设计变更等情况，及时调整堆料现场位置，保持道路畅通，减少二次搬运。

（3）随时掌握施工进度及用料信息，搞好平衡调剂，正确组织材料进场。材料计划要严密可靠，保证施工需要。

（4）严格按平面布置堆放料具，成堆成线；经常清理杂物和垃圾，保持场地、道路、工具及容器清洁。

（5）认真执行材料的验收、保管、发料、退料、回收等手续制度，建立健全原始记录和各种台账，对来料原始凭证妥善保存，按月盘点核算。

（6）严格执行限额领料制度，组织班组合理使用材料，及时检查、考核、验收、结算，对用料节俭。

2. 料具清退及转场

（1）根据工程主要部位（结构、装修）进度情况，组织好料具的清退与转场。一般在结构或装修施工阶段接近80％左右时，要检查现场存料，估计未完工程用料量，调整原用料计划，削减多余,补充不足,以防止剩料过多,为完工清场创造条件。

(2)临时设施及暂设工具用料的处理。对于不再使用的临时设施应考虑提前拆除,并充分利用这部分材料,直接转场到新的工地,以避免二次搬运;对于周转料具要及时整修,随时转移到新的施工点或清退入库或租赁站。

(3)施工垃圾及包装容器的处理。对于施工现场的施工垃圾设立分拣、回收、利用及清运,做到及时集中分拣,包装容器及时回收清退。

6.4　环境保护施工

环境是我们生产和生活的必要因素,环境保护是指人类为解决现实或潜在的环境问题,协调人类与环境之间的关系,保护人类生存环境、保障社会的可持续发展而采取的各类行动的总称。对于建筑工程施工现场而言,各参与企业单位应提高环境保护意识,加强现场环境保护,做到施工与环境和谐健康发展。

1.建筑工程施工对环境的常见影响

(1)施工机械作业、模板支设拆除、脚手架安装与拆除等产生的噪声污染;

(2)施工现场渣土、混凝土、砂石、土方等搬运存放产生的粉尘污染;

(3)现场生活区、库房等处发生的火灾、爆炸;

(4)现场渣土、混凝土、建筑垃圾、生活垃圾等产生的遗撒;

(5)现场夜间施工照明造成的光污染;

(6)现场生产、生活产生的污水污染;

(7)现场废弃的油桶、涂料、化学废液废渣等产生的有毒有害废弃物污染;

(8)现场主要建筑材料、水、电等的消耗。

2.建筑工程施工现场环境保护相关措施

建筑工程施工应根据对环境影响的规模大小、严重程度、发生的频率、持续时间长短、社会关注程度以及法规制度的限定等具体情况,对识别出的环境影响因素进行分析和评价,找出对环境有重大影响或有潜在影响的重要影响因素,采取切实可行的措施进行控制,尽可能的减少有害的环境影响,降低工程建造成本,提高环境保护的效益。

(1)施工期间噪声的防治措施。

现场施工噪声主要来自施工机械,为了能有效地降低施工噪声,应从以下几点着手:

①必须采取相应措施以使施工噪声符合国家环保局颁发的《建筑施工场界噪声排放标准》(GB12523—2011)要求。土石方施工阶段的噪声限值为:昼间 70dB,夜间 55dB。

②在可供选择的施工方案中尽可能选用噪音小的施工工艺和施工机械。

③将噪音较大的机械设备布置在远离施工红线的位置,减少噪音对施工红线外的影响。

④对噪音较大的机械,在中午(12 时至 14 时)及夜间(20 时至次日 7 时)休息时间内停机,以免影响附近居民休息。

(2)施工期间粉尘(扬尘)的污染防治措施。

土石方施工和施工车辆行驶会引起尘土飞扬,使附近的总悬浮颗粒物超过环境空气质量标准。为了环保,应完成以下工作:

①配备足够数量的洒水车以保证因汽车行驶而引起的粉尘(扬尘)控制在最低限度。

②定时派人清扫施工便道路面,减少尘土量。

③对可能扬尘的施工场地定时洒水,并为在场的作业人员配备必要的专用劳保用品。对易于引起粉尘的细料或散料应予遮盖或适当洒水,运输时应予遮盖。

④汽车进入施工场地应减速行驶,避免扬尘。

(3)施工期间振动污染的防治措施。

①在可供选择的施工方案中尽量选用振动小的施工艺及施工机械。

②将振动较大的施工机械设备布置在运离施工红线的位置,减少对施工红线外振动的影响。

③对振动较大的施工机械,在中午(12 时至 14 时)及夜间(20 时至次日 7 时)休息时间内停机,以免影响附近居民休息。

(4)施工期间水污染(废水)的防治措施。

①加强对施工机械的维修保养,防止机械使用的油类渗漏进入地下水中或市政下水道。

②施工人员集中居住点的生活污水、生活垃圾(特别是粪便)要集中处理,防止污染水源,厕所需设化粪池。

③冲洗材料或含有沉淀物的操作用水,应采取过滤沉淀池处理或其他措施,使沉淀物不超过施工前河流、湖泊的随水排入的沉淀物量。

(5)施工期间固体废物的防治措施。

①注意环境卫生,施工项目用地范围内的生活垃圾应倾倒至围墙内的指定堆放点,不得在围墙外堆放或随意倾倒,最后交环保部门集中处理。

②对施工期间的固体废弃物应分类定点堆放,分类处理。

③施工期间产生的废钢材、木材、塑料等固体废料应予以回收利用。

④严禁将有害废弃物用做土方回填料。

(6)其他环保措施。

①建立环境保护管理小组,由项目经理主管,成员由专业骨干组成,作好日常环境管理,并建立环保管理资料。

②建立健全环境工作管理条例,在施工组织设计中应添加相应环保内容。

③对地下管线应妥善保护,不明管线应事先探明,不允许野蛮施工作业。施工中如发现文物应及时停工,采取有效封闭保护措施,并及时报请业主处理,任何人不得隐瞒或私自占有。

④建立公众投诉电话,主动接受群众监督。

⑤施工期间应防止水土流失,作好废料石的处理,做到统筹规划、合理布置、综合治理、化害为利。

6.5 文明施工

➢ 6.5.1 文明施工的保障措施

建筑工程施工现场,应该按照国家的相关要求,制定相应的文明施工保证措施,以达到现场文明施工的规定和要求。

(1)建立健全文明施工检查考评制度,项目部每周进行一次自检,同时要配合监理部门对文明施工的检查。项目经理部指派专人主抓文明施工及环境保护工作,并将文明施工和环境保护工作开展的成效优劣与否与各专业班组和管理人员的效益挂钩。

(2)项目部临时用地按相关标准进行布置,四周设置排水沟。

(3)根据施工平面图规划生活用房和施工用房,在工地门口设置明显的标示牌,标明:建设工程名称、规模,建设、设计、监理、施工单位名称,建设单位工地总代表,施工单位总负责人与总工程师的姓名,工程开竣工日期,施工许可证批准文号等内容。并应同时设置统一规格的施工标牌,简称"七牌二图":①安全生产十大禁令牌;②施工现场"十不准"牌;③安全生产十大纪律牌;④十项安全技术措施牌;⑤防火须知牌;⑥工程概况牌;⑦安全生产计数牌;⑧工地施工总平面图;⑨卫生平面布置图。

(4)施工场地出入口应设置洗车槽,出场地的车辆必须冲洗干净。

(5)施工场地道路必须平整畅通,给排水系统应良好。材料、机具要求分类堆放整齐并设置标示牌。严格按照用地管理,临时工程等设施均安排于计划用地红线内。

(6)场地内的管线应严格按设计和安全规定架设,并严加管理,杜绝乱搭乱接。建立工地文明、卫生责任制,落实到人。

(7)施工人员及管理人员均应佩戴胸卡上岗,上岗时必须戴安全帽,并做好施工现场的安全保卫工作,采取必要的防盗措施,建立门卫值班制度并设专职保安值勤。非施工人员不得擅自进入施工现场,施工人员着装不符合安全规定的也不准进入施工现场。

(8)现场弃土及施工垃圾应及时清除,注意搞好工地及四周的环境卫生,创造良好的生活、施工卫生条件。

(9)工地现场机具设备及材料堆放应合理有序,现场的废料应及时清运,场地在干燥大风时应注意洒水降尘。

(10)将日常整理列入文明施工管理的日常工作中,做到作业人员离开后作业面干净整洁。

(11)做好电器设备的防雨防雷措施,定期对保护零线、重复接地的接地电阻进行测试,以确保施工用电的安全。

(12)施工现场办公室要经常保持整洁有序,不准兼做宿舍用,在内墙上要挂"四牌四表二图一板":①技术(质量)责任制度牌;②安全责任制度牌;③消防责任制度牌;④文明施工责任制度牌;⑤工程概况表;⑥天气晴雨表;⑦管理人员表;⑧施工进度表;⑨施工平面图;⑩形象进度图;⑪记事板。

(13)施工现场设置的办公室、材料房、宿舍、厨房、冲凉房、厕所等都必须挂牌,并要张贴管理规定。

(14)做好施工现场的卫生管理工作,环境应经常保持卫生整洁,厕所要建在指定地点并有防蝇灭蛆、洗水槽、自动冲水等设施。生活垃圾要在指定地点倒放,生活废水通过指定的污水沟排放,不准随地大小便,不准乱扔脏物,保持现场的卫生和清洁,建立文明、卫生、防水责任制,确保责任落实到人。

(15)工地饭堂与工棚应分开,厨房必须保持卫生、通风、明亮,房内安装排气扇,以保证房内通风良好。炊事员上岗应持有效的健康合格证和岗位培训合格证,生、熟品严格分开,餐具用后应立即洗刷干净并按规定消毒。

(16)施工现场要严格按照安全防火工作的相关规定派专人负责,建立起安全防火管理制度和台账(包括施工现场防火平面布置图),设置符合要求的消防设施和配备足量的消防器材设备,并保持完好的备用状态,建立高效率的义务消防队,切实搞好施工现场的安全防火工作。

(17)工程完工后,按要求及时拆除所有围蔽及临时建筑设施、安全防护设施和其他临时工程,并将工地周围环境清理整洁,做到工料清、场地净。

(18)主动协调好周边关系,减少因施工造成不便而产生的各种纠纷。

6.5.2 现场文明施工管理

现场文明施工管理是施工现场管理的重要内容,文明施工是现代化施工的一个重要标志,是施工企业一项基础性的管理工作。坚持文明施工具有重要的意义。安全生产与文明施工是相辅相成的,建筑施工安全生产不但要保证职工的生命、财产安全,同时要加强现场管理、文明施工,保证施工井然有序,改变过去施工现场脏、乱、差的面貌,对提高效益、保证工程质量都有重要的意义,因而在单位工程施工组织设计中应制定具体的文明施工的措施。

1. 现场文明施工管理的主要内容
(1)抓好项目文化建设。
(2)规范场地容貌,保持作业环境的整洁和卫生。
(3)创造文明有序安全生产的条件。
(4)减少对周边居民和环境的不利影响。

2. 现场文明施工管理的基本要求
(1)建筑工程施工现场应该做到围挡、大门、标牌的标准化,材料堆放的整齐化,安全设施的规范化、职工行为的文明化、生活设施的整洁化、工作生活的秩序化。
(2)建筑施工现场要做到工完场清、施工不扰民、运输无遗撒、现场不扬尘、垃圾不乱放,尽量营造良好的施工作业环境。

3. 现场文明施工管理的要点
(1)现场出入口应标有企业名称或企业标识,主要出入口明显处应设置工程概况牌,大门内应设置施工现场总平面图和安全生产、消防保卫、文明施工、环境保护和相关管理人员的名单及监督电话等制度牌。
现场应进行封闭管理,防止"扰民"和"民扰"问题,同时保护环境,美化市容,因而对工地围墙、大门等设置应符合当地市政环卫部门的要求。
(2)现场场地应平整无障碍物,有良好的给排水系统,保证现场整洁。
(3)施工现场的主要机械、脚手架、安全网、围挡、模具和各种管线、施工材料等的堆放场地及仓库、土方及建筑垃圾堆放区、现场的办公、生产和临时设施、变配电间、消火栓、警卫室等布置,均应按照施工平面图进行布置。
(4)防止施工环境污染,提出防止废水、废气、生产、生活垃圾及防止施工噪声,施工照明污染的措施。
(5)宣传措施,施工现场应设置宣传栏、报刊栏,悬挂安全标语和安全警示标志牌,加强安全文明施工宣传。如围墙上的宣传标语应体现企业的质量安全理念,"七牌二图"应齐全。
(6)对工人应进行文明施工的教育,要求他们不能乱扔、乱吐、乱说、乱骂等,言行文明,衣冠整齐。同时还要制订相应的处罚措施。
(7)施工现场应加强治安综合治理和社区服务工作,建立现场治安保卫制度,落实治安防范措施,避免失盗、扰民事件的发生。

(8)施工现场应将施工区域和办公、生活区域划分清楚,并采取相应的隔离防护措施。施工现场的临时用房应合理选址,应符合相关的安全、消防要求和有关规定。在建工程内严禁住人。

6.6 建设工程招投标

6.6.1 建筑工程招标投标概述

1.建设工程招标投标的概念

招标投标是在市场经济条件下进行工程建设、货物买卖、财产出租、中介服务等经济活动的一种竞争形式和交易方式,是引入竞争机制订立合同(契约)的一种法律形式。它是指招标人对工程建设、货物买卖、劳务承担等交易业务,事先公布选择采购的条件和要求,吸引他人承接,若干或众多投标人参加竞争,最终招标人按照规定的程序和办法择优选定中标人的活动。

建设工程招标是指招标人在发包建设项目之前,公开招标或邀请投标人,根据招标人的意图和要求提出报价,择日当场开标,以便从中择优选定中标人的一种经济活动。

建设工程投标是工程招标的对称概念,指具有合法资格和能力的投标人根据招标条件,经过初步研究和估算,在指定期限内填写标书,提出报价,等候开标,并争取中标的经济活动。

从法律意义上讲,建设工程招标一般是建设单位(或业主)就拟建的工程发布通告,用法定方式吸引建设项目的承包单位参加竞争,进而通过法定程序从中选择条件优越者来完成工程建设任务的法律行为。建设工程投标一般是经过特定审查而获得投标资格的建设项目承包单位,按照招标文件的要求,在规定的时间内向招标单位填报投标书,并争取中标的法律行为。

2.建设工程招标投标的意义

实行建设项目的招标投标是我国建筑市场趋向规范化、完善化的重要举措,对于择优选择承包单位、全面降低工程造价,进而使工程造价得到合理有效的控制,具有十分重要的意义。其意义具体表现在:

(1)形成了由市场定价的价格机制。

实行建设项目的招标投标基本形成了由市场定价的价格机制,使工程价格更加趋于合理。其最明显的表现是若干投标人之间出现激烈竞争(相互竞标),这种市场竞争最直接、最集中的表现就是在价格上的竞争。通过竞争确定出工程价格,使其趋于合理或下降,这将有利于节约投资、提高投资效益。

(2)不断降低社会平均劳动消耗水平。

实行建设项目的招标投标能够不断降低社会平均劳动消耗水平,使工程价格得到有效控制。在建筑市场中,不同投标者的个别劳动消耗水平是有差异的。通过推行招标投标,最终那些个别劳动消耗水平最低或接近最低的投标者获胜,这样便实现了生产力资源的较优配置,也对不同投标者实行了优胜劣汰。面对激烈竞争的压力,为了自身的生存与发展,每个投标者都必须切实在降低自己个别劳动消耗水平上下工夫,这样将逐步而全面地降低社会平均劳动消耗水平,使工程价格更为合理。

(3)促使工程价格更加符合价值基础。

实行建设项目的招标投标有利于供求双方更好地相互选择,使工程价格更加符合价值基础,进而更好地控制工程造价。由于供求双方各自出发点不同,存在利益矛盾,因而单纯采用

"一对一"的选择方式,成功的可能性较小。采用招投标方式就为供求双方在较大范围内进行相互选择创造了条件,为需求者(如建设单位、业主)与供给者(如勘察设计单位、施工企业)在最佳点上结合提供了可能。需求者对供给者选择(即建设单位、业主对勘察设计单位和施工单位的选择)的基本出发点是"择优选择",即选择那些报价较低、工期较短、具有良好业绩和管理水平的供给者,这样就为合理控制工程造价奠定了基础。

(4)贯彻公开、公平、公正的原则。

实行建设项目的招投标有利于规范价格行为,使公开、公平、公正的原则得以贯彻。我国招投标活动有特定的机构进行管理,有严格的程序必须遵循;有高素质的专家支持系统、工程技术人员的群体评估与决策,能够避免盲目过度的竞争和营私舞弊现象的发生;招投标对建筑领域中的腐败现象也起到强有力的遏制,使价格形成过程变得透明而较为规范。

(5)能够减少交易费用。

实行建设项目的招投标能够减少交易费用,节省人力、物力、财力,进而使工程造价有所降低。我国目前从招标、投标、开标、评标直至定标,均在统一的建筑市场中进行,并有较完善的法律、法规规定,已进入制度化操作。招投标过程中,若干投标人在同一时间、地点报价竞争,在专家支持系统的评估下,以群体决策方式确定中标者,必然了减少交易过程的费用,这本身就意味着招标人收益的增加,对工程造价必然产生积极的影响。

建设项目招标投标活动包含的内容十分广泛,具体说包括建设项目强制招标的范围、建设项目招标的种类与方式、建设项目招标的程序、建设项目招标投标文件的编制、标底编制与审查、投标报价以及开标、评标、定标等。所有这些环节的工作均应按照国家有关法律、法规规定认真执行并落实。

▷ 6.6.2　建设工程招标的种类及方式

1.建设工程招标的种类

工程项目招投标多种多样,按照不同的标准可以进行不同的分类。

(1)按工程建设程序分类。

按照工程建设程序,可以将建设工程招标分为建设项目前期咨询招标、工程勘察设计招标、材料设备采购招标、施工招标。

(2)按工程项目承包的范围分类。

按照工程承包的范围,可将建设工程招标划分为项目总承包招标、项目阶段性招标、设计施工招标、工程分承包招标、专项工程承包招标。

(3)按行业或专业类别分类。

按照与工程建设相关的业务性质及专业类别划分,可将工程招标分为土木工程招标、勘察设计招标、材料设备采购招标、安装工程招标、建筑装饰装修招标、生产工艺技术转让招标、咨询服务(工程咨询)及建设监理招标等。

(4)按工程承发包模式分类。

随着建筑市场运作模式与国际接轨进程的深入,我国承发包模式也逐渐呈多样化,主要包括工程咨询承包、交钥匙工程承包模式、设计施工承包模式、设计管理承包模式、BOT 工程模式、CM 模式。按承发包模式分类可将工程招标划分为工程咨询招标、交钥匙工程招标、设计施工招标、设计管理招标、BOT 工程招标。

2.建设工程招标的方式

建设工程招标的方式在国际上通行的为公开招标、邀请招标和议标,但《中华人民共和国招投标法》未将议标作为法定的招标方式,即法律所规定的强制招标项目不允许采用议标方式,主要因为我国国情与建筑市场的现状条件,不宜采用议标方式,但法律并不排除议标方式。

(1)公开招标。

公开招标又称为无限竞争招标,是由招标单位通过报刊、广播、电视等方式发布招标广告,有投标意向的承包商均可参加投标资格审查,审查合格的承包商可购买或领取招标文件,参加投标的招标方式。

(2)邀请招标。

邀请招标又称为有限竞争性招标。这种方式不发布广告,业主根据自己的经验和所掌握的各种信息资料,向承担该项工程施工能力的三个以上(含三个)承包商发出投标邀请书,收到邀请书的单位有权利选择是否参加投标。邀请招标与公开招标一样都必须按规定的招标程序进行,要制定统一的招标文件,投标人都必须按招标文件的规定进行投标。

(3)议标。

议标又称协议招标、协商议标,是一种以议标文件或拟议的合同草案为基础的,直接通过谈判方式,分别与若干家承包商进行协商,选择自己满意的一家,签订承包合同的招标方式。议标通常适用于涉及国家安全的工程或军事保密的工程,或紧急抢险救灾工程及小型工程。

图 6-2 即为建设工程招标工作流程,公开招标流程含以上流程的所有环节,邀请招标不含其中的资格预审,议标不含标底编制、资格预审、勘察现场、投标预备会、标底的报审和评标等等环节。

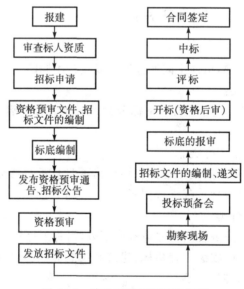

图 6-2　建设工程招标工作流程

6.7　建设工程合同管理

建设工程合同管理是指工程承包合同双方当事人在合同实施过程中自觉地、认真严格地遵守所签订的合同的各项规定和要求,按照各自的权力、履行各自的义务、维护各自的权利,发扬协作精神,处理好"伙伴关系",做好各项管理工作,使项目目标得到完整的体现。

▶ 6.7.1　合同各方的合同管理

1.业主的合同管理

业主对合同的管理主要体现在施工合同的前期策划和合同签订后的监督方面。业主要为承包商的合同实施提供必要的条件,向工地派驻具备相应资质的代表,或者聘请监理单位及具备相应资质的人员负责监督承包商履行合同。

2.承包商的合同管理

承包商的工程承包合同管理是最细致、最复杂,也是最困难的合同管理工作。在市场经济中,承包商的总体目标是通过工程承包获得盈利。这个目标必须通过两步来实现:

(1)通过投标竞争,战胜竞争对手,承接工程,并签订一个有利的合同。

(2)在合同规定的工期和预算成本范围内完成合同规定的工程施工和保修责任,全面正确地履行自己的合同义务,争取盈利。同时,通过双方圆满的合作,工程顺利实施,承包商赢得了信誉,为将来在新的项目上的合作和扩展业务奠定基础。

这要求承包商在合同工期的每个阶段都必须有详细的计划和有力的控制,以减少失误,减少双方的争执,减少延误和不可预见的费用支出。这一切都必须通过合同管理来实现。

承包合同是承包商在工程中的最高行为准则。承包商在工程施工过程中的一切活动都是为了履行合同责任。所以,广义地说,承包工程项目的实施和管理全部工作都可以纳入合同管理的范围。合同管理贯穿于工程实施的全过程和工程实施的各个方面。在市场经济环境中,施工企业管理和工程项目管理必须以合同管理为核心。这是提高管理水平和经济效益的关键。

但从管理的角度出发,合同管理仅被看做项目管理的一个职能,它主要包括项目管理中所有涉及合同的服务性工作。其目的是,保证承包商全面地、正确地、有秩序地完成合同规定的责任和任务,它是承包工程项目管理的核心和灵魂。

3.监理工程师的合同管理

业主和承包商是合同的双方,监理单位受业主委托为其监理工程,进行合同管理,负责工程的进度控制、质量控制、投资控制以及做好协调工作。监理工程师是业主和承包商合同之外的第三方,是独立的法人单位。

监理工程师对合同的监督管理与承包商在实施工程时的管理的方法和要求不一样。承包商是工程的具体实施者,他需要制定详细的施工进度和施工方法,研究人力、机械的配合和调度,安排各个部位施工的先后次序以及按照合同要求进行质量管理,以保证高速、优质地完成工程。监理工程师则不具体地安排施工和研究如何保证质量的具体措施,而是宏观地控制施工进度,按承包商在开工时提交的施工进度计划以及月计划、周计划进行检查督促,对施工质量则是按照合同中技术规范和图纸内的要求去进行检查验收。监理工程师可以向承包商提出建议,但并不对如何保证质量负责,对监理工程师提出的建议是否采纳,由承包商自己决定。对于成本问题,承包商要精心研究如何去降低成本,提高利润率。而工程师主要是按照合同规定,特别是工程量表的规定,严格为业主把住支付这一关,并且防止承包商的不合理的索赔要求,监理工程师的具体职责已在合同条件中规定出来,如果业主要对监理工程师的某些职权作出限制,应在合同专用条件中作出明确规定。

➤ 6.7.2　合同管理的任务和主要工作

1. 工程施工中合同管理的任务

项目经理和企业法定代表人签订"项目管理目标责任书"后,项目经理部的合同管理机构和人员如合同工程师、合同管理员向各工程小组负责人和分包商人员学习和分析合同,进行合同交底工作。项目经理部着手进行施工准备工作。现场的施工准备一经开始,合同管理的工作重点就转移到施工现场,直到工程全部结束。

在工程施工阶段合同管理的基本目标是,全面地完成合同责任,按合同规定的工期、质量、价格(成本)要求完成工程。在整个工程施工过程中,合同管理的主要任务如下:

(1)签订好分包合同、各类物资的供应合同及劳务分包合同,保证施工项目顺利进行。

(2)对项目经理和项目管理职能人员、各工程小组、所属的分包商在合同关系上给予帮助,进行工作上的指导,如经常性地解释合同,对来往信件、会谈纪要等进行合同法律审查。

(3)对工程实施进行有力的合同控制,保证项目部正确履行合同,保证整个工程按合同、有计划、有步骤、有秩序地施工,防止工程失控。

(4)及时预见和防止合同问题以及由此引起的各种责任,防止合同争执和避免合同争执造成的损失。对因干扰事件造成的损失进行索赔,同时应使承包商免于对干扰事件和合同争执的责任,避免使其处于不能被索赔的地位(即反索赔)。

(5)向各级管理人员和业主提供工程合同实施的情况报告,并提供用于决策的资料、建议和意见。

在施工阶段,需要进行管理的合同包括:工程承包合同、施工分包合同、物资采购合同、租赁合同、保险合同、技术合同和货物运输合同等。因此,合同管理的内容比较广泛但重点应放在承包商与业主签订的工程承包合同,它是合同管理的核心。

2. 合同管理的主要工作

合同管理人员在这一阶段的主要工作有如下几个方面:

(1)建立合同实施的保证体系,以保证合同实施过程中的一切日常事务性工作有秩序地进行,使工程项目的全部合同事件处于控制中,保证合同目标的实现。

(2)监督工程小组和分包商按合同施工,并做好各类合同的协调和管理工作。以积极合作的态度完成自己的合同责任,努力作好自我监督。

同时也应督促和协助业主和工程师完成他们的合同责任,以保证工程顺利进行。许多工程实践证明,合同所规定的权力,只有靠自己努力争取才能保证其行使,防止其被侵犯。如果承包商自己放弃这个努力,虽然合同有规定,但也不能避免损失。例如承包商合同权益受到侵犯,按合同规定业主应该赔偿,但如果承包商不提出要求(如不会索赔,不敢索赔,超过索赔有效期,没有书面证据等),则承包商权力得不到保护,索赔无效。

(3)对合同实施情况进行跟踪;收集合同实施的信息,收集各种工程资料,并作出相应的信息处理;将合同实施情况与合同分析资料进行对比分析,找出其中的偏离,对合同履行情况作出诊断;向项目经理提出合同实施方面的意见、建议,甚至警告。

(4)进行合同变更管理。这里主要包括参与变更谈判,对合同变更进行事务性处理,落实变更措施,修改变更相关的资料,检查变更措施落实情况。

(5)日常的索赔和反索赔。这里包括两个方面:①与业主之间的索赔和反索赔;②与分包商及其他方面之间的索赔和反索赔。

在工程实施中,承包商与业主、总(分)包商、材料供应商、银行等之间都可能有索赔或反索赔。合同管理人员承担着主要的索赔(反索赔)任务,负责日常的索赔(反索赔)处理事务。合同管理人员的具体工作有:

①对收到的对方的索赔报告进行审查分析,收集反驳理由和证据,复核索赔值,起草并提出反索赔报告。

②对由于干扰事件引起的损失,向责任者(业主或分包商等)提出索赔要求;收集索赔证据和理由,分析干扰事件的影响,计算索赔值,起草并提出索赔报告。

③参加索赔谈判,对索赔(反索赔)中所涉及的问题进行处理。

索赔和反索赔是合同管理人员的主要任务之一,所以,他们必须精通索赔(反索赔)业务。

例如,我国某承包公司在国外承包一项工程,合同签订时预计该工程能盈利30万美元;开工时,发现合同有些不利,估计能持平,即可以不盈不亏;待工程进行了几个月,发现合同很为不利,预计要亏损几十万美元;待工期达到一半,再作详细核算,才发现合同极为不利,是个陷阱,预计到工程结束,至少亏损1000万美元以上,到这时才采取措施,损失已极为惨重。

在这个工程中如果及早对合同进行分析、跟踪、对比,发现问题及早采取措施,则可能把握主动权,避免或减少损失。

合同管理的工作流程如图6-3所示。

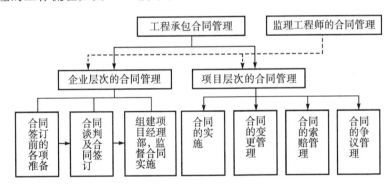

图6-3 合同管理工作流程图

思考与练习

1.建筑工程项目管理包括哪些基本内容?

2.施工现场技术管理措施的内容有哪些?

3.施工现场环境保护应从哪些方面考虑?

4.文明施工具有怎样的意义?

5.建筑工程招标有哪些种类?

6.合同管理的任务是什么?有哪些主要工作?

第7章 计算机技术在施工组织与管理中的应用

内容摘要

本章重点介绍了计算机技术在项目管理中的应用,要求学生了解现代工程信息化管理的作用;熟练掌握智能项目管理系统 PERT 绘制网络图的步骤;能够按照要求绘制网络图并进行调整。

7.1 了解项目管理信息化

7.1.1 项目管理信息化概述

随着我国建筑业和基本建设管理体制改革的不断深化,建筑工程项目的生产方式和组织结构发生了巨大的变化,以工程项目管理为核心的企业生产经营管理体制已基本形成,并且随着我国加入 WTO,国际竞争日益激烈,工程项目管理正向着国际化、信息化的趋势发展。

现代工程项目的管理,是一个复杂、艰巨的系统工程,涉及投资、进度、质量、人员、风险、合同、图纸文档等多方面的工作及众多的参与部门,如设计、监理、施工、运营等,使得在工程项目管理过程中信息的采集沟通和协调工作量十分巨大。计算机技术在工程项目管理信息系统中的应用有效地解决了工程项目管理过程中的信息采集、处理和传递,并为管理者提供了准确的决策依据。当今,工程项目的规模和要求出现了许多根本性的变化,工程项目面临一系列的问题和机遇,项目管理工作日趋复杂,对工程项目实施全面规划和动态控制,需要处理大量的信息,处理时间要短,速度要快,又要准确,这样才能及时提供相关的项目决策信息。对工程建设过程中产生的大量数据单靠人工方法整理和计算是远远不能满足项目管理的要求的,许多信息处理工作靠手工方式是不能胜任的。因此,提高工程项目管理水平,应用计算机辅助管理,进行项目管理信息的处理已成为项目管理发展的必然趋势,计算机辅助管理是工程项目管理有效和必需的手段,因此说计算机在工程项目管理信息系统中有非常重要的意义,它可以极大地提高管理工作效率,还可以提高工程项目管理水平。

▷ 7.1.2　项目管理信息

（1）计算机能够快速、高效地处理项目产生的大量数据，提高信息处理的速度，准确提供项目管理所需的最新信息，辅助项目管理人员及时、正确地作出决策，从而实现对项目目标的控制。

（2）计算机能够存储大量的信息和数据，采用计算机辅助信息管理，可以集中储存与项目有关的各种信息，并能随时取出被存储的数据，使信息共享，为项目管理提供有效使用服务。

（3）计算机能够方便地形成各种形式、不同需求的项目报告的报表，提供不同等级的管理信息。

（4）计算机在建筑工程施工组织与管理中的应用促进了项目管理人员素质的提高，提高了项目的知识结构。计算机的应用，替代了很多简单而繁杂的工作，项目管理人员除了必要的工作外，有了较多的时间可以去"充电"，接受新的知识，这不仅使广大管理工作者自身素质得到了提高，而且使其知识结构也得到了不断的改善。

（5）信息化规范了项目管理工作，工作质量得到了保证。计算机的使用，对项目管理工作提出了一系列规范化的要求，在很大程度上解决了手工操作中易出错、易疏漏、涂改等不规范问题，促使项目管理工作更加标准化、制度化、规范化，使得项目管理工作质量得到了有效的保证。

（6）信息化促使项目管理工作职能的转变，为提高项目的经济效益起到了较好的作用。在手工操作条件下，项目的工作人员只能通过手工完成记录、抄写、填表格等，其客观性决定了好多工作只能实现事后管理的职能。实现了计算机管理后，项目工作者可有较多的时间和精力参与项目管理，完成在手工方式下难以完成甚至无法完成的分析、预测等工作，由原事后管理向事先预测、事中控制的职能转变，为提高项目的经济效益起到了较好的作用。

（7）信息化提高了项目管理的效率和精确度，减少了管理人员数目，使管理人员有更多的时间从事更有价值、更重要的工作。

（8）通过计算机能使一些现代化的管理手段和方法在项目中卓有成效地使用，例如系统控制方法、预测决策方法、模拟技术等。

（9）利用计算机网络，可以提高数据传递的速度和效率，充分利用信息资源，沟通信息联系。高水平的项目管理，离不开先进、科学的管理手段。在项目管理中应用计算机，可以帮助编制项目规划，辅助进行控制决策，帮助实时跟踪检查。计算机辅助工程项目管理是有效实施项目管理的重要保证。

7.2　智能项目管理系统 PERT 的基本操作

▷ 7.2.1　智能项目管理系统 PERT 的特点

智能项目管理系统 PERT 是由北京市梦龙科技开发公司开发的计算管理软件，其特点为：该软件完全拟人化操作，不用纸和笔画草图，可以直接用鼠标在屏幕上做网络图，智能建立紧前、紧后逻辑关系，节点及编号、关键线路实时自动生成，与表格输入方式做网络图相比功效提高了数倍乃至数十倍。操作该软件不需更多的网络计划知识，只懂得工程能看懂网络图，就可轻松愉快、快速准确地做网络图。

PERT 系统安装的硬件平台为：①PC 及兼容机 CPU 586 以上；②16M 以上内存；③硬盘自由空间在 40M 以上；④显示器支持最好在 800×600 以上。

系统安装的软件环境为：①中文 Win95/WinNT3.51 或英文 Win95/WinNT3.51＋中文平台或以上的操作系统；②IE3.0 以上版本（若使用 Win97 以上版本则不需要安装）。

7.2.2 网络图编辑操作

网络图编辑最主要的操作为：添加、调整、修改、删除、组件、流水、引入与引出等。这些操作包含了编辑网络计划的绝大多数操作。

1. 添加工作

将工作处于添加状态，移动光标，若当前鼠标位置有工作，则光标变为如下四种状态：十字光标 ✥，左向光标 ◁，右向光标 ▷，上下光标 ✥。如果鼠标没有捕捉到工作，则光标为一般光标 ▷。

添加方法具体如下：

（1）通过工作线添加。通过工作线添加分五种形式：上加、下加、左加、右加、空加。

①工作线右添加：移动光标到工作 A（线）的右端，鼠标左键双击即可将工作 B 加到工作 A后面，如图 7－1 所示。

图 7－1　工作线右添加

②工作线左添加：移动光标到工作 A（线）的左端，鼠标左键双击即可将工作 B 加到工作 A前面，如图 7－2 所示。

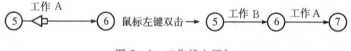

图 7－2　工作线左添加

③工作线上、下添加：移动光标到工作 A（线）的中间，鼠标左键双击即可将工作 B 加到工作 A 上（或下）面，如图 7－3（a）所示。

图 7－3（a）　工作线上添加

如果想使工作 B 在工作 A 的下方，用光标选中工作 B，按住鼠标左键向下移动如图 7－3（b）所示；

④空白处添加：移动光标在空白处（鼠标移动时，下面的状态条中会自动显示出当前位置的时间）双击，可在此位置添加一个与前后都不连接的独立工作，如图 7－4 所示。

另外，不管哪种光标选中工作后双击，若出现对话框，还可以重新设定四个添加方向：向前添加、向后添加、向上添加、向下添加。对话框中的操作方式如图 7－5 所示。

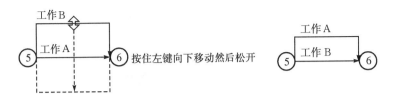

图7-3(b) 工作线下添加

图7-4 空白处添加　　　　　　　图7-5 四个添加方向

(2)通过节点添加。通过节点添加工作有四种形式:点到空、点到点、点本身、点跨距。

①点到空添加:移动光标到第一节点⑥上,按住鼠标左键拖拉到空白松开,可在工作线下添加一个工作D,如图7-6(a)所示。

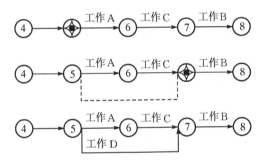

图7-6(a) 点到空添加中的工作线下添加

若光标向左拉,拉到⑥点左侧,可在工作线上添加一个工作D,则结果如图7-6(b)所示。

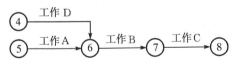

图7-6(b) 点到空添加中的工作线上添加

②点到点添加:移动光标到第一节点⑤上,按住鼠标左键拖拉到另一节点⑦上松开,在两点间可添加一个工作D。如图7-7所示。

若想将工作D添加在上层,可参考前面通过工作线添加的工作线上、下添加方式的操作。

③点本身添加:移动光标到工作A和工作B的节点上,鼠标双击可在工作A与工作B之间添加一个工作C。如图7-8所示。

④点跨距离添加:添加过程类同于点到点添加工作的操作。

对于大网络图,远距离的操作也可使用Shift键,即在光标捕捉到第一点时,按下Shift键的同时鼠标左键按下抬起(单击),此时光标变成 状态,然后可用鼠标点击滚动条等,将光标

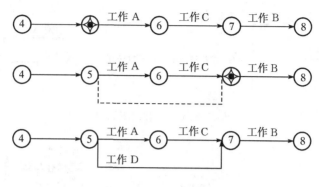

图7-7　点到点添加

图7-8　点本身添加

移至另一处后单击即可完成跨接添加工作。具体可参考对光标控制的操作讲解。

2.修改工作

编辑修改状态的具体操作如下：

(1)操作方法一：将工作处于修改状态，移动光标到工作(线)上，鼠标左键双击，出现对话框，可对工作内容进行修改，如图7-9所示。

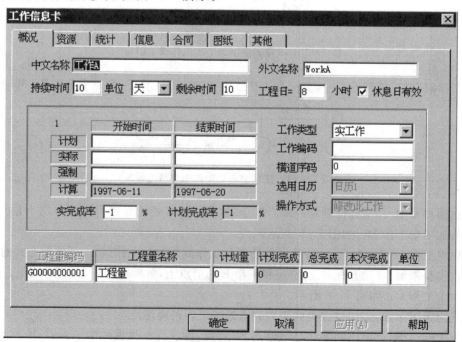

图7-9　修改工作的操作方法一

（2）操作方法二：在工作修改的状态下，按住 Shift 键，用鼠标放在工作线上拖动，会弹出一个时间信息卡，此时 Shift 键可以一直按下，也可以在弹出时间信息卡后松开，也可对工作进行修改。如图 7－10 所示。

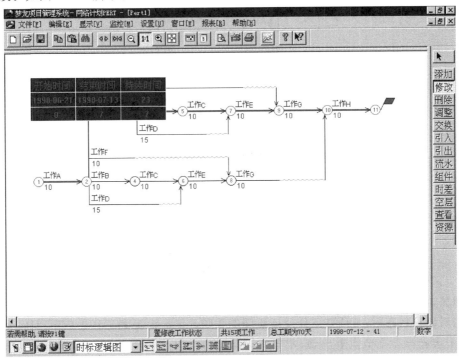

图 7－10　修改工作的操作方法二

修改时间时，弹出的信息栏中将实时显示起始时间与结束时间的变化，并且实时显示出修改时间对整体网络计划的影响，尤其在网络计划的动态调整时，将会使操作变得十分直观，轻松自如。

然而需要注意，修改与添加操作在许多方面可以实现同样的功能，不同的是添加操作创建的是新工作，而修改只能改变工作的类型。

3. 删除工作和连线

在编辑删除状态下，有四种删除操作方式可供选择：①删除单个工作；②删除一组工作；③删除竖线（可以将不正确的连线断开）；④通过网络图检查删除多余的、不合逻辑的工作。当工作删除后，前后的工作能自动智能连接，保证了网络图的完整性。

（1）操作方法一，删除单工作。如图 7－11 所示，移动光标到工作 B 上双击，将弹出确认对话框确认是否进行删除操作，点击"确定"后结果如图 7－11 所示。

（2）操作方法二，一组工作删除。按住鼠标左键，出现下拉框选择要删除的工作，松开按钮，出现删除提示，如图 7－12 所示，点击"确定"将全部删除，点击"取消"则不删。

（3）操作方法三，删除竖线。将光标移至要断开的竖线处，双击出现提示，如图 7－12 所示，点击"确定"将全部删除，点击"取消"则不删。

（4）操作方法四，通过检查删除多余逻辑连线及无效工作。具体操作可参见下面的网络图编辑状态条的检查命令的操作讲解。

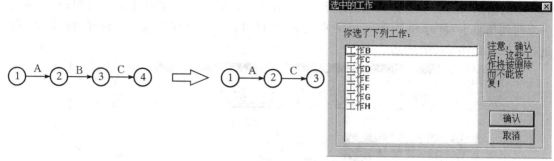

图 7-11　删除工作操作方法

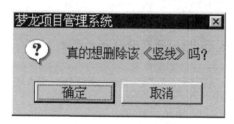

图 7-12　删除提示

4.调整工作和节点

在编辑调整状态下,可调整工作及节点间的关联。鼠标捕捉到工作上或节点上,光标有 4 种状态:十字光标 ⊕ 在节点上出现;左向光标 ◁ ;右向光标 ▷ ;上下光标 ⊕ 三项光标出现在工作线上。如果鼠标没有捕捉到工作或节点,则光标为一般光标 ▯ 。

平时经常会需要调整工作,其操作方法非常简单。

操作方法主要包括:①调整工作;②调整节点,两点合并;③断开同一节点竖线,分成两个节点。

(1)调整工作。调整工作分为两个状态:调左右端、跨距离调。

①调左右端:将光标移至工作线上,若调工作的右端,将光标移至工作的右端,出现右向光标 ▷ ,然后按下鼠标左键拖动到要连接的节点上松开即可完成调整。如图 7-13 所示。

在图 7-13 中,第一个图的光标选中工作 H 右端按下鼠标,第二个图中按住拖光标至节点⑥上松开,第三个图为最后调整结果。同样,也可以调整工作的左端点。即出现向左箭头时按住鼠标左键拖到要连接的节点(鼠标变为 ⊕ 状态,表明处于节点上)上松开即可调整完毕。

②跨距离调:对于远距离的调整,可用 Shift 键,即在光标捕捉到工作的左(右)端点时,按下 Shift 同时鼠标左键按下抬起(单击),此时光标变成 ◁ 或 ▷ 状态,然后可用鼠标点滚动条等,将光标移至要连接的节点上(光标为 ⊕),单击即可完成调整工作,见图 7-14。

在图 7-14 中,第一个图光标选中工作 G 左端,按下 Shift 同时单击鼠标;第二个图中移动光标至节点②上单击,第三个图为最后调整结果,此方法可调整远距离的工作和节点。同样,也可以调整工作的右端点。

(2)调整节点,两点合并。将光标移至第一节点上,然后按下鼠标左键拖动到要连接的另一节点上松开即可完成两点连接,如图 7-15 所示。节点④与节点⑤连接,同样也可以通过使用 Shift 键完成。

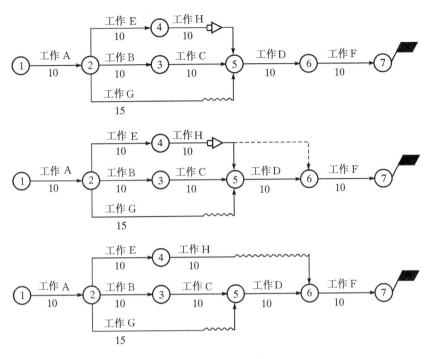

图 7 - 13 调左右端

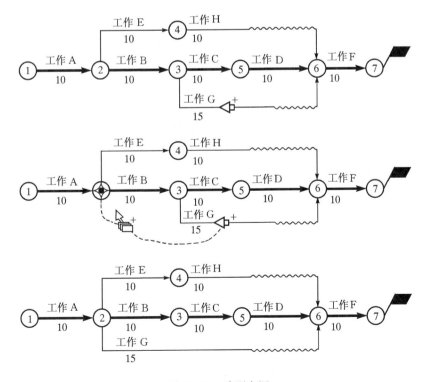

图 7 - 14 跨距离调

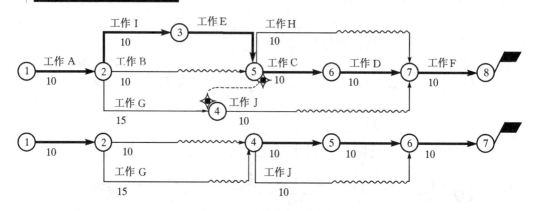

图 7 - 15　调整节点,两点合并

(3)断开同一节点竖线,分成两个节点。将光标移至要断开的竖线处,双击即可断开竖线。如图 7 - 16 所示。

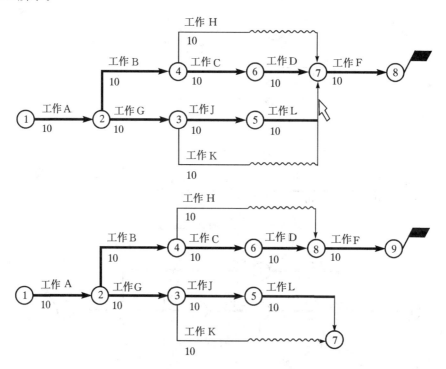

图 7 - 16　断开同一节点竖线,分成两个节点

在图 7 - 16 中,双击节点⑦,断开竖线后如第二个图所示分成两个节点⑦、⑧。

5.引入工作操作

具体操作步骤如下:

(1)第一步:将编辑的状态设置为"引入";

(2)第二步:在某一个工作上用鼠标左键双击,出现一个引入对话框;

(3)第三步:选择从剪贴板、文件中或从网络图库中引入若干工作(见图 7 - 17);

(4)第四步:确定后,当前选中的工作将被引入的内容替换。

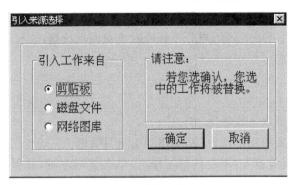

图7-17　从剪贴板引入

需要注意如下问题：

(1)若是从剪贴板上引入,则要首先确保剪贴板中有内容。

剪贴板中的内容是这样得到的:在工作区背景上(不在任何工作上)单击鼠标左键,并保持按下状态,然后拖动鼠标,此时会有一个虚线方框随鼠标移动。当鼠标弹起后,位于虚框内的工作将被选中,单击工具条中的剪贴按钮或编辑菜单中的剪贴命令,刚才选中的内容就会被拷贝到剪贴板中,之后就可以从剪贴板上引入工作了。

(2)若是从网络图标准件库引入,会出现对话框,如图7-18所示。

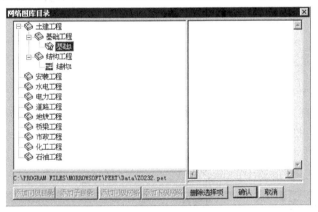

图7-18　从网络图标准件库引入

网络图标准件库是指平时积累的素材库。可以将平时各种常用的标准工程和实例按树状结构有条理的存放起来,引入时可从中选择,这样可以省工省时。"引入"与"引出"功能配合使用,能建立丰富的数据库。

(3)若是从磁盘文件引入,将出现打开文件对话框。可以从中选择所需的网络图,其结果是用该网络图文件的内容替换当前选中的工作。这种操作方法类似于打开多个文档,选取某个网络图中的局部内容,复制到要编辑的网络图中,也可以直接进行网上的操作。

当在网络图间进行复制拷贝操作时,系统会同时保证拷贝块中工作间的逻辑关系不变。这样就可以按分项工程、分工艺、分细节做好一些标准模块,需要时把它们组合起来即可,从而快速准确地建立网络图,也为一个工作组成员间分布协作工作,共享彼此已有的成果提供了便利。在网络上使用该功能会更加有效。

引入/引出的优点有很多,具体为:①可实现复制功能,若工作含有资源,则也可以同时复制资源;②可实现计算机网络上多用户分布且同时编制网络计划;③可通过调用网络计划标准图库,快速编制网络计划。

6.引出工作

具体操作步骤为:

(1)第一步:将编辑的状态设置为"引出"。

(2)第二步:选取所要引出的工作块,会出现引出对话框。

操作方法:在工作区背景上(不在任何工作上)单击鼠标左键,并保持按下状态,然后拖动鼠标,此时会有一个虚线方框随鼠标移动。当鼠标弹起后,位于虚框内的工作将被选中,同时有一个引出对话框出现,如图 7 - 19 所示。

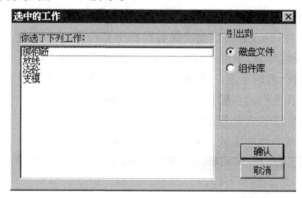

图 7 - 19　出现的引出对话框

(3)第三步:选择引出目的地,即磁盘文件或组件库。确定后,当前选中的工作将被引出。

①若选择引出到磁盘文件,其结果与文件存储一样,只是使用引出方式,可以只选取部分内容存储。引出内容可以存放在网络盘上也可以存放在本地磁盘上。

②若选择"标准组件库",会出现对话框,如图 7 - 20 所示。在引出对话框中不能对分类结构操作。引出结果将是目录树中的叶子节点。

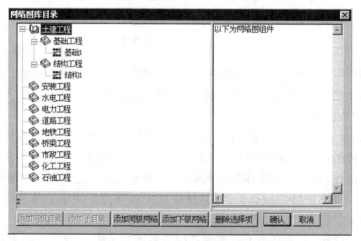

图 7 - 20　选择"标准组件库"的对话框

7. 工作流水处理

软件操作不仅可以生成普通流水网络计划图,还可以分层、分段生成小流水网络计划图(立体流水网络)。

具体操作方法为:用鼠标点击选择框,选择基准流水段,流水段必须是串行的若干个工作,如果要插入并行工作或对某些工作进行修改,可以在流水完成后再进行操作。若流水条件成立,出现流水对话框;否则,系统会提示不满足条件的原因。

举例如下:

(1)第一步:首先选取基准流水段,用鼠标左键在背景上(不在工作上)单击并拖动产生的虚框选择流水基准段;当鼠标弹起后,若不符合条件,系统将提示出错,否则会出现流水参数对话框,如图7-21所示。

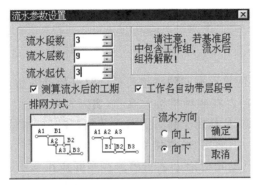

图 7-21　流水参数对话框

(2)第二步:在对话框中,可以对流水层数、流水段数、起伏周期、流水方向、流水网络类型、是否测算工期、工作名是否带层段标号等进行选择。选定后出现结果,如图7-22所示。

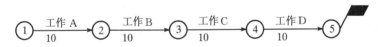

图 7-22　设置流水参数后的结果图

(3)第三步:如果不合适,可以选择"否"返回修改,如图7-23所示;按"确定"后生成结果如图7-24所示。

图 7-23　生产结果前的选择询问对话框

要生成流水网络,必须满足一定的条件:①选择流水基准段时,流水基准段中的工作数大于一个;②这些工作必须逻辑上在一条线上,且中间没有分支。

8. 组件工作操作

组件在网络计划中是一个新名词,它有着非常强的控制能力和操作能力。它可以解决搭接网络中工期控制不准,甚至工期算错等问题。

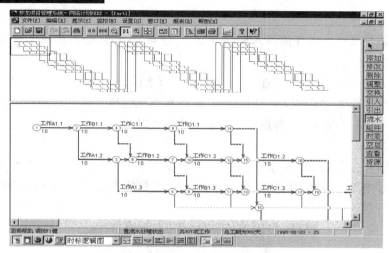

图 7-24 生成的网络图

人们都知道,传统搭接网络存在四种搭接关系:SS(开始到开始)、SF(开始到结束)、FS(结束到开始)、FF(结束到结束)。在四种搭接关系中,实际常用的是 SS、FS。很多人使用它时,根本没有去想实际控制问题,只是用于静态的网络计划,甚至根本就没有去用它,那么传统搭接网络究竟会有什么问题? 下面用 SS 搭接举例说明:

搭接是逻辑联系中通过给定时间来进行的。在实际应用当中,该时间是有物理含义的,(例如挖土工作进行到某种程度另一工作才能进行),在搭接网络中要表现这种关系是通过搭接时间来体现的,而搭接时间又不能体现其物理含义,没有度的概念。如果紧前工作发生变化,对紧后工作的影响程度无法确定,就引起工期控制不准的问题。

例如工作 A(15 天)是工作 B(20 天)的紧前工作,SS 搭接时间为 5 天,如图 7-25(a)所示:总工期为 25 天,作为静态表示没什么问题。但是在工作中,如果工作 A 的持续时间发生变化就会产生问题,如果工作 A 延期到 18 天,总工期为多少呢? 按传统搭接计算仍为 25 天。这些搭接方式仅针对开始点(或结束点),在实际应用当中,一般是工作 A 干到某种程度工作 B 才能开始,而工作 A 延期到 18 天时,可能要达到工作 B 开始进行需要 7 天,这样总工期应为 27 天。

若用组件来表示,是将工作 A 分成两个阶段工作 A_1 和工作 A_2,两段组成一个工作 A,因为阶段有物理意义,可以达到按度控制的目的,可以确定工作 A 延期或提前对总工期的影响,如图 7-25(b)所示。

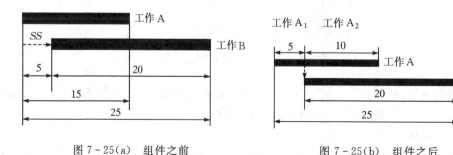

图 7-25(a) 组件之前   图 7-25(b) 组件之后

如果工作 A 变为 18 天,工作 A_1 为 7 天,工作 A_2 为 11 天,可计算出总工期为 27 天的结果。

具体成组操作步骤如下:

(1)第一步:将编辑的状态设置为"组件",见图 7-26。

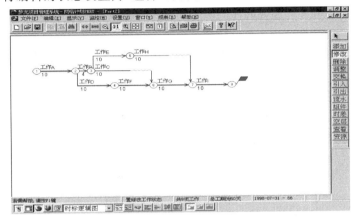

图 7-26 组件对话框

(2)第二步:选取成组内容,出现对话框,见图 7-27。确定后,成组结果如图 7-28 所示。

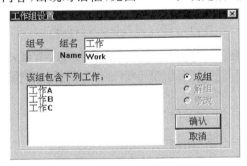

图 7-27 工作组设置对话框

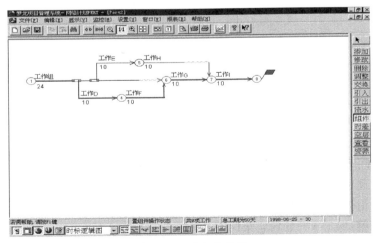

图 7-28 成组结果图

成组后,三个工作虽然变为一个,但同时还可以引出多个逻辑关系,以准确控制工期。

组件操作的要点:

(1)成组。用鼠标左键在背景上(不在工作上)单击并拖动产生的虚框选择将要成组的工作。成组的条件是所选择的所有工作必须位于一层上。

(2)解组。在一个组件所包含的任一个工作段上双击鼠标左键,从对话框中选择解组处理即可。

(3)修改。组件的名称通常为组中第一个工作段的名称,也可以在对话框中修改它。

9.工作时差处理

将编辑的状态设置为"时差"。

在时标逻辑状态下,调整工作的时差分布。将光标选中工作后双击,出现对话框,调整对话框中的标尺,即可完成对时差分布的调整,见图7-29。

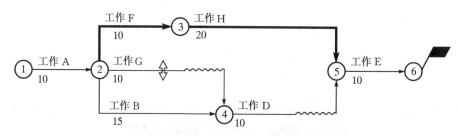

图7-29　对时差分布的调整

双击出现"工作时差调整"对话框,见图7-30,其中的选项含义如下:

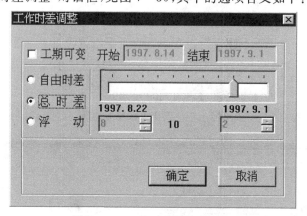

图7-30　工作时差调整对话框

(1)工期可变:将工期可变设置为有效后,开始和结束时间则确定下来,此时可以通过调整工作的起始时间来改变工作。

(2)自由时差:表示在总时差范围内可以自由调整的时差。

(3)总时差:此项工作可以调整的总的时间。

(4)浮动:取消计划时间,使工作处于浮动状态。

(5)左差、右差:即工作开始前空余时间与做完工作后空余的时间。如图7-30所示,左差与右差分别为8天与2天。

调整工作时差后结果如图7-31所示。

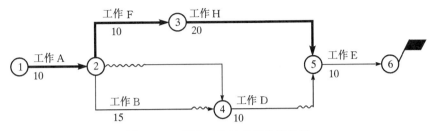

图 7 - 31　调整工作时差后的结果图

操作方法要点为：

（1）光标在某一个工作上双击，从出现的时差调整对话框中查看并调整该工作的自由时差或总时差等值。

（2）按住 Shift 键，在一个工作的线段上，按下鼠标左键并保持按下状态拖动，若此时该工作有时差或网络图有累计时差，可以看到网络图实时的调整，同时关键线路也可能会发生变化。

7.3　编制网络图

▷ 7.3.1　网络图的编制方法

1. 齐头并进法

齐头并进法，顾名思义从开始作图时就根据紧前、紧后工作的关系向后推进，清楚一个工作之后的下一个工作，中间或最后进行连接。为了更清楚地理解此含义，下面举例说明。

（1）第一步：选"添加"状态，双击出现第一个工作，见图 7 - 32。

（2）第二步：然后根据工作的方案设计，确定其紧后工作，也就是说一边做图一边思考，正确与否一目了然。添加四个工作：布套 1 设计；设备 1 改造；布套 2 设计；设备 2 改造；见图 7 - 33。

图 7 - 32　出现第一个工作

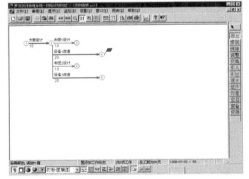

图 7 - 33　添加四个工作

（3）第三步：再做"布套 1 设计"、"布套 2 设计"的紧后工作如图 7 - 34 所示。四个工作是：布套 1 工装改造；布套 1 备料；布套 2 工装改造；布套 2 备料。

（4）第四步：通过调整对工作节点进行连接，如图 7 - 35 所示。

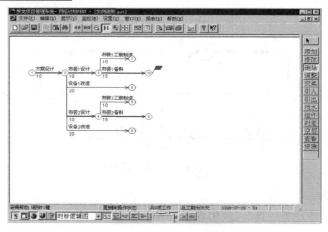

图 7-34　设置紧后工作

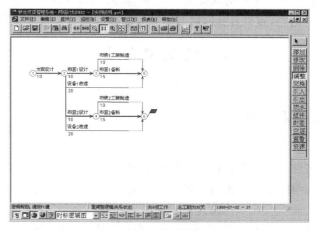

图 7-35　连接工作节点

（5）第五步：继续按已有工作，确定后续工作，如图 7-36 所示。

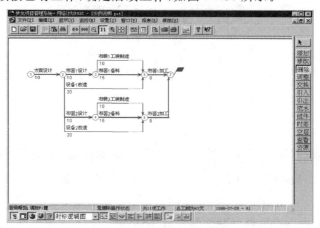

图 7-36　确定后续工作

（6）第六步：根据图 7-36，确定最后一个工作，如图 7-37 所示。

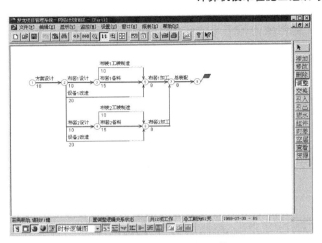

图 7-37　确定最后的工作

从以上可以看出齐头并进法,是一个非常实用的方法,可以完全达到不画草图直接画出网络图的目的,在画图过程中逐步理清各项工作间的关系,一步步向后推进,符合人的思维逻辑,这种方法与文本(或横道编辑)方法相比,其优越性是不言而喻的。

2.主线路法

主线路法与齐头并进法所不同的是先做主线路,根据主线路内容一步一步确定紧前、紧后工作。

具体步骤如下:

(1)第一步:如图 7-38 所示,先将一条主线路做出来。

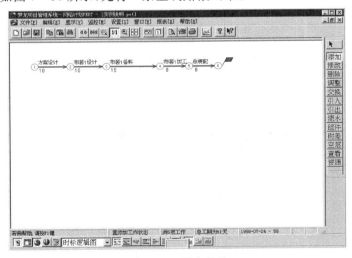

图 7-38　做主线路

(2)第二步:根据已有主线路的工作确定其紧前、紧后工作,如图 7-39 所示。

(3)第三步:可再按另一主线用向后插入的方法将一个工作变成两个工作,(一变二,二变三,三变四……)的方法得到如图 7-40 所示的结果。

(4)第四步:同样方法可建立如图 7-41 所示的结果。

(5)第五步:最后形成与通过齐头并进法所画的一样的网络图,结果见图 7-42。

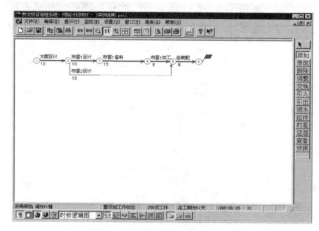

图 7 - 39 确定紧前、紧后工作

图 7 - 40 工作变换的结果

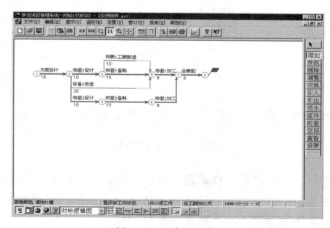

图 7 - 41 建立工作

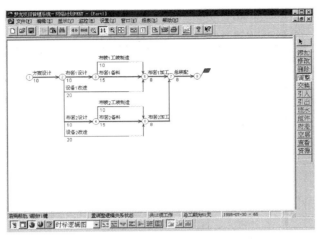

图 7-42　形成网络图

主线路法同样也是非常有效的方法,它可按主线路的关系,逐步确定所有紧前、紧后工作,不画草图就能做网络图,比文本编辑也有着不可比拟的优越性。

3. 混合法

混合法其实很简单,只要同时会用齐头并进法和主线路法就可以了,把两者有机结合起来应用,会达到更佳的效果。

▷ 7.3.2　作图要诀

在做网络计划前,最好先浏览一遍各工具条功能、菜单功能,简单了解一下网络计划知识,初步掌握一些操作规律,例如:编辑条可设定添加、修改、删除、调整、交换、引入、引出、流水、组件、时差、空层等状态,在所有状态中,存在着共同的操作,选中工作可移动,进行层交换;删除、引入、引出、流水、组件的下拉框选择都一样,另外,要修改项目名称、标尺、标题栏、图注、分区、横道选项等,在网络图中其相应的位置上单击鼠标右键即可。

7.4　横道图编辑操作

将绘图方式设置为横道显示格式。以上几种图形显示模式可以自动转换,可以做出网络图后自动生成其他几种模式(但是由横道图无法直接生成网络图,因为横道图没有网络图的逻辑关系,无法先做横道图而自动转为其他模式)。

1. 横道显示编辑

可以在图形上对要设置的部分点鼠标右键,出现对话框后可对横道图进行各种设置,见图 7-43。

通过对话框可对各项内容进行设置。对横道条可用鼠标直接操作,当光标捕捉到横道条时,光标可有三种手型状态:

(1)⌘位于工作条的中部。

(2)⌘位于工作条左端。

(3)⌘位于工作条右端。

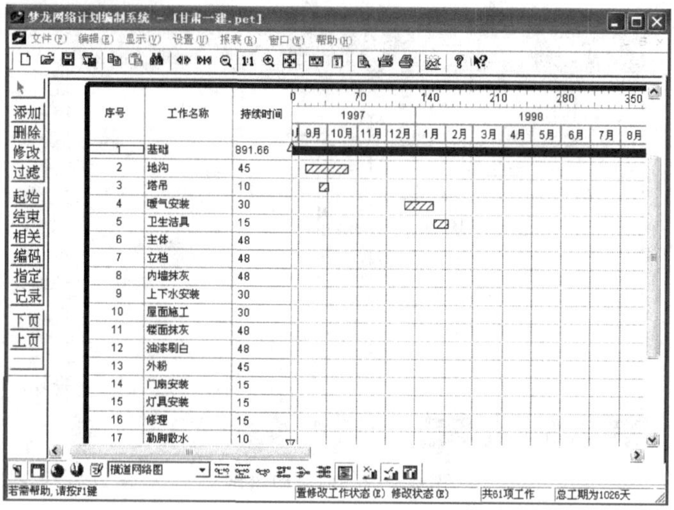

图 7-43 横道图界面

当光标为(1)时按左键拖动可调整横道条的开始与结束时间位置;

当光标为(3)时按左键向左右拖动可调整横道条结束时间位置同时持续时间也被调整,光标(2)亦如此。

当需要调整开始或结束时间时,可以如参照以上介绍,出现光标(2)或(3)时拖动鼠标,会出现如图 7-44 所示的画面。

开始时间	结束时间	持续时间
1997-09-09	1997-09-19	10
0	1	0

图 7-44 调整时间

在图 7-44 中会显示出详细的时间变化,包括开始时间、结束时间以及持续时间。此画面在网络图中调整时同样会出现,可参考有关内容。

横道编辑条有 12 项操作内容如图 7-43 所示,点击横道图编辑条按钮可直接操作横道图内容。

(1)空闲状态▶。

(2)添加命令添加:可添加插入工作,但插入的工作只能是并行工作,对于需要插入带逻辑关系的工作时,应转到时标网络图状态下进行添加。

(3)删除命令删除:删除光标位置的工作。当需要删除某个工作时,首先要将工作选中,然后点击"删除"项完成。

(4)修改命令修改:修改光标位置的工作。当需要修改某项工作时,首先要将工作选中,然后点击"修改"项完成。

(5)过滤命令过滤:可过滤显示各种工作,可以按某种条件,如实工作、关键路线等将其工作过滤出来,见图 7-45。当下发给施工人员使用时,可以将过滤条件设为"实工作",即将实际需要施工的工作名称、起始时间与持续时间给定的信息过滤出来。

(6)起始排序命令起始:按开始结束排序。即按开始时间的先后进行排序,为自动排序。

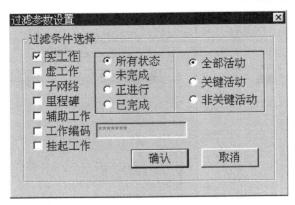

图 7-45　过滤参数设置

（7）结束排序命令 结束 ：按结束时间排序。即按结束时间的先后进行排序。

（8）相关排序命令 相关 ：按相关关系排序。即按相关的逻辑关系进行排序。

（9）指定编码优先级 编码 ：指定编码排序优先级别。一共设置了 15 个优先级，用此方法可以进行手工排序。编码参数设置见图 7-46。

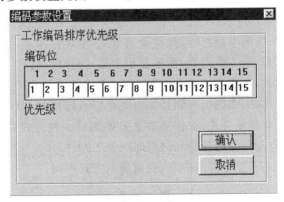

图 7-46　编码参数设置

（10）记录当前结果或恢复上次记录 记录 。见图 7-47。

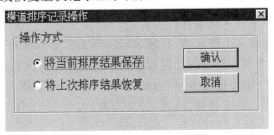

图 7-47　横道排序记录操作

（11）显示下页命令 下页 ：按此按钮可显示下页内容。

（12）显示上页命令 上页 ：按此按钮可显示上页内容。

2.横道图表格编辑操作

横道图的表格编辑方式与横道显示编辑方式有很多相似的地方，也有一些不同。其界面如图 7-48 所示。

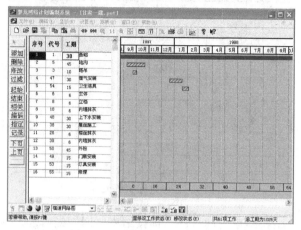

图 7-48　横道图表格编辑界面

两者的相同点为:在横道编辑条中的所有命令的操作结果都一致;两种横道的横向压缩/伸长比是一致的。

两者的不同点为:

(1)横道表格编辑方式,图不能打印;横道显示方式,图能打印。

(2)横道表格编辑方式,图不能缩放;横道显示方式,图能缩放。

(3)横道表格编辑方式,工作可以手动调整顺序;横道显示方式,工作不能做此操作。

(4)横道表格编辑方式,工作的名称和持续时间可以直接修改,也可以在工作条上双击,在出现的对话框中修改;横道显示方式,工作的信息只能用后一种方式修改。在这两种方式中,均可以通过拖动鼠标来修改工作的开始和结束时间及工期。

(5)横道表格编辑方式不能含资源曲线,横道显示方式可以。

7.5　资源图表处理

1.资源的定义

资源可分为狭义资源与广义资源两种形式。

狭义的资源是指传统意义上的人力、材料、机具,即工程上所称为工料机资源。

广义上讲,资源可以泛指工作中的任何需求。它们是可以被分布、累加与统计的各种信息(可以参考资源图表设置与工作信息卡)。为此,将除人、机、材等基本资源曲线以外的其他各种曲线统一称为资源曲线。如管理费、总费用、总人数、人工日、工作交接、开始工作数与结束工作数统计等。

因此,该软件系统以传统方式管理资源输入和维护,同时,按广义概念管理资源的种类和分布曲线输出。

2.资源分类表

(1)工作含资源类统计。资源数据库用来管理分类的各种资源,一般包括传统意义上的人力、机具、材料等。网络图中所用到的各种资源会被分类汇总统计,形成一个资源分类表。除此之外,管理费、总费用、总人数、人工日、工作交接、开始工作与结束工作等几项统计值作为常量始终存在于资源分类表。因此网络图的资源图表分为两类:附加的资源统计表与基本的资源统计表。其中,后者就是始终存在的资源图表,共计11个。

(2)自定义资源图项。对于自定义的资源图项,也将被加入到资源分类表中。

自定义资源图是一种描述任意资源分布的曲线图。它在处理宏观调控、快速计划分布资源等方面非常便利,因此它也被作为一种资源列入资源分类表。

具体的添加方法为:

①第一步:从"设置"菜单中点击"自定义资源图设置",出现如7-49所示的对话框。

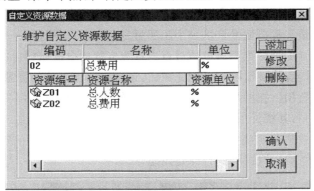

图7-49 自定义资源数据

②第二步:在框内输入自定义资源的编码、名称与单位,系统会在输入的编码前码加"Z"以区别,表明是自定义资源类。选"添加"将所输入的资源添加进去。系统会将这些定义好的资源项加进该网络图的资源种类库中,这在"资源图表信息"中会有体现。

③第三步:依次加入所需定义的资源项。以后可以随时输入自定义资源的分布值。

3. 网络计划资源输入

在编制网络计划时,本系统提供了若干种资源输入的方法:

(1)以工作内容形式输入。在添加或修改工作时,按工作分布,从工作资源卡中输入。

①受资源库约束的输入。首先可打开网络图属性图标,查看"资源输入受库约束"是否在有效状态。如果是此种状态,必须有一个已经输入好了的资源种类定额数据库(通过资源数据库命令建立和维护,可参考设置菜单中"维护资源数据库"项的有关内容)。

在添加或修改一个工作时,该工作的资源信息卡片中会出现一个资源库的索引树列表,当添加到工作中的资源不属于资源库时,系统会给出提示,见图7-50,并建议先添加该资源到库中。通过选择先维护资源库,在资源库中将此项资源加进去以后再分布此项资源;如果选择"否",则可以直接将此类资源加入。该种输入法有利于保证输入有效的资源。

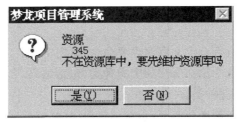

图7-50 系统提示

②不受资源库约束的输入。在此状态下,可以不受资源库约束给每一个工作加入任意输入的资源内容(可以随意输入,也可以从库中选择)。此时要注意的是,资源是以资源编码来区分的,在不同工作中的同种资源的编码必须一致。否则其后的统计处理可能会产生不可预测的后果。

这里需要注意:如果输入的资源编码与已定义好的编码相符时,则对应的资源项会自动列出,如果编码的第一个字母为 R、J、C 时,系统会自动统计为人力资源、机具设备资源和材料资源。其费用也会统计到相应的费用中。

③通过工程量定额库的资源子表分配输入(保留)。在添加或修改工作时,该工作的基本情况信息卡中的工程量定额按钮允许从一个工程量定额数据库中选取一个与该工作相关的工程量。该工程量所包含的资源列表可以通过点击资源卡片的分配按钮分配到工作的资源列表中。原先已有的资源内容将被清除。分配完成后,还可以添加其他的资源内容。

④直接输入各种费用。在弹出的信息卡中,单击统计,会出现如图 7-51 所示内容:

点击"统计总费用",其统计值是根据所输入的资源自动计算的数值。在此状态下,还可以将其中某一项选为有效状态,给定其费用。如图 7-51 所示,选中"其他费用"项,直接输入费用值,然后点击"统计总费用"按钮,进行总费用统计。

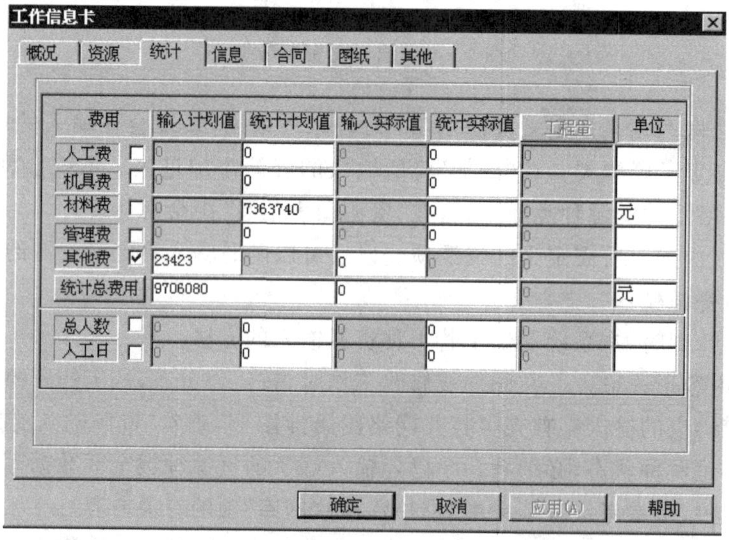

图 7-51　工作信息卡的统计对话框

(2)以工期阶段分布输入。它表示在编制好网络图后按工期分布资源。

①自定义资源曲线的种类:这种方式要求事先定义分布资源的种类,而不能从库中选择。但这种方法有它独特的使用场合。

②具体的操作步骤如下:

第一步:从设置菜单中执行自定义资源设置命令,见图 7-52。

第二步:在出现的对话框中添加所需的资源种类(包括编码、名称、单位等),添加的内容将作为该网络图的一种新的资源种类。

第三步:在网络图含时间刻度状态下,点按编辑条中的"资源"按钮,设置编辑状态为资源。(可以先完成第八步内容,资源分配时,实时显示资源曲线。)

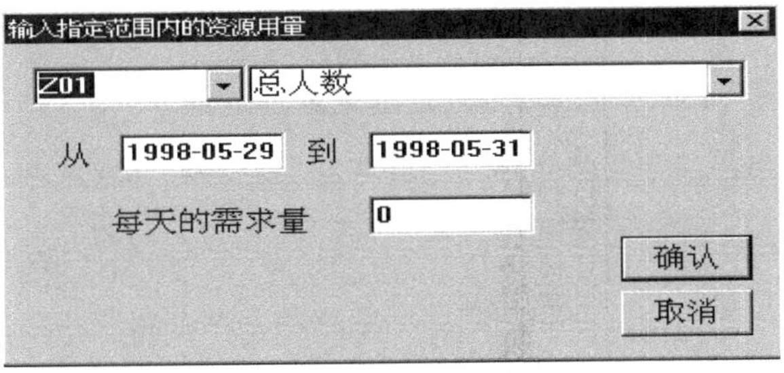

图 7-52　资源设置命令

第四步：在网络图项目工期范围内拖拉鼠标选择时间段，出现资源量输入对话框，如图7-52所示。

第五步：从对话框中选择定义的资源并输入该时间段所需的资源分布量，时间不准确时可以进行调整，一是在此卡片中直接修改起始与结束时间，二是重新用鼠标点按正确的时间段（对已有资源分布的资源段，也可以通过鼠标重新选取时间段进行资源的更改）。

第六步：重复上述第四、五两步得到一种资源曲线的分布值。

第七步：重复前面的动作得到若干自定义曲线的分布值。

第八步：从"设置"菜单或者从工具条、网络图、横道图的底边界线以下这三者中的任何一个点按右键，弹出资源图表设置对话框见图7-53，从中设置要绘制的自定义曲线。

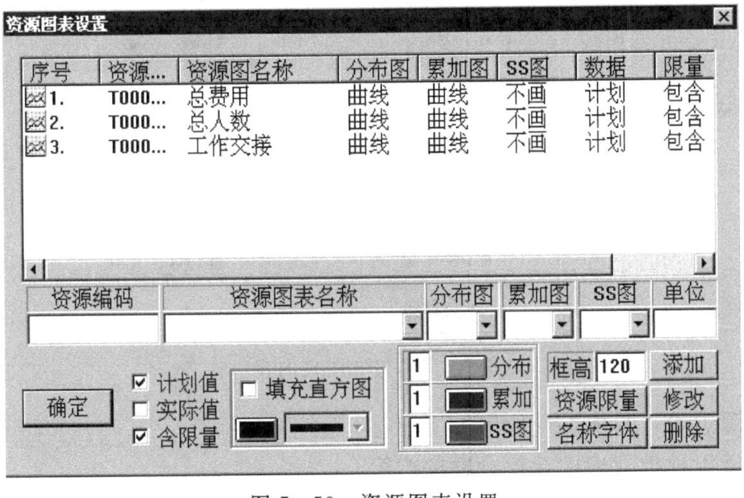

图 7-53　资源图表设置

当编制好一个网络图后，可以按工期的时间段分配各种资源的数量。

4. 处理资源图表

资源图表用于对网络图资源图表进行设置和选择。其名称如图7-54所示。

（1）资源分类。任何一个网络图都包含基本的资源统计表，即资源图表默认的11项。当网络图中含有资源时，就会有附加的资源统计表。

凡是网络图中工作包含的资源项都会作为资源类出现在资源图表的分类列表中。只要它们有分布值，就可以选择它们，得到它们的分布曲线和累加曲线。

由于资源分布是有时间约束的，故它只能随着时标逻辑、时标网络图、横道图这3种方式

图 7-54 资源图表名称

绘制(在显示时间刻度的情况下才出现)。

(2)资源图表内容。资源图表设置对话框中含有这样几类内容:资源种类列表、资源曲线绘制参数、当前要绘制的资源清单。如图 7-55 所示。

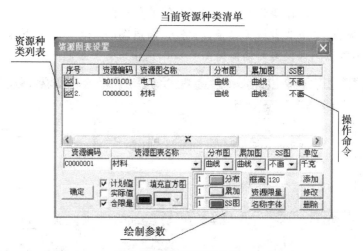

图 7-55 资源图表内容

(3)设置资源图表。具体操作步骤如下:

第一步:从资源种类列表中选择合适的内容;

第二步:设置合适的绘图方式和绘图参数;

第三步:添加到要绘制的资源曲线清单中;

第四步:当感觉不满意时,可以从资源分布清单中选择一项修改或删除。

第五步:结束设置。

此时,曲线是否可以绘制出来,要看当前是否是时标逻辑图、时标图或横道图显示方式,并且资源图表与相应网络图的关系是"含资源图"或"只画资源图"状态,如图 7-56 所示。

需要注意的是,选好的资源种类列表,可单击鼠标左键修改其顺序号,使其重新排列顺序。

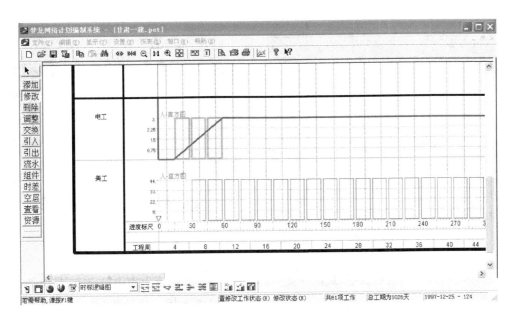

图7-56 资源图表完成

7.6 网络图编制示例

举例说明如何用计算机制作如图7-57所示的网络图。

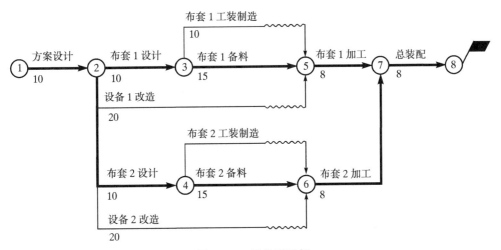

图7-57 网络图示例

要建立或打开一个网络计划,首先要运行PERT软件,出现主界面如图7-58所示。

需要注意的是:窗口大小可用鼠标拖动四边或四角来设定,以后运行按设定大小进行。(若有条件,建议使用800×600显示方式)

(1)第一步:建立新文档。

鼠标光标移到新建网络图按钮□上单击,出现屏幕如图7-59所示。

图7-58 主界面

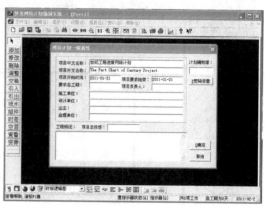

图7-59 建立新文档

此时弹出项目属性的对话框,最好在此时将开始时间、名称等项先给定,如果需要加密,可以设置密码。这样在作图时本软件会自动根据输入的值做工作。如果选"取消",当需要给定名字或将名字改变时,可以通过在标题位置点鼠标右键进行设置。

(2)第二步:选"添加"状态。

移动光标到按钮 添加 上,按下按钮,处于编辑添加状态,然后移动光标 到空白窗口中,如图7-60所示,在空白处鼠标双击(或直接拖拉),出现工作对话框。输入工作名称和持续时间,然后单击"确定",在文档中就加入了第一个工作,如图7-61所示。

图7-60 光标放在空白窗口中

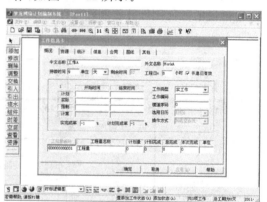

图7-61 工作信息卡

(3)第三步:此时光标在工作上移动时形状会发生变化,即光标在工作的不同部位形状不一样,十字光标 表明在节点上,左向光标 表明光标在工作的左端,上下光标 表明光标在工作的中间,右向光标 表明光标在工作的右端。

(4)第四步:在"方案设计"后面加一个工作"布套1设计"具体操作如下:将光标移至节点②上,出现十字光标,按下鼠标左键向后拖动,如图7-62(a)所示,然后松开左键出现对话框输入名称"布套1设计",结果如图7-62(b)所示。

图 7-62(a)　绘制关键线路

图 7-62(b)　绘制关键线路结果图

另外,除在点上拖拉添加"布套 1 设计"外,还可以用右向光标双击后插入,或在②点上十字光标处双击插入该工作。

(5)第五步:同样的方法,可以将"布套 1 备料""布套 1 加工""总装配"连续画出来,计算机自动进行节点编号,智能建立起紧前、紧后逻辑关系,自动计算关键线路等,结果如图 7-63 所示。

图 7-63　自动计算关键线路结果图

(6)第六步:添加"布套 1 备料"的同时可以进行"布套 1 工装制造",移光标到工作"布套 1 备料"上,双击添加一个平行工作"布套 1 工装制造",过程如图 7-64 所示。

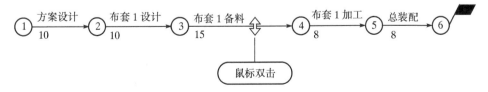

图 7-64　添加平行工作操作

出现对话框后输入名称时间确定结果如图 7-65 所示。

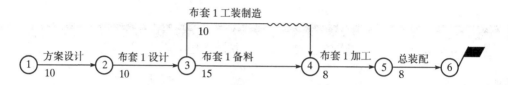

图 7-65   添加平行工作的结果

同样,用点到点拖拉的办法,也可完成该操作。

(7)第七步:下面从节点②到节点④之间加一个工作"设备 1 改造",光标移至②按下左键拖动光标至④松开,弹出对话框,输入名称时间等确定,结果如图 7-66。

(8)第八步:用引入进行块复制。首先添加一个工作为复制作准备,然后选择引入状态下拉框选择要复制的内容。如图 7-67 所示。

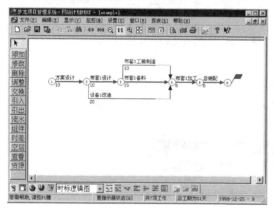

图 7-66   跨节点添加工作的结果

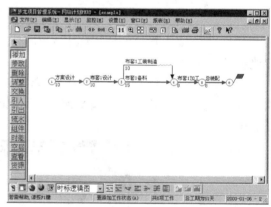

图 7-67   添加要复制的工作

再按下复制按钮,将选择内容复制到剪贴板中,在引入状态下,光标移至工作 H 上双击出现对话框提示,如图 7-68 再选择剪切板确定,结果如图 7-69 所示。

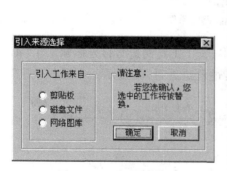

图 7-68   引入源选择

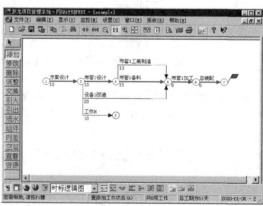

图 7-69   块复制的结果

(9)第九步:选修改状态,将复制后"布套 1"改为"布套 2"。复制操作如图 7-70 所示。再选择调整状态,将节点⑦与节点⑧连接如图 7-71 所示。

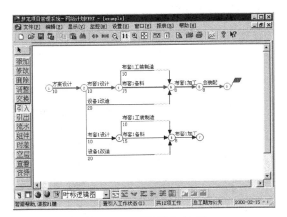

图 7 - 70 复制"布套 1"

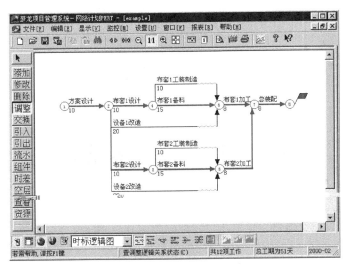

图 7 - 71 调整完毕

(10)第十步:按下边框标尺按钮 结果如图 7 - 72 所示。

(11)第十一步:做完网络计划后,可以将资源加进网络计划。在做网络计划时,最好是针对具体每个工作添加资源,只有采用对每个工作添加资源的方法才能将资源分配到每个工作,使其真正用于控制。有时需要很粗略的资源曲线时,也可以采取自定义资源曲线方法来分配。

分配自定义资源时,可以参考资源处理中有关内容。将资源分配完毕,选"含资源的网络图"状态,并在网络图下方,鼠标变为资源状态时,单击鼠标右键,将弹出如图 7 - 73 所示的资源图表设置对话框,将自定义的总人数添加到资源曲线中。

自定义的资源项在资源分类表的下面,系统默认几种资源项是固定不变的,在"资源图表名称"的上面排列,如图 7 - 74 所示。

资源曲线的名称大小、颜色、曲线的表现形式、曲线的排列位置等参数都可以进行设置。具体可参考资源处理中有关部分内容。

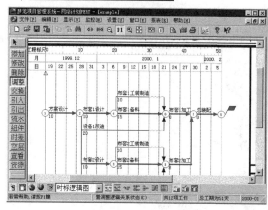

图 7-72　带时标的网络图

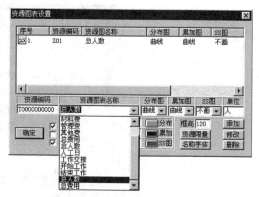

图 7-73　资源图表设置对话框

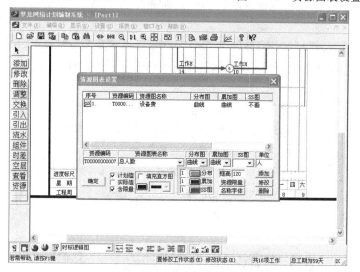

图 7-74　自定义资源面

（12）第十二步：按下逻辑网络按钮网络图转换如图 7-75 所示。

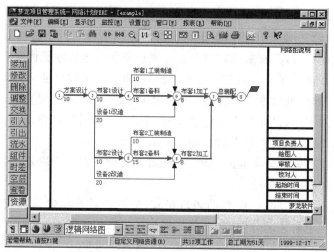

图 7-75　转换为网络图

(13)第十三步:按下梦龙单双混合网络转换按钮 ▦▦ 网络图转换如图 7-76 所示。

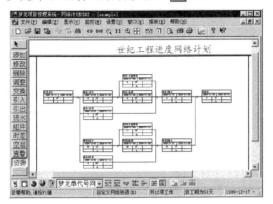

图 7-76　转换为单双混合网络图

(14)第十四步:按下单代号网络转换按钮 ✂ 网络图转换如图 7-77(a)所示。

(15)第十五步:按下梦龙单代号网络转换按钮 ▦ 网络图转换如图 7-77(b)所示。

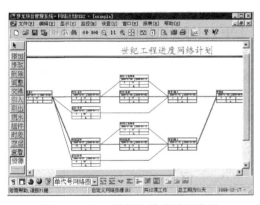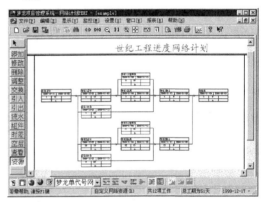

图 7-77(a)　转换为单代号网络图　　　　图 7-77(b)　转换为梦龙单代号网络图

(16)第十六步:按下横道图转换按钮 ▦ 横道图转换如图 7-78 所示。

(17)第十七步:按下文本横道按钮 ▨ 横道图转换如图 7-79 所示。

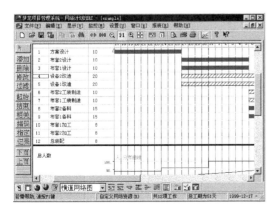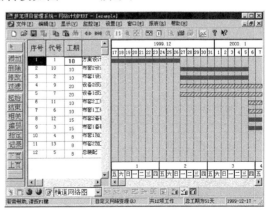

图 7-78　转换为横道图　　　　　　　　图 7-79　转换为文本横道图

(18)第十八步:在梦龙单双混合状态按下局域按钮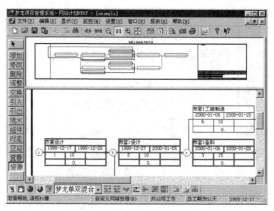网络图转换。当然也可以在其他模式下转成双窗口显示模式,在上面窗口中显示整个网络图全貌,在下面窗口中显示局部放大内容,见图7-80。

图7-80 网络图全貌

除了双窗口功能外,该软件还有窗口复制功能,同一个文档还可以通过复制窗口(可多次复制)方式在几个窗口操作一个文档,这对于大网络图的编制非常有好处,尤其与组合键的"添加"及"调整"配合非常默契,对于大图的处理非常方便。

从以上例子来看,做网络图是非常容易的事情,只要多练习,很短时间就能绘制网络图。在实践中要不断总结经验,积累经验,该软件会帮大家很快成为这方面的专家。另外,在作网络图时,如果画错,计算机会自动给出提示,完全智能处理。

思考与练习

1.简述计算机在工程项目管理信息系统的重要作用。

2.列举目前市场上常见的项目管理软件。

3.简述网络图编辑最主要的操作。

4.简述引入工作的操作。

5.编制网络图有哪些方法呢?

第8章 单位工程施工组织设计示例

内容摘要

本章主要介绍施工设计组织实例,要求学生熟悉并掌握单位工程施工组织设计编制的内容、施工方案中分部分项施工方法的选择以及确保工程质量与安全的措施;熟悉单位工程施工进度计划横道图的绘制及进度编排方法;熟悉单位工程施工平面图设计的内容、原则和步骤,并能够绘制施工平面图。

8.1 施工组织设计概述

8.1.1 编制说明

本组织设计是根据本次招标过程中招标单位发给的本工程招标文件、答疑纪要、评标办法及施工图纸,按国家颁布的现行施工及验收规范、施工规程和有关工艺标准进行编制的。我公司将按业主通知指定的时间和地点与建设单位协商,签订本工程施工承包合同,做好人员、材料和施工机械的组织、进场等施工准备工作,按时开工。

施工过程中,如有变更,我公司项目部将针对变更情况与实际情况重新修改相应的施工方案,并报建设单位和监理单位,取得认同后方予以实施。

1. 编制原则

(1)坚持质量第一,用户至上的宗旨,全面执行我公司的质量方针,严格按照 ISO9001 国际标准 2000 版要求进行施工管理,切实贯彻执行国家施工及验收规范、操作规程和制度,确保工程质量和安全。

(2)严格执行基础建设程序,发挥我公司技术优势,利用先进的施工技术,科学管理,尽量加快施工进度。

(3)充分发挥我公司整体实力,尽量使用先进的机械设备,以减轻劳动强度,提高劳动生产率,加快施工进度。

(4)遵循国家及省市政府有关的环保文件精神,采取有效措施,减少环境污染,降低噪音。

（5）严格遵守国家及省市政府有关的消防要求,做好消防工作。

2.编制依据(略)

8.1.2 工程概况

1.总体概况

（1）建设项目名称:中国东方航空股份有限公司××分公司行政管理中心。

（2）建设项目地址:××市高新技术产业开发区中央商务区内。

（3）工程建设单位:东方航空股份有限公司××分公司。

（4）设计单位名称:××工程设计研究院。

（5）投标单位名称:陕西省××建筑工程公司。

（6）建设规模:框剪结构,地下一层,地上 16 层,建筑面积为 27197 m²。

（7）质量要求:一次验收合格,确保争得"××杯"。

（8）文明施工要求:省级文明工地。

（9）工期要求:开工之日起 600 日历天。

（10）计划开工时间:2007 年 6 月 18 日。

（11）工程承包方式:施工总承包。

特别承诺:我方郑重承诺对建设单位另行委托的分包工程进行统一管理,协调配合,并负责其施工安全、质量、进度,直至工程通过竣工验收,交付使用。

2.施工现场条件

（1）周围环境:南侧为××路,西侧为××南路,北侧为××路,东侧为××路辅道。施工现场相邻周边无居民楼,具备连续和夜间施工条件。

（2）"三通一平"状况:建筑场地南北长约 202 m,东西宽约 165 m,施工现场场地地形平整,临时围墙、大门、大门值班室、工地临时用电配电室(含配电柜)均已建设完毕。道路可直通施工现场。建筑物高程(黄海高程)水准点和坐标点已经引入现场。

（3）现场水电供应:供水管径 50 mm,供水量 60 T/日,最大供电容量为 200 kVA。

（4）地质条件:良好。

（5）地基处理:CFG 桩基部分已经施工完毕。

3.建筑设计概况

建筑设计的总体情况如表 8-1 所示。

表 8-1 建筑设计概况

总建筑面积:21515 m²			
分部工程	层高	结构	建筑面积
主楼	16 层,高 63.6 m	框剪	16448 m²
辅楼	2,3 层,高 14.1 m	框架	10502 m²
地下室	1 层,-5.5 m	框架	7950 m²
安全等级	一级		
建筑耐久年限	50 年		

建筑分类	一类	
建筑耐火等级	主楼一级,裙房二级,地下建筑一级	
工程做法 （用料做法选自陕 02J01、陕 02J10）		
项目	做法名称	适用范围及做法
墙身砌体	240 实心黏土砖	±0.000 以下未特别注明处及电梯井
	240 厚 KF1 非承重空心黏土砖	±0.000 以上未特别注明处
	钢筋混凝土墙体	主楼楼梯间、电梯间、卫生间墙体
屋面 （二级防水）	上人屋面 （其余屋面）	屋‖1（A130）铺地砖面层屋面
	不上人屋面 （主楼电梯机房楼梯间及水箱间屋面） （7 号楼梯及汽车库出口屋面） （一层入口雨棚及外走廊屋面）	屋‖2（A130）水泥砂浆面层屋面
地下室防水	底板与侧壁防水 （包括汽车坡道底板）	两道防水
	室外部分顶板和汽车坡道顶板防水	两道防水
散水	花岗岩铺面散水	

4. 结构设计概况（略）

5. 安装设计概况（略）

8.1.3 管理目标

1. 质量管理目标

认真贯彻我公司在施工过程中形成的精品意识理念,严格按照 ISO9001—2000 质量认证体系进行施工,工程质量按国家颁布的《建筑工程施工质量验收统一标准》（GB50300—2001）进行检验评定,确保本工程质量达到合格标准,工程质量确保达到××市优质样板工程标准,争创"××杯"。

2. 工期管理目标

在项目经理部的统一管理下,制订严密的施工进度计划,在资金、人力、物力以及工序搭接、材料供应、设备保障等方面采取有效的保证措施,确保"中国东方航空股份有限公司××分公司行政管理中心"在 600 个日历天内完成承包范围内的全部施工任务。

3. 安全管理目标

杜绝死亡事故及重大机械、火灾事故,避免重伤事故,减少一般事故,施工现场要安全达标,轻伤事故发生频率控制在 2‰以下。按国家颁布的《建筑施工安全检查标准》（JGJ59—99）执行。

4.文明施工管理目标

认真贯彻执行省、市等有关方面关于建设文明工地的标准及要求,从施工现场平面布置、安全生产管理、施工管理、职工精神面貌等方面严格要求,确保本项目达到省级文明工地标准的要求。

8.2 施工组织设计正文部分

➢ 8.2.1 施工总平面布置

本工程的施工总平面布置详见附图1。

1.布置原则

按照《建筑施工安全检查标准》(JGJ59—99)结合"陕建建发[1999]07号"文件中《陕西省文明工地检查(验收)表》具体要求,对施工现场合理布置。

(1)有利于现场施工的管理和指挥。

(2)生活区与办公区按四合院布设,有利于防盗和环境卫生的管理。

(3)生活区和办公区的房屋地坪均高于室外原地坪,四周设临时排水沟,以利于排水。

(4)节省面积,避免重复。

总之,力求科学,合理的安排,并充分利用场地资源,以最大限度满足施工需要,确保既定的质量、工期、安全生产文明施工三大目标实现。

2.现场规划

(1)施工现场的划分。

本工程办公区、生活区、生产区将设置门卫、材料库、工具房和加工棚等生产设施。

(2)施工现场的场地处理及防汛。

目前中国东方航空股份有限公司××分公司行政管理中心施工场地平整工作已基本完成,甲方已经先期分包进行了土方开挖、降水及基础处理工作。我方进入施工现场后,从基础垫层开始施工,做好场区的排水,排水坡度为3‰。进场后我公司首先根据总平面图,对场地进行划分,铺设施工道路、砌筑排水沟,由东往西、往南排入排水井。模板场地每隔10 m做一道排水沟,由北向南排入地下排水管网,排水坡度为5‰(见附图1)。

(3)工程标牌。

经过业主批准后,我公司将在施工现场的大门外右侧,安放一块6 m² 的工程标牌,标牌内容如表8-2所示:

表8-2 工程标牌

工程名称	中国东方航空股份有限公司××分公司行政管理中心
项目法人名称	陕西省××建筑工程公司
设计院名称	××工程设计研究院
监理单位名称	××工程监理公司

(4)环境保护监督栏。

环境保护监督栏的内容如表8-3所示。

表 8 - 3　环境保护监督栏

工程名称	中国东方航空股份有限公司××分公司行政管理中心
施工单位	陕西省××建筑工程公司
环境保护监督员	××
环境保护措施	1. 土方施工阶段,采用洒水降尘,土方运输车辆要遮盖严密,上路前要清理车轮。 2. 工程结构内的施工垃圾,采用搭设封闭式容器吊运,严禁随意堆放,施工垃圾应及时清运,并适量洒水,减少污染。 3. 水泥和其他易飞扬、细颗粒的散体材料,安排在库内应严密遮盖,运输时要防止遗洒、飞扬,卸运时采取码放措施,减少污染。 4. 现场内所有交通路面和物料堆放场地全部采用 120 mm 厚混凝土(或砂石)硬化,做到黄土不露天,现场内设置绿化、消防两用水池,并规划绿化方案,道路两侧及生活区摆放盆花,努力完成建造"绿色建设"示范工程的目标。

(5)临时服务。

我公司将为业主代表及监理工程师提供满意的住宿及办公用房。

3. 施工现场临时设施布置

(1)办公、生活区。

办公区与生活区布置在办公楼南边的空地。办公区设有业主代表办公室、监理办公室、项目经理办公室、水电安装办公室、土建工长办公室、会议室、材料及财务办公室及职工娱乐室。生活区设有职工宿舍、监理及业主代表宿舍、食堂、餐厅、工具房、配电间、厕所等。办公区与生活区的临时设施布置见表 8 - 4、8 - 5。

表 8 - 4　办公区临设布置一览表

名　　称	间数	结构形式	备注
业主办公室	2	活动房	设置在底层
监理办公室	2	活动房	设置在底层
项目经理办公室	1	活动房	设置在底层
水电安装办公室	2	活动房	设置在底层
会议室	1	活动房	各部门各工种共用
土建工长办公室	2	活动房	设置在二层
职工娱乐室	1	活动房	配置基本娱乐设备
材料及财务办公室	1	活动房	设置在二层
监理休息室	2	活动房	设置在二层
业主休息室	1	活动房	设置在二层
项目经理休息室	1	活动房	设置在二层
总计	16		每层 8 间,共二层

(2)生产区。

现场设置有生产区。生产区内设有混凝土运送泵、木工棚、钢筋加工及堆放场及标准养护试验室;设施料、材料堆放场根据需要就近布置。生产区的临时设置布置见表 8-6。

表 8-5 生活区临设布置一览表

名 称	间数	结构形式	备注
职工宿舍	11	砖瓦房	管理人员及各工种工人
食堂	1	砖瓦房	墙面与地面均贴瓷
餐厅	1	砖瓦房	墙面与地面均贴瓷
工具房	1	砖瓦房	
机工与试验	1	砖瓦房	
厕所	1	砖瓦房	厕所外配有 4 个水龙头
材料库房	1	砖瓦房	
共计	17		

表 8-6 生产区临设布置一览表

名 称	面积	结构形式	备注
配电间	80 m²	钢管石棉瓦	
混凝土标养室	18 m²	砖混	
厕所	18 m²	砖混	
钢筋棚	2×200 m²	钢管石棉瓦其中 50 m² 做加工棚	用砖墙封闭减少噪音
木工棚	100 m²	钢管石棉瓦其中 50 m² 做加工棚	用砖墙封闭减少噪音
门卫室	18 m²	砖混	

4. 施工准备

(1)现场临时用电设施。

现场临时供电按《工业与民用供电系统设计规范》和《施工现场临时用电安全技术规范》设计并组织施工,供配电采用 TN—S 接零保护系统,按三级配电两级保护设计施工,PE 线与 N 线严格分开使用。接地电阻不大于 4 Ω,施工现场所有防雷装置冲击接地电阻不大于 30 Ω。开关箱内漏电保护器额定漏电动作电流不大于 30 mA,额定漏电动作时间不大于 0.1 s。

①编制目的。

中国东方航空股份有限公司××分公司行政管理中心即将开始施工,为了提供主体施工过程及后期机电安装、装修工程用电,特编制此方案。此用电方案对土建、安装、装修等整个施工过程用电进行整体规划,充分考虑了各施工阶段用电机具的用电量,能够满足办公楼整个施工过程的用电要求。

②现场变压器容量。

施工现场配有变压器一台,容量为 315 kW。

③供电方案(略)。

(2)施工用水。

①用水量计算。

现场主要考虑混凝土养护及装饰装修后期砂浆搅拌机的用水量,本工程采用 5 台砂浆搅拌机,瓦工班的班组数为 4 班。其中:K_1 表示未预计的施工用水系数,取 1.15;K_2 表示用水不均衡系数,取 1.5;q_1 为以砂浆搅拌机 8 小时内的生产量(每台以 30 m³ 计)、瓦工班 8 小时内的砌筑量(每班以 20 m³ 砖砌体计)、混凝土养护 8 小时内用水(自然养护,以 100 m³ 计);N_1 表示每立方米搅拌砂浆的耗水量以 400 L/m³ 计,每立方米砖砌体的耗水量以 100 L/m³ 计,每立方米混凝土养护耗水量以 200 L/m³ 计;N_3 表示每人一天用水量,取 40 L/人。具体的施工总用水量计算如下:

$$Q_1 = \frac{K_1 \sum q_1 N_1 K_2}{8 \times 3600} = \frac{1.15 \times (5 \times 30 \times 400 + 4 \times 20 \times 100 + 100 \times 200) \times 1.5}{8 \times 3600} = 5.27(\text{L/s})$$

现场生活用水,现场高峰用水人数为 $P_1 = 300$ 人,$N_3 = 40$ L/人,$K_4 = 1.3$,$t = 3$ 班

$$Q_2 = \frac{P_1 N_3 K_4}{t \times 8 \times 3600} = \frac{300 \times 40 \times 1.3}{3 \times 8 \times 3600} = 0.18(\text{L/s})$$

消防用水量取 $Q_3 = 10(\text{L/s})$

$Q_1 + Q_2 = 5.27 + 0.18 = 5.45(\text{L/s})$,$Q_3 = 10$ L/s;$Q_1 + Q_2 < Q_3$。

故总用水量取:

$$Q = 10 \text{ L/s}$$

②施工用水的布置。

为了保证施工用水,计划在地面设一个蓄水池,用高压泵向上送水,各支管从主管道的阀门引出,通向各工程及生产加工区。

5. 施工现场平面布置的管理

①建立统一的施工总平面图管理制度,划分总平面图的使用管理范围。各区各片均有人负责。严格控制各种材料、构件、机具的位置、占用时间和占用面积。

②实行施工总平面动态管理,定期对现场平面进行实录、复核,修整其不合理的地方。定期召开总平面执行检查会议,奖优罚劣,并协调好各单位关系。

③做好现场的清理和维护工作,不准擅自拆迁建筑物和水电线路,不准随意挖断道路。

8.2.2　施工方案

1. 施工测量方案(略)

2. 土方工程及基坑围护

(1)清槽。

本工程采用复合桩地基,进场后首先组织人工挖土,露出桩头。基坑清槽采用人工挖土。清槽所挖出的土方采用人工运送至地下室两侧边坡处平整分层夯实。为防止手推车陷入土中,需用垫板铺设 1.2 m 宽手推车通道工人站在垫板上作业。

清槽至设计标高后,对于超挖及欠挖部分,我方一方面将超挖部分挖至老土层,一方面将欠挖部分挖至设计标高。超挖在 30 cm 以内用混凝土垫层找平,超挖在 30 cm 以上部分用 1:3 粗砂兑 5~20 石子分层夯填至垫层底部。

距基坑上口边线 1.5 m 处设置钢管搭设的护栏,为保证安全可靠,竖向钢管埋地深度为 0.5 m。

(2)破桩头。

清槽至设计标高后即开始破桩,采用人工破桩。为保证破桩后的桩顶标高的准确性,截桩时不得一次到位,而应该先预留 50 mm 以上,然后工人用錾子凿至桩的设计标高。由于截断的桩头体积太大,且重车无法下至基坑内运输,破碎的桩头经人工搬运至基坑南侧边坡底后,采用单斗容量为 1 m³ 的超长臂挖掘机运送到自卸汽车上,再运出现场。

（3）土方回填。

①回填土的注意事项。

A. 为保证地下室外墙的结构安全,地下室外土方回填在外墙的混凝土强度未达到 100% 以前不可施工。

B. 回填土采用场外汽车运输。

C. 施工前,应清除基坑内的建筑垃圾、积水、淤泥、杂物等,修整好行车道路,保证道路畅通。按照现场平面水、电、降水管线布置图并探明他们的正确位置,还应提前清除障碍物,保护坐标及标高控制点。

D. 回填土每层铺填厚度为 250 mm,用蛙式打夯机械分层夯实,打夯时采用连续夯击,做到一夯压一夯,不得有漏夯现象。

E. 回填土应从最低处开始回填,由下而上分层均匀铺填土料和压实。

②回填压实的方法。

A. 回填压实的一般要求具体如下:

a. 填土应尽量采用同类土填筑,并且控制土的含水率应符合有关规定。当采用不同含水率的土填筑时,应按土的不同类别有规则地分层铺填,将透水性大的土层置于透水性较小的土层下面,不得混杂使用,边坡不得用透水性较小的土封闭,以利于水分排出和地基土的稳定,并避免在土方内形成水囊和产生滑动现象。

b. 分段填筑时每层接缝处应做成大于 1∶1.5 的斜坡,碾迹及夯实区域重叠不小于 0.5～1.0 m,上下层错缝距离不小于 1.0 m。

B. 填土应预留一定的下沉高度,以备在行车、堆放重物或干湿交替等自然因素作用下,土体逐渐沉落密实。当采用机械分层夯实时,其预留下沉高度砂土为 1.5%,粉质黏土为 3%～3.5%。

C. 人工夯实前应将土初步整平。回填夯实管道附近时,应人工先在管子周围填土夯实,并应从管道两边同时进行,直到管顶 0.5 m 以上。严禁强行施工损坏管道。机械碾压时应控制行车速度,不应超过 3 km/h;并要控制压实遍数。机械与地下室外墙及管道应保持一定的安全距离,防止将管道压坏及损坏卷材防水层。

③质量控制与检验。

A. 采用环刀法取样测定土的干密度,求出土的密实度,或用轻便触探仪直接通过锤击数来检验土的干密度和密实度。

B. 基坑和室内填土,每层按 100～500 m² 取样一组,但每屋不少于一组,取样部位在每层压实后的下半部分。

C. 填土压实后的干密度应有 90% 以上符合设计要求,其余 10% 的最低值与设计值之差不得大于 0.08 t/m³,且不应集中。

3. 模板工程

（1）模板施工概况。

本工程为框剪结构,地下室剪力墙包括楼梯间、电梯间、抗爆隔墙、风机房及外墙等。本工程地上部分结构较为规整,除电梯间、楼梯间及卫生间外均为框架结构。

该结构剪力墙模板使用全钢大模板;梁板采用竹胶板模板,背楞使用 5 cm×10 cm、10 cm×10 cm 木方,支撑为 3.5 mm 壁厚,直径为 48 钢管加可调头;地下室墙体均采用竹胶板组合大模板;柱采用可调式大钢模施工(500×500 的小柱采用竹胶板施工)。

(2)模板设计及施工。

①基础模板的施工。基础施工采用 240 cm 砖模,在基础垫层施工完毕后及按放线位置砌筑 240 cm 砖墙作为基础的模板,砖模高度为 1.8~2.3 m,由于底板每边的长度都在 50 m 左右,为保证砖模的整体稳定,砖模 1.8 m 高部分每隔 8 m 设置一根构造柱,砖模 2.3 m 高部分每隔 5 m 设置一根构造柱,构造柱截面为 370 mm×370 mm,配筋为 $4\phi14$,$\phi6@200$,每隔 500 mm 布置一道 $2\phi6$ 拉结筋,深入墙体 800 mm;墙顶向下 900 mm 处设圈梁一道,圈梁为 200 mm×240 mm,配筋为 $4\phi12$,$\phi6@200$。

②地下室除核心筒以外墙体模板的施工。地下室的墙体(除核心筒外)采用竹胶板模板施工,先根据墙体尺寸将若干竹胶板拼成一大块大模板,然后再组装成墙模板。

拼装大模板以 10 cm×10 cm 木方为边框,中间竖向 5 cm×10 cm 木方为次龙骨,横向为两根 10 cm×10 cm 木方主龙骨。次龙骨与竹胶板之间、主次龙骨间用钉子连接,次龙骨间距为 200 mm(净间距),主龙骨的间距与拉螺栓的设置相对应。对拉螺栓采用 $\phi18$ 钢筋,竖向间距 0.8 m,横向间距为 0.6 m,即每一张竹胶板(1220 mm×2440 mm)上均匀分布 6 根对拉螺栓。模板上墙之前先按照预定的位置打好对拉螺栓孔,并将开孔处用油漆封好,但不能涂在板面上,防止污染墙面。

大模板的基本单元有 5 块竹胶板(1.22 m×2.44 m)拼接成 6.1 m×2.44 m,以此为单元拼墙体模板,不合模数的另行加工,两块大模板拼接处要设置子母口,相互咬合。如图 8-1 所示。墙体阴角处模板要用 10 cm×10 cm 木方背楞,两块竹胶板中间塞紧海绵条。每次作为一个整体安装、拆除,阳角两竹胶板间要用海绵条塞实,并用木方封住接缝如图 8-2 所示。

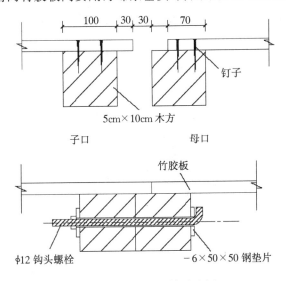

图 8-1　子母口连接示意图

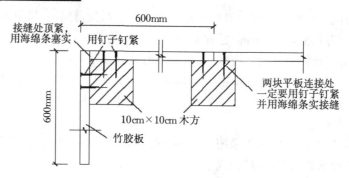

图 8-2　阴角模示意图

支模前先对结构构件进行放线,放出结构的外边线以及外边线向外 10 cm(柱的模板控制线为 15 cm)的控制线。

支模时,要先延墙方向搭设三排脚手架,横距 1.2 m,纵距 2.0 m,步距 1.8 m,用以固定模板,另一侧搭设脚手架,脚手架应根据场地实际情况进行搭设,没用空间的地方,可以将支撑直接承载在护壁上。

脚手架搭设完毕后开始安装已加工好的竹胶板拼接大模板。按顺序将大模调到指定位置,粗略定位。吊装模板时先安装靠近护壁一侧大模,将大模与绑扎好的钢筋网片临时绑住固定。在吊装另一侧模板时应将对拉螺栓穿上,待模板到位后,再将其拧紧,并通过两侧的架子进行加固。墙模板固定示意图见图 8-3。

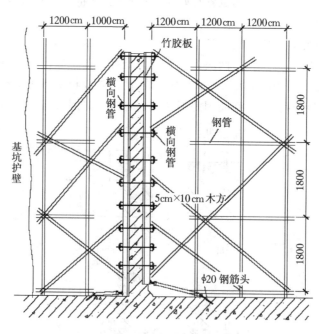

图 8-3　墙模板固定示意图

对拉螺栓采用 φ18 钢筋,对拉螺栓中间要焊一块止水钢板,防止地下水沿钢筋渗入。具体加工见图 8-4、图 8-5 所示。

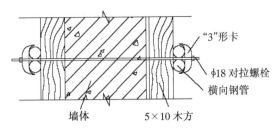

图 8-4　模板加固图

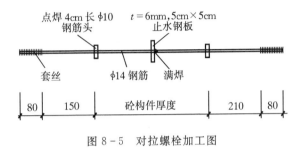

图 8-5　对拉螺栓加工图

4.钢筋工程

(1)钢筋进场检验及验收。

对进场钢筋必须认真检验,进场钢筋要有出厂质量证明和试验报告单,表面或每捆(盘)钢筋必有标牌;提供锥螺纹连接套应有产品合格证,两端锥孔应有密封盖,套筒表面应有规格标记。在保证设计规格及力学性能的情况下,钢筋表面必须清洁无损伤,不得有颗粒状或片状铁锈、裂纹、结疤、折叠、油渍及漆污等,钢筋端头保证平直,无弯曲。进场钢筋由项目物资部带头组织验收。

进场钢筋按规范的标准抽样作机械性能试验,同炉号、同牌号、同规格、同交货状态、同冶炼方法的钢筋≤60t 为一批;同牌号、同规格、同冶炼方法而不同炉号组成混合批的钢筋≤60t 可作为一批,但每炉号含碳量之差≤0.02%、含锰量之差≤0.15%。经复试合格后方可使用,如不合格应从同一批次中取双倍数量试件重做各项试验,当仍有一个试件不合格,则该批钢筋为不合格品,不得直接使用到工程上。

钢筋加工过程中如发现脆断,焊接性能不良或机械性能不正常时,必须进行化学成分检验或其他专项检验。

(2)钢筋的储存。

进场后钢筋和加工好的钢筋要根据钢筋的牌号,分类堆放在枕木或砖砌成的高 30 cm 间距为 2 m 的垄上,以避免污垢或泥土的污染。钢筋应集中码放,场地必须平整,有良好的排水措施。码放的钢筋应及时作好标识,标识上应注明规格、产地、日期、使用部位等。

(3)钢筋的接长。

钢筋的接长是钢筋工程的关键,我们将在不同部位根据设计和规范要求直径在 22 和 22 以上的框架梁、柱内采用锥螺纹连接,其他钢筋接头采用搭接或焊接连接。

(4)钢筋的下料绑扎。

①认真熟悉图纸,准确放样并填写料单。

②核对成品钢筋的钢号、直径、尺寸和数量等是否与料单相符。

③先绑扎主要钢筋,然后绑扎次要钢筋及板筋。

5.混凝土工程

各部分所需混凝土材料强度如表 8-7 所示。

表 8-7 混凝土材料强度表

混凝土材料 (所有材料必须符合现行规范对质量的要求)			
混凝土强度等级	基础垫层		C15
	基础、基础梁板		C40
	辅楼部分	−1.2 m 及以下	C50
		−1.2 m 以上	C30
	柱墙	8.360 m 及以下	C50
		8.360~31.760 m(含 31.760 m)	C45
		31.760~47.360 m(含 47.360 m)	C40
		47.360~59.060 m(含 59.060 m)	C35
		59.060 m 以上	C30
	辅楼部分	−1.2 m 及以下	C40
		−1.2 m 以上	C30
	梁	8.360 m 及以下	C40
		8.360~31.760 m(含 31.760 m)	C35
		31.760~47.360 m(含 47.360 m)	C30
		47.360~59.060 m(含 59.060 m)	C30
		59.060 m 以上	C30

(1)原材料。

原材料的使用按《物资管理控制程序》执行。本工程采用商品混凝土。混凝土的坍落度设计值为 180 mm~220 mm,混凝土坍落度的允许偏差值要控制在±20 mm 范围以内。

①水泥。

本工程混凝土所用水泥进场必须有出厂合格证和进场试验报告,水泥的技术性能指标必须符合国家现行的相应材质标准的规定。进场时还应对其品种、强度等级、包装或散装仓号、出厂日期等检查验收,合格后方可用于本工程。

②粗、细骨料。

本工程混凝土粗骨料采用碎石,粒径为 5~31.5 mm;细骨料采用中砂(河砂)。

检查内容:选用的石子种类、粒径、质量等;砂子的种类、颜色、细度模数;该批砂、石是否有进场试验报告,进场日期与实验报告上注明的日期是否相符合,试验结果是否合格;本台班砂石的含水率是否测定等。

防水混凝土用砂的含泥量应小于 3.0%,泥块含量应小于 1.0%。

③外加剂。

A.本工程掺加的外加剂的混凝土为普通混凝土DK-4,高效混凝土DK-7。

B.为满足本工程地下部分混凝土的防水要求,基础底板、外墙、消防水池四周墙防水的外加剂采用WG-高效复合防水剂I型,是混凝土中掺入水泥重量的0.8%。

C.检查内容:外加剂的品种、生产日期、有效日期、存放情况、出厂合格证、检测报告、计量等。

(2)施工管理。

①混凝土配合比的设计及审核。

本工程所用混凝土施工配合比采用委托形式经由××市建委、质检站认可的二级以上资质试验室预配后提供,试配结果报送建设单位和监理单位;混凝土使用的外加剂为建筑主管部门认证产品,外加剂的种类及性能应报监理单位认可。

②混凝土的拌制和运输。

A.混凝土由专业商品混凝土厂家拌制、运输到施工现场。浇筑混凝土时项目经理部定期派专人去混凝土生产厂家监督混凝土的拌制。混凝土在原材料的计量、搅拌时间上严格按规范标准进行控制。

B.每次浇筑混凝土时,应由专人做好混凝土运输车辆的疏导指挥工作,确保混凝土能够及时连续的供应,保证混凝土的连续浇筑。

C.当相邻车次间隔时间超过正常间隔时间时,应取该罐车的混凝土作坍落度实验。混凝土从罐车输出时,不得任意加水,施工人员应服从现场管理人员的指挥。

③混凝土浇筑值班制度。

在每次浇筑混凝土前,由专人(如项目技术负责人)确定本次浇筑混凝土值班人员,以便于提前准备,做到岗位到位、责任到人。每次浇筑混凝土时,值班人员不少于2人(至少有一名为土建专业技术人员),其中有一人在现场值班,实行旁站式管理。混凝土浇筑时值班人员应严格按照施工方案、操作规程进行施工监督,值班人员应作好记录。

④混凝土的检查制度。

混凝土的检查在混凝土拆模后、上一施工段施工完毕后进行,此项工作由质安科组织责任工程师及模板、混凝土施工班组长参加,由质安科具体检查,检查结果及时评定、及时以书面形式反馈给监理和各专业施工班组,督促、改进工作。

(3)施工准备工作。

①指派专人提前一天收听天气预报以及当天交通台的路况信息。

②各种施工机具应落实到位,对各种机具进行检查,避免施工中出现机器故障,造成不必要的停工。

③提前一天向物资科提交书面商品混凝土需用计划,说明供应时间、数量(扣除钢筋体积)、强度等级、供应速度及其他技术措施。

④搭好临时电源线路、安全防护措施、操作台等;浇筑混凝土时要铺好跳板,跳板支在预先制作好的钢筋支架上,不得直接铺放在钢筋网片上。跳板应具有一定的宽度,待混凝土浇到一定的位置,随浇随撤掉钢筋支架。

⑤雨季施工应要备有足量的雨布。

⑥做好工人特别是机器操作手的班前集中交底工作,使工人做到心中有数。岗位人员落

实到位,责任到人。

⑦会同质量检查员对该施工段的钢筋工程、模板工程的施工质量进行验收,发现问题及时下发整改通知书给上道工序的专业工程师。待整改后报监理工程师签字认可后再进行本道工序的施工。

⑧检查混凝土生产厂家的各种计量器具是否均经××市计量部门鉴定(鉴定证书),鉴定现在是否在有效使用期内。经检查符合要求后方可使用。

⑨确定此次浇筑混凝土的值班人员及具体分工。

⑩对施工现场配备的两台对讲机进行检查,确保对讲机在混凝土浇筑时能够正常使用。

(4)混凝土施工方案。

①混凝土供应。本工程混凝土采用商品混凝土,浇筑混凝土的前一天填好混凝土委托单交于物资科并书面通知物资科供应混凝土的时间、供应数量、供应频率等,保证混凝土的及时供应。每次浇筑混凝土时随机抽查混凝土数量,保证混凝土的连续浇筑。

②后浇带、施工缝。

A.施工缝的留置和模板支设方式。

a.地下室外墙垂直施工缝(后浇带)、水平施工缝后浇带混凝土浇筑前,原混凝土表面必须全部凿毛,露出石子,便于与新混凝土结合密实。后浇带混凝土浇筑时,每一层高段一次浇筑完成,在底板、楼板位置形成的水平施工缝与所在部位外墙的水平施工缝相同。

本工程地下室外墙后浇带节点构造如图8-6所示。

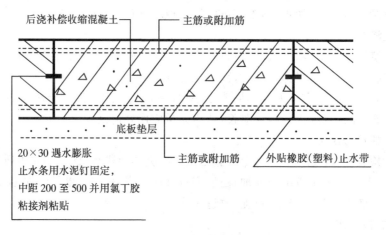

图8-6　外墙后浇带缝构造做法

后浇缝是一种刚性接缝,浇筑应待两侧结构主体混凝土干缩变形基本稳定后进行(一般龄期为6周),并应采用补偿收缩混凝土,以免出现新的收缩裂缝。

b.梁的竖直施工缝。该工程31.760 m以上梁的混凝土强度为C30,31.760～47.360 m柱为C40,47.360～59.060 m(含59.060 m)柱为C35,施工中应先浇筑柱混凝土,再浇筑梁混凝土,这样在梁两端有隐含施工缝,可采用800目的钢丝网片叠合两层,用细钢丝绑扎牢固,紧贴钢丝网的外侧用水平短钢筋绑扎在梁的钢筋上,作为背楞。在浇筑梁混凝土时把制作隐含施工缝的钢丝网片、短钢筋等材料不再拆除取出。此隐含施工缝的设置位置、采用材料、设置方法如图8-7所示。

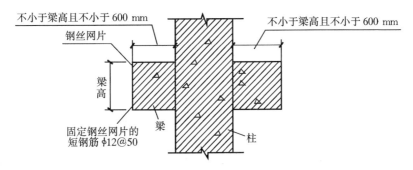

图 8-7 梁的竖直施工缝支模方法

c. 柱、墙水平施工缝。柱的水平施工缝留置在梁底标高以上 15~20 mm 处，施工中严格控制浇筑标高，过低则不利于支梁底模，过高应在柱拆模后凿除多余的混凝土，浪费人工；墙的水平施工缝应留置在板底标高以上 10 mm 处。过低则不利于支板底模。

d. 核心筒梁头施工缝。施工缝钢丝网的支设位置比预定施工缝的位置内移 20 mm，以防止浇筑混凝土时此处出现漏浆而改变了施工缝的平面位置，多余部分混凝土在拆模后处理。

e. 核心筒楼梯梁施工缝。核心筒楼梯梁施工缝采用预埋木盒的方式留置，当筒模提升上去后将木盒取出，将施工缝清理干净、凿毛。具体做法如图 8-8 所示。

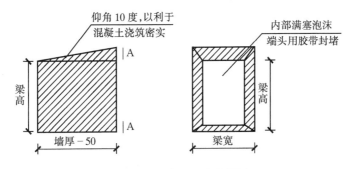

图 8-8 梁头预埋木盒详图

B. 施工缝的处理方式。

a. 梁头部位。在拆模后绑扎钢筋之前，施工队放线人员将梁头位置在墙上弹出边线，接着施工队派专人用砂轮切割机配合使用錾子将梁头位置精确凿出，要求凿除多余的混凝土，混凝土表面的水泥膜、浮浆、松动石子等，并清除干净。

b. 其他部位。清除多余的混凝土、混凝土表面的浮浆、松动石子等。

③混凝土梁、柱墙、板的浇筑。

A. 柱墙混凝土浇筑。浇筑前底部先填以 5~10 cm 与原混凝土配合比相同的减半石子的混凝土。混凝土分层振捣，使用插入式振动器，每层厚度不大于 50 cm，振动棒不能触动钢筋和预埋件。除上面振捣外，下面要有人随时敲打模板。单根柱混凝土一次浇注完毕，施工缝留在主梁下面。

B. 梁、板混凝土浇筑。梁板混凝土应同时浇筑，浇筑时由一端开始用"赶浆法"，即先将梁板内混凝土分层浇注成阶梯形，当达到板底位置时再与板的混凝土一起浇筑，随着阶梯形不断延长,梁板的混凝土连续向前推进浇筑。如图 8-9 所示。

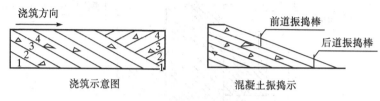

图 8-9 "赶浆法"浇筑梁板混凝土

梁柱结点处钢筋较密,此处混凝土应用小石子同强度等级的混凝土,并用小直径振动棒振捣。浇筑板时虚铺厚度略大于板厚,用平板振动器延垂直浇筑方向来回振捣,并用铁插尺检查厚度(也可用在柱钢筋标高处挂通线,用钢尺向下量混凝土表面高度)。振捣完毕后用长木杠配合木抹子抹平、压实。

(5)混凝土的养护。

混凝土浇筑后在强度达到 1.2 MPa 以前,不允许有人员在上面踩踏或安装模扳及支架。可上人的最早时间 5 月至 9 月约为 8～10 小时,10 月至次年 4 月约为 15～20 小时。独立柱采用包裹塑料布方式养护;墙、梁及底板采用浇水方式养护。浇水养护时间不少于 7 天。

(6)混凝土试块的留置、施工记录。

用于检验结构构件混凝土质量的试件,应在混凝土的浇筑地点随机取样制作。

①留置原则。每一施工层的每一施工段、不同施工台班、不同强度等级的混凝土每 100 m³(包括不足 100 m³)取样不得少于一组抗压试块,不得少于两组同条件试块(根据情况分别用于测定 3 天、5 天、7 天、28 天抗压强度,为拆摸提供依据)。

②后期处理。制作的标准抗压试块拆模后于当日(不超过一个工作日)即送往公司实验室进行标准养护,由试验员作好委托试验及试件交接手续。

同条件试块拆模后在试块上进行编号,然后放到预先制作好的指定的铁笼内并上锁,置于同一部位;铁笼制作式样如图 8-10 所示(净尺寸为 500×200×200)。

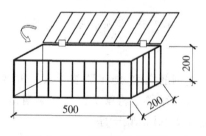

图 8-10 铁笼制作式样图

③抗渗试件组数应按下列规定留置:每 500 m³ 留置两组,每增加 250～500 m³ 留置两组。其中一组标准养护,另一组同条件下养护。每工作班不足 500 m³ 也留置两组。每次浇筑混凝土,混凝土专业工程师都必须填写《混凝土施工记录》。

(7)成品保护。

本工程施工质量要求达到清水效果,混凝土成品保护要求较高,因而在混凝土结构构件拆模后,采用在柱角、墙角、楼梯踏步、门窗洞口处钉木板条的方式进行防护。柱、墙防护高度为 1.5 m,门窗洞口周边全部防护。具体做法见图 8-11。

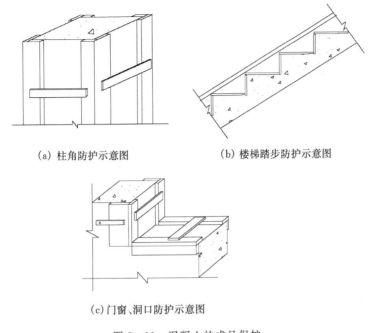

(a) 柱角防护示意图　　　　　　　(b) 楼梯踏步防护示意图

(c) 门窗、洞口防护示意图

图 8-11　混凝土的成品保护

6. 屋面工程

本工程除主楼电梯机房楼梯间及水箱间屋面、7 号楼梯及汽车库出口屋面、一层入口雨棚及外走廊屋面为不上人屋面,其余均为上人屋面。

(1)施工工序。

①上人屋面。钢筋混凝土面板→1:6 水泥焦渣找坡最薄处 30 厚→保温层施工→25 厚 1:3 水泥砂浆找平层→1.2 厚三元乙丙橡胶防水卷材二道→2~3 厚麻刀灰隔离层→25 厚 1:3 水泥砂浆(加建筑胶)找平层→8~10 厚铺地砖用 3 厚 1:1 水泥砂浆(加建筑胶)粘贴,缝宽 5 用 1:1 水泥砂浆(加建筑胶)勾缝。

②不上人屋面。钢筋混凝土面板→1:6 水泥焦渣找坡最薄处 30 厚→25 厚 1:3 水泥砂浆找平层→1.2 厚三元乙丙橡胶防水卷材二道→25 厚 1:2.5 水泥砂浆保护层,每 1 米见方半缝分格。

(2)各层次施工方法及要求(略)。

7. 墙身砌体

±0.000 以下隔墙及卫生间,砖砌女儿墙墙体下部距楼面 300 mm 处以下均采用 MU10 普通黏土实心砖,M5 水泥砂浆砌筑;五层及五层以下所有外围护墙及内隔墙为 240 厚 KF1 非承重空心砖,M5 混合砂浆;六层至十一层外围护墙及弱电间隔墙为 240 厚 KF1 非承重空心砖,M5 混合砂浆;六层至十一层为 ASA(110 mm)板隔墙及 KP1(120 mm)承重空心砖。

8. 脚手架

本工程主体高度为 72.6 m,从地下室顶板开始采用扣件落地式双排钢管脚手架搭设到五层顶,以上为挑架(车道部分为挑架),每次挑三层。

9.装饰装修工程(略)

10.门窗工程(略)

11.安装工程(略)

8.2.3 施工组织及施工进度计划

1.施工组织

(1)项目部组成人员。

本工程将作为我公司的重点信誉工程,在挑选管理人员时,不仅考虑他们的业务素质,而且十分注意管理人员的政治素质和作风素质,真正做到优中选优。实现环境效益、社会效益和经济效益的统一。

(2)现场管理模式。

本工程的施工过程中,将有多种专业(土建、安装、钢结构、玻璃幕墙)、众多人员同一时间立体交叉施工,因此需要有一个权利高度集中的机构来统一决策、统一指挥、统一部署、统一计划和统一管理。

项目经理部的组织机构的设置详见图8-12所示。

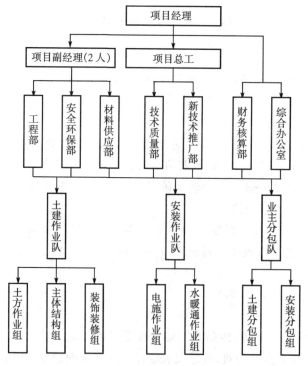

图8-12 项目经理部的组织机构图

(3)项目部的主要职能。

项目部的主要职能如表8-8所示。

表 8-8   项目部的主要职能

职务	姓名	职称	职责
项目经理	××	高级工程师	贯彻执行国家有关法律、法规和政策,执行企业的各项管理制度。项目经理全面负责工程的进度、技术、质量、工程成本、安全和文明施工。项目经理制定岗位责任制和各项管理制度,并负责实施奖励办法。
项目副经理	××	工程师	项目副经理为工程项目经理提供施工中的具体方案和建议,直接指挥生产并组织编制工程项目施工组织设计。
项目总工	××	高级工程师	项目总工负责本工程技术及质量管理检验工作,领导编制单项施工方案、技术工艺交底以控制工序质量,领导工程的质量检查工作及样板验收确定工作,以及实验测量计量工作,并大力推广采用新材料、新工艺,以提高工程质量。
工长	××	工程师	工长要强化质量第一的意识,在贯彻生产进度同时贯彻质量标准,管理工序质量及检查操作质量,控制材料计量与组织好施工三检制。
质量员	××	助理工程师	质量员严格按照图纸、规范、工艺操作规程检验工程质量,判定工程是否合格,不合格应及时向主任工程师反映以确定是否返工,并重新验收。
安全员	×× ××	助理工程师	安全员负责本工程的安全生产工作,应做好职工进场安全教育及班前、班后的安全教育。安全员应认真落实总公司各项安全岗位责任制,做好安全检查记录。安全员还要负责施工班组的安全交底工作,督促落实安全"三宝"(即安全帽、安全带、安全网)的使用并参与安全事故的处理及分析。
材料员	××	技师	材料员应对所采购的材料、成品、半成品构件的质量负责。材料员还应确保进场材料及器材必须为合格材料,并配合技术部门做好现场取样复试工作。
预结算员	××	工程师	预结算员应负责本工地一切经济来往手续并按照财务管理规定做好报销、记账、工程核算、成本分析。预结算员还应及时与业主进行工程进度结算,配合质量组做好施工班组的结算、审核、兑现,最后还应做好当月材料消耗统计工作。

2.施工进度计划

施工进度总体安排如表 8-9 所示。

表8-9　施工进度总体安排

序号	分项分部工程	工期(天)	月进度
1	施工准备	8	2007.6.18～2007.6.25
2	清槽、破桩头	5	2007.6.26～2007.6.30
3	基础工程	50	2007.6.31～2007.8.20
4	主体结构工程	165	2007.8.21～2008.4.7
5	屋面工程	30	2008.4.8～2008.5.8
6	砌体工程	70	2008.5.9～2008.8.14
7	装饰装修工程	100	2008.8.15～2009.1.1
主体工程总工期		428	2007.6.18～2009.1.1
土建与安装配合建设单位 另行分包项目		142	2009.1.2～2009.7.20
竣工验收		30	2009.10.2
总工期		600	

(1)施工段划分。

结构工程主要为现浇混凝土工程。划分施工流水段既要考虑现浇混凝土工程的模板配备数量,周转次数和每一工作日浇筑混凝土量,同时还要考虑塔吊与井架每台班的效率。施工段的划分根据设计上留设的变形缝将主体部分划分成三个流水段进行施工。

施工段的划分如图8-13、8-14所示。

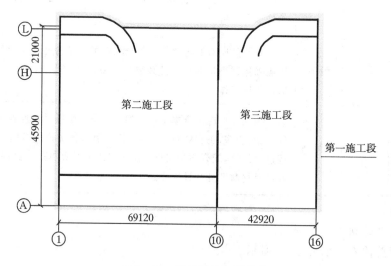

图8-13　基础墙施工段划分

注:阴影部分为外剪力墙,划分为第一施工段;根据本工程结构形式和工程量及工期要求,基础底板一次浇筑完成。

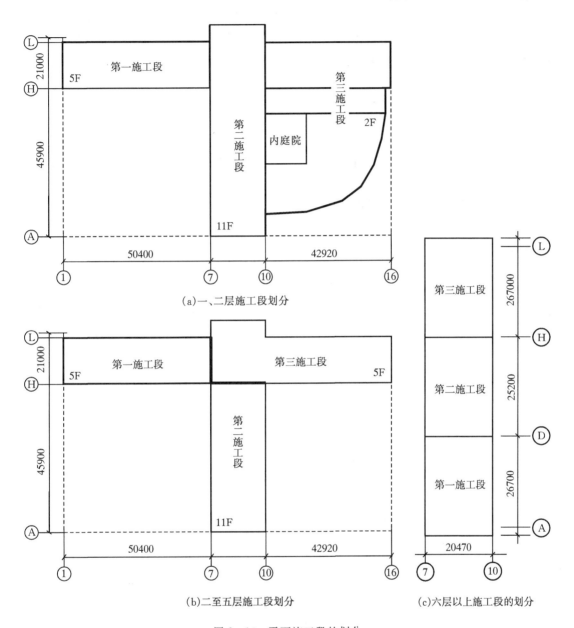

图 8-14 平面施工段的划分

(a)一、二层施工段划分

(b)二至五层施工段划分

(c)六层以上施工段的划分

(2)主要施工工序。

工序为：桩破头→清槽→垫层→防水→防水上找平层→地下室底板钢筋混凝土施工→地下室钢筋混凝土结构施工→(地下室外防水→防水层外保护层→回填土)地上钢筋混凝土结构施工→砌体→粗装修→机电安装→配合建设单位外包分项工程施工→竣工验收。

3.劳动力安排

本工程的劳动力安排情况见附图2施工进度计划网络图。

农忙季节的工作安排如下：自带与我公司常年配合施工的民建队伍，一方面可作为技术性较强项目的基本施工队伍，另一方面可解决因农忙而走人的问题。该部分人数应保证正常施工现场所需劳动力的 60% 以上。对于部分劳动力配置量大的施工项目,在施工计划安排时,尽可能与农忙季节错开,减少农忙季节对劳动力的需求,避免因农忙回家务农的人员过多而影响工程的正常进行,确保工期进度。

(1)管理方针。

我公司对劳动力选择,主要是依靠自己现有的劳务作业队、专业施工班组,特别对结构工程及关键岗位全部采用自己的施工班组作业。

(2)管理目标。

我公司将选择有丰富施工经验的劳务作业队、专业施工班组,和有资质等级、素质高、技术好、施工力量强的劳动队伍,以降低人工成本,确保工程质量符合合同要求。

我公司决不恶意拖欠民工工资,及时发放民工工资。

(3)劳动力计划表

工程的劳动计划安排如表 8-10 所示。

表 8-10　工程劳动组织及劳动力安排

分部 名称	工种名称	人数 (人)	劳动力分工及配备
结 构 工 程	混凝土工	42	微膨胀砂浆灌缝及混凝土浇灌,孔道灌浆,其中混凝土浇灌 26 人
	钢筋工	60	钢筋钢丝束下料制作,钢筋绑扎及预应力施工配合,其中下料制作 12 人
	木工	40	模板支拆,柱托安装、拆除,垂直支撑安装拆除,其中模板支拆 14 人
	瓦工	40~60	砖墙砌筑,其中供料 19~20 人
	架子工	15	基坑维护栏,内外架子搭拆,竖井架搭拆,防护棚安全网支拆,结构吊装
	抹灰工	2~3	现浇混凝土面刮毛及麻面处理
	油漆工	2	露明铁件及冬季施工期间墙体拉接筋涂刷红丹漆
	电工	6~7	电气管线闸箱预埋
	水暖工	8	水暖管线预埋及安装
	焊工	6	结构吊装焊接 4 人,配合架子、水暖、电工看火 2 人
装 修 工 程	混凝土工	6	局部剔凿及零星浇筑
	钢筋工	3	配合钢结构安装与幕墙安装
	木工	20	门窗安装,楼梯扶手安装、木装修,其中门窗安装 12 人
	瓦工	280	砌筑工程
	架子工	12	内外装修架子搭拆
	抹灰工	240	楼地面地砖铺设及内外抹灰
	油漆工	34	油漆、防水处理、瓷砖、陶瓷地砖、玻璃安装,其中油漆、玻璃 14 人
	电工	18	灯具安装,消防、避雷系统安装及测试,其中灯具安装 10 人
	水暖工	18	上下水、消防、暖气管线及设备安装调试,其中上下水及消防 6 人
	焊工	3~4	配合水暖电气及局部装修工作

劳动力动态安排详见附图 2 施工进度计划网络图。

▷ 8.2.4　质量保证措施(略)

▷ 8.2.5　计算机应用和管理技术

为提高企业项目现场经营管理水平,投标方将在本工程项目管理中大量应用下列计算机技术,项目部共配置四台台式计算机和一台笔记本电脑,以便项目经理、工长、技术员、劳资员、材料员等管理人员进行以下管理工作:

(1)报表和文档处理、文档演示软件:WPS、Word、Excel、PowerPoint;

(2)图形处理软件:AutoCAD、天正建筑、Photoshop;

(3)服务管理软件:安易软件;

(4)工程造价分析软件:工程量计算软件、钢筋翻样软件、工程概预算软件;

(5)施工图平面布置软件;

(6)网络计划编制软件;

(7)施工工艺控制软件:混凝土搅拌站的自动计量系统;

(8)Internet网络应用:利用Internet网络及时了解各项建筑业最近消息、新技术及其应用,并和公司各单位及时进行资料沟通。

▷ 8.2.6　安全施工措施

1.安全管理方针

在施工期间,我方将始终贯彻"安全第一、预防为主"的安全生产管理工作方针,重点围绕《建筑施工安全检查标准》(JGJ59—99),将安全生产工作纳入施工组织、设计和施工管理计划,充分发挥安全管理组织机构的独立监督职能。

2.安全管理保证体系

(1)本工程安全生产领导小组组织机构及安全管理保证体系(如图8-15、8-16所示)。

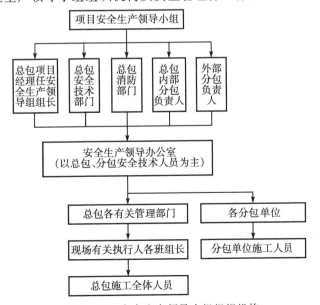

图8-15　安全生产领导小组组织机构

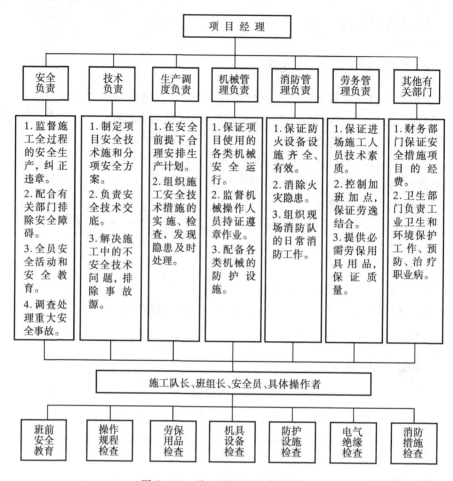

图 8-16 施工项目安全责任体系

（2）建立内部安全监督制度。

我方在本工程设立直属安全监督站，安全监督站向投标方负责，安全监督站负责对本工程安全生产情况进行监督检查、考评奖罚，对发现的安全隐患及安全违章行为有权指令其停工整改，直至将责任方（人）清除退场。

（3）管理目标体系。

建立安全生产管理目标体系，层层分解管理目标。本工程项目经理与各参建施工作业队（或班组）主要负责人签订安全生产责任状，逐层分解落实目标，使安全生产工作责任到人，保证管理目标得以落实，并最终完满实现。

3.安全管理制度

（1）安全例会制度。

每周召开一次安全生产管理委员会工作例会，总结一周的安全生产情况，对安全生产检查情况进行考评，布置下一阶段的安全生产工作。

（2）施工方案安全预审制度。

由安全生产管理委员会对应用于本工程的施工方案进行安全审查。

（3）安全等级制度。

安全生产管理委员会根据本工程的自身特点,将所有施工部位及施工区域内(包括生活区、办公区、库房区、混凝土搅拌楼/站、构件加工厂等),根据安全防范要求,明确划分一般控制区域(岗位)、重点控制区域(岗位)、危险控制区域(岗位)。对不同等级的区域,制定具体的安全技术要求和施工区域,进入审批制度。

(4)安全责任制度。

根据"谁负责生产、谁负责安全"的原则,针对本工程特点和项目部的实施的各项实际情况,建立各级安全生产责任制,责任落实到人,各项经济承包有明确的安全指标以及包括奖惩办法在内的保证措施,总分包之间签订安全生产协议书。

(5)安全设施验收制度。

安全设施是按照施工组织设计及分部分项工程技术安全措施配备的,当这些安全设施按规定设置以后,为了保证数量、质量、位置、性能都符合原措施规定的要求,投标方将建立安全设施验收制度,塔吊、提升井架和脚手架等安全完毕以后,除施工员和安全员按下达的任务单验收外,请劳动部门对塔吊、提升井架和脚手架等的构造、各部位连接、接地、保护装置等按专门程序进行复查,进行试运转,完成全部验收手续,挂合格牌后才能投入施工使用。

(6)安全检查制度。

安全文明部将建立定期安全检查制度,有时间、有要求,明确重点部位、危险岗位,根据检查情况按《建筑施工安全检查标准》(JG59—99)评比打分。

(7)危险物品管理制度。

对易燃易爆有放射性的危险物品必须由专人集中保管,设危险物品仓库,并远离其他建筑物。易燃易爆有放射性的危险物品的使用应执行准用证制度,使用前需报安全文明部备案后,放在指定区域、时间内,由专业人员使用审报数量的材料。

易燃易爆有放射性的危险物品的运输、储存、使用,必须提前一个月向业主申报,批准后方可实施。

(8)安全事故管理。

①建立安全事故预警管理体系,对安全事故多发点,易燃易爆及有放射性物品的运输、存储,全天候实时控制。

②对施工人员进行现场急救知识教育,定期组织现场安全急救、救护演习。

③建立伤亡事故档案。现场发生的安全事故,不分大小,都必须进行申报备案,工程组按调查分析规划、规定,查找事故原因,编写处理报告,认真做好"三不放过"工作。

4.安全防护管理

①开挖槽、坑、沟深度超过1.5 m,应设置人员上下坡道或爬梯。开挖深度超过2 m的,必须在边沿处设置两道护身栏杆。危险处、夜间应设红色标志灯。

②槽、坑、沟边1 m以内不得堆土、堆料、停置机具。槽、坑、沟边与建筑物、构筑物的距离不得小于1.5 m,特殊情况必须采用有效技术措施。

③深基坑施工前,在基坑周边立1.2 m高的防护栏杆,刷成红白相间的警戒色,防止人员靠近防护栏,必须按规定制定防坠人、落物、坍塌、人员窒息等安全防护措施,并指定专人负责实施。

④各类施工脚手架应严格按照脚手架应安全技术防护标准和支搭规范搭设,脚手架立网统一采用绿色密目网防护,密目网应绷拉平直,封闭严密。

⑤钢管脚手架的杆件连接必须使用合格的玛钢扣件,不得使用铅丝或其他材料绑扎。

⑥脚手架必须按楼层与结构拉接牢固。

⑦脚手架的操作面必须满铺脚手板,离墙面不得大于 20 cm,不得有空隙和探头板、飞跳板。施工层脚手板下一步架处兜设水平安全网。脚手架的操作面外侧应设两道护身栏杆和一道挡脚板或设一道护身栏杆,立挂安全网,下口封严,防护高度应为 1.5 m。

⑧提升式井字架的天轮与最高一层上料平台的垂直距离应不得小于 6 m,必须设置超高限位装置,使吊笼上升最高位置与天轮间的垂直距离不小于 2 m。

⑨建筑物的出入口处应搭设长 3~6 m,宽于出入通道两侧各 1 m 的双层防护棚,棚顶应满铺不小于 5 cm 厚的脚手板,非出入口和通道两侧必须封闭严密。如图 8-17 所示。

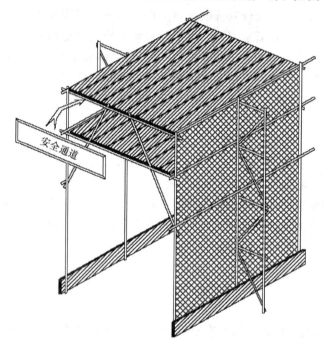

图 8-17 安全通道

⑩"三宝"与"四口"防护。施工过程使用的安全帽、安全带、密目网应符合质量标准,保证其证件齐全,还要符合安全网、密目网准入手续要求。

安全防护用品使用应符合要求,安全网支撑、密目网挂设应符合要求,挂设严密。施工层必须铺架板,满拉安全网,并设防护栏杆、踢脚板,以及首层建筑高度的架设隔离防护。"四口",即楼梯口、预留洞口、电梯井口、通道口,以及管道阳台、屋面、楼层等处临边防护应全部达标,作业层的脚手架设有上下爬梯、踢脚板、护栏。

5.塔吊作业管理

通过强化塔吊作业的指挥、管理和协调,要保证安全、合理使用塔吊、提高效率、发挥其最大效能,满足生产进度的要求。

(1)一般规定。

①塔吊指挥中心负责指挥、协调施工现场的塔吊使用、维修和运行工作。

②各施工单位的塔吊管理负责人,负责本单位塔吊的日常管理、故障排除、紧急抢修、日常

维护、检查评比等项工作,还应负责向塔吊指挥中心汇报情况,服从塔吊指挥中心的整体部署、统一指挥和统一协调工作。

(2)塔吊作业。

①各单位要严把人员关,选派责任心强、有较长驾龄、技术较全面的司机担任现场塔吊驾驶任务。

②进入施工作业现场的塔吊司机,要严格遵守各项规章制度和现场管理规定,做到严谨自律,一丝不苟,禁止各行其是。

③为了确保工程进度与塔吊安全,交班、替班人员未当面交接,不得离开驾驶室,交接班时,要认真做好交接班记录。

6.消防工作管理

①投标方将建立现场防火责任制,项目经理部与各施工作业队(或班组)签订防火责任书,做到防火工作层层负责,责任落实到人。

②投标方将成立由项目经理部消防管理负责人为首和各施工作业队(或班组)消防管理负责人参加的消防管理委员会,负责现场消防工作的领导与协调。

③投标方项目经理部根据具体情况成立 10~15 人的义务消防队,各施工单位也应设立基层义务消防队。

④施工现场布置消防车道,其宽度不得小于 3.5 m。

⑤对消防员进行培训,使消防员能熟练掌握消防的操作规程。请专职消防员对现场所有管理人员及工人进行消防常识教育,演示常用灭火器的操作。

7.文明施工措施(略)

参考文献

［1］ 余群舟,刘元珍.建筑工程施工组织与管理［M］.北京:北京大学出版社,2006.

［2］ 翟丽旻,姚玉娟.建筑工程施工组织与管理［M］.北京:北京大学出版社,2009.

［3］ 翟超,刘伟.建筑工程施工组织与管理［M］.北京:北京大学出版社,2006.

［4］ 余德池.建筑施工与项目管理［M］.西安:陕西科技出版社,2002.

［5］ 蔡雪峰.建筑工程施工组织管理［M］.北京:高等教育出版社,2002.

［6］ 危道军.建筑施工组织［M］.北京:中国建筑工业出版社,2004.

［7］ 顾春雷.建筑施工现场标准化管理手册［M］.北京:中国建筑工业出版社,2003.

［8］ 毛鹤琴.土木工程施工［M］.武汉:武汉理工大学出版社,2007.

［9］ 赵仲琪.建筑施工组织［M］.北京:冶金工业出版社,2005.

［10］ 王莺歌.双代号与单代号网络计划图的绘制［J］.内江科技,2004(3):24.

［11］ 刘俊玲.双代号网络计划工期——成本优化的应用［J］.内蒙古科技与经济,2005(9):110－111.

［12］ 齐宝库.工程项目管理［M］.大连:大连理工大学出版社,2007.

图书在版编目(CIP)数据

建筑施工组织与管理/杨建华,李莉主编. —2 版
—西安:西安交通大学出版社,2015.9(2021.10 重印)
ISBN 978 - 7 - 5605 - 7938 - 2

Ⅰ.①建… Ⅱ.①杨…②李… Ⅲ.①建筑工程—施
工组织—高等学校—教材②建筑工程—施工管理—高等学
校—教材 Ⅳ.①TU7

中国版本图书馆 CIP 数据核字(2015)第 218219 号

书　　名	建筑施工组织与管理(第2版)	
主　　编	杨建华　李　莉	
出版发行	西安交通大学出版社	
	(西安市兴庆南路 1 号　邮政编码 710048)	
网　　址	http://www.xjtupress.com	
电　　话	(029)82668357　82667874(市场营销中心)	
	(029)82668315(总编办)	
传　　真	(029)82668280	
印　　刷	西安五星印刷有限公司	
开　　本	787mm×1092mm　1/16　印张　14.375　插页　2 页　字数　347 千字	
版次印次	2015 年 9 月第 2 版　　2021 年 10 月第 3 次印刷	
书　　号	ISBN 978 - 7 - 5605 - 7938 - 2	
定　　价	32.80 元	

如发现印装质量问题,请与本社市场营销中心联系。
订购热线:(029)82665248　(029)82667874
投稿热线:(029)82665249
读者信箱:xj_rwjg@126.com